PROTOPLASMATOLOGIA
HANDBUCH DER PROTOPLASMAFORSCHUNG

HERAUSGEGEBEN VON

L. V. HEILBRUNN UND F. WEBER
PHILADELPHIA · GRAZ

MITHERAUSGEBER

W. H. ARISZ-GRONINGEN · H. BAUER-WILHELMSHAVEN · J. BRACHET-BRUXELLES · H. G. CALLAN-ST. ANDREWS · R. COLLANDER-HELSINKI · K. DAN-TOKYO · E. FAURÉ-FREMIET-PARIS · A. FREY-WYSSLING-ZÜRICH · L. GEITLER-WIEN · K. HÖFLER-WIEN · M. H. JACOBS-PHILADELPHIA · D. MAZIA-BERKELEY · A. MONROY-PALERMO · J. RUNNSTRÖM-STOCKHOLM · W. J. SCHMIDT-GIESSEN · S. STRUGGER-MÜNSTER

BAND II
CYTOPLASMA
C
PHYSIK, PHYSIKALISCHE CHEMIE, KOLLOIDCHEMIE

7 a

OSMOTISCHER WERT, SAUGKRÁFT, TURGOR

7 b

PLASMOPTYSE

7 c

PLASMORRHYSE

7 d

PLASMOSCHISEN

WIEN

SPRINGER-VERLAG

1958

OSMOTISCHER WERT, SAUGKRAFT, TURGOR

VON

G. BLUM
FREIBURG/SCHWEIZ

MIT 12 TEXTABBILDUNGEN

PLASMOPTYSE

VON

ERNST KÜSTER †
GIESSEN

MIT 10 TEXTABBILDUNGEN

PLASMORRHYSE

VON

HANS H. PFEIFFER
BREMEN

MIT 8 TEXTABBILDUNGEN

PLASMOSCHISEN

VON

HANS H. PFEIFFER
BREMEN

MIT 1 TEXTABBILDUNG

WIEN

SPRINGER-VERLAG

1958

ISBN-13: 978-3-211-80486-5   e-ISBN-13: 978-3-7091-5460-1
DOI: 10.1007/978-3-7091-5460-1

Osmotischer Wert, Saugkraft, Turgor

Von

G. BLUM, Freiburg, Schweiz

Mit 12 Textabbildungen

Inhaltsübersicht

Einleitung

Unter osmotischen Zustandsgrößen versteht man in der Pflanzenphysiologie die Saug- und Druckkräfte, die in der lebenden Zelle auf osmotischem Wege zustande kommen, sowie die Komponenten, aus denen sich diese Kräfte zusammensetzen (Ursprung 1932). Zu ihnen wird demnach nicht bloß der osmotische Wert bzw. die Saugkraft des Zellinhaltes, sondern auch der in der Zelle wirkende Wanddruck gezählt, obwohl dieser eine Komponente mechanischer Art ist, und die Saugkraft der Zelle, die sich aus beiden genannten Größen zusammensetzt und die die Energie für die Wasseraufnahme und seine Wanderung von Zelle zu Zelle liefert. Daraus resultiert die osmotische Zustandsgleichung, die in ihrer einfachsten Form $Sz = Si - W$ lautet. Diese gilt aber nur für isolierte Zellen mit großem Zellsaftraum und dünnem Plasmaschlauch, ferner, wenn weder Wachstum noch Osmoregulationen stattfinden und weder Zellwand noch

Inhalt polare Differenzierungen aufweisen. Stehen die Zellen unter einem Zug oder einem Druck (Gewebespannung), so geht die Gleichung über in

$$Sz = Si - (W \pm A).$$

Da ferner W von der Dehnbarkeit der Wand abhängt, gilt die Gleichung streng genommen nur innerhalb des Hookeschen Proportionalitätsgesetzes. In welchen Grenzen in der einzelnen Zelle Volumzunahme und Wanddruck proportional verlaufen, ist unbekannt, da derartige Versuche bis jetzt nur an Geweben oder Organen ausgeführt wurden. So fand HEYN (1933) bei der *Avena*-Koleoptile zuerst mit kleiner Belastung eine starke Dehnung, mit zunehmender Spannung aber auch einen zunehmenden Widerstand, der sich gegen weitere Dehnung bemerkbar machte.

Ob die osmotische Zustandsgleichung auch auf eine Zellgruppe ähnlicher Zellen anwendbar ist, hängt von vielen Umständen ab; auf jeden Fall muß jedes Objekt auf das Verhältnis Volumzunahme — Wandspannung geprüft werden, wenn man den Turgordruck in den differenten Stadien von der Wassersättigung bis zur Entspannung berechnen will.

I. Geschichtliches

Seit den ältesten Zeiten kannte man die Erscheinung des Welkens bei Wassermangel und das Wiederstraffwerden bei Wasserzufuhr. Daß es sich dabei um osmotische Vorgänge handeln müsse, erkannte man erst später, suchte doch noch HOFMEISTER 1867 Welken und Wiederstraffwerden auf Spannungen der Zellwand zurückzuführen. Das Studium osmotischer Prozesse in der Zelle begann erst nach dem Bekanntwerden der Plasmolyse, die man gewöhnlich auf PRINGSHEIM (1854) zurückführt, obwohl sie zweifellos älter ist, wie dieser Autor selbst bemerkt, sie selbst aber nur zum besseren Studium der „Hautschicht" benützte. Plasmolytische Versuche zum Studium osmotischer Probleme setzten ein mit NÄGELI (1855). Hier finden wir Plasmolyse und Deplasmolyse beschrieben mit dem ausdrücklichen Hinweis, daß das Plasma bei seinen Objekten sehr oft in Fäden ausgezogen werde und an der Wand adhäriere; ferner erreiche die Membran bald den größten Grad ihrer Verkleinerung, während das Volumen des Zellsaftes weiter abnehme. Dabei könne die Wand Falten und Einstülpungen erhalten; sei sie jedoch fest genug, so löse sich das Protoplasma bei der weiteren Kontraktion von ihr los. NÄGELI sucht ferner eine Erklärung durch Ex- und Endosmose. Er hielt „die diosmotischen Vorgänge in der Pflanze als äußerst kompliziert", so daß „an eine quantitative Analyse wohl nie gedacht werden kann". Heute unterscheiden und benennen wir immerhin mehrere osmotische Zustandsgrößen, kennen ihre Beziehungen zueinander und geben sie in Atmosphären an. Sehr wichtig sind ferner die Angaben über die P e r m e a - b i l i t ä t. Im lebenskräftigen Zustand läßt das Protoplasma die im Zellsaft gelösten Farbstoffe nicht diosmieren und färbt sich nicht, im krankhaften oder toten Zustand hingegen tritt der Farbstoff durch und wird außerdem zum Teil vom Plasma aufgenommen, so daß es nun deutlich gefärbt erscheint. Legt man hingegen eine Zelle in Wasser, so überwiegt die Endosmose, das

Volumen des Zellsaftes nimmt zu, und so entsteht ein Innendruck auf Plasma und Wand.

Jedenfalls geht aus Nägelis Darstellung hervor, daß er die Permeabilität der Zellwand für Farbstoffe und Zuckerlösung richtig erkannt hatte und daß ihm außerdem die Permeabiliät des lebenden Protoplasmas für Wasser und seiner Impermeabilität wenigstens für die gelösten Farbstoffe des Zellsaftes bekannt war.

Nach diesen grundlegenden Untersuchungen wurden die osmotischen Studien während zwei Jahrzehnten fast ganz verlassen. Ihre Wiederaufnahme ist vornehmlich auf die befruchtende Wirkung von Sachs zurückzuführen, der dem Turgor eine grundlegende Bedeutung für das Wachstum und die Gewebespannung zusprach. Die Entwicklung der Grundlagen wurde von de Vries und Pfeffer gelegt, wobei de Vries die Meßmethoden entwickelte, Pfeffer die theoretische Basis schuf. Für die oben erwähnte Erscheinung führte de Vries (1877) die Bezeichnung „Plasmolyse" ein, worunter er „die Ablösung des Protoplasmas von der Zellwand durch unschädliche, wasserentziehende Mittel" verstand. Dabei unterschied er zwei Phasen, eine erste der Verkleinerung der Zelle unter Aufhebung des Turgors (was später lange Zeit vergessen oder unbeachtet blieb) und eine zweite der Loslösung des Plasmas von der Wand, was in der bekannten, in viele Lehrbücher übergegangenen Abbildung einer Rindenzelle von *Cephalaria leucantha* der Nachwelt überliefert ist. Er lieferte auch den Beweis, daß Plasmolyse das Plasma nicht schädigt, auch nicht in stärkeren Salzlösungen, wie man bis anhin glaubte, oder durch Deplasmolyse, die nach de Vries zum erstenmal von Unger beschrieben wurde. Seit de Vries (1884) werden ferner Plasmolyse und Deplasmolyse als Lebens- oder sogar Gesundheitsreaktion benützt. Später werden auch heute noch gebräuchliche Regeln für plasmolytisches Arbeiten aufgestellt, nachdem de Vries schon 1877 die plasmolytische Methode angewandt hatte, um die Turgordehnung zu bestimmen und ihre Beziehungen zum Längenwachstum zu ermitteln. Dabei stellte es sich heraus, daß es eines Zuges mehrerer Atmosphären bedürfe, um bei Plasmolyse verkürzte Blütenstiele auf ihre ursprüngliche Länge auszudehnen. Beim Vergleich von Lösungen verschiedener Stoffe, die an denselben Zellen seiner Indikatorpflanzen, meist nahm er die untere Blattepidermis von *Rhoeo discolor*, eben Grenzplasmolyse hervorriefen, fand er, daß äquimolekulare Lösungen metallfreier organischer Verbindungen isosmotisch sind. Setzte er die osmotische Wirkung dieser Stoffe gleich 2, so erhielt er für die Salze der Alkalien mit 1 Metallatom die Wirkung 3, für solche mit 2 Metallatomen die Wirkung 4, für solche mit 3 Metallatomen die Wirkung 5. Diese Zahlen nannte de Vries isotonische Koeffizienten. Für ihre Bestimmung benützte er ferner seine Transportmethode und die Methode der Gewebespannung. Letztere besteht darin, daß man jene Konzentrationen zweier Lösungen einander gleichsetzt, die an Gewebe- oder Organstreifen (z. B. längsgeteilte junge Blütenstiele) dieselbe Krümmung zeigen.

Auf de Vries geht auch die Gewinnung der Zellsäfte frischer und abgetöteter Organe zurück (1884), aus denen er mit seinen Methoden die „Turgorkraft" zu ermitteln versucht (in Wirklichkeit ist es O_n); später trat an ihre Stelle die Kryoskopie. Und 1889 zeigte DE VRIES durch das Zurückgehen der Plasmolyse, daß Harnstoff in die Epidermis von *Rhoeo* und anderen Indikatorpflanzen permeiert, nachdem auf gleichem Wege KLEBS (1888) als erster die Permeabilität von Glyzerin nachgewiesen hatte.

Die Erklärung für die in Pflanzen gefundenen hohen Turgordrucke bis über 5 Atm. bot große Schwierigkeiten, da in den besten Osmometern der damaligen Physik mit ihren permeablen Membranen so hohe Drucke weder mit Salz- noch mit Zuckerlösungen erreicht werden konnten. Die Lösung brachte PFEFFER mit der „PFEFFERschen Zelle", nachdem er selbst früher schon in den Staubfäden der Cynareen und in Gelenken Innendrucke von mehreren Atmosphären festgestellt hatte. Er lagerte in das Innere feinporiger Tonzylinder die seit TRAUBE bekannten semipermeablen Membranen von Ferrocyankupfer ein. Der Vergleich dieser Osmometer und solcher mit permeablen Membranen ergab im Manometer für Rohrzucker einen über zehnfach, für Salpeter einen über fünfzigmal höheren osmotischen Druck als für Kolloide. Damit war die Bedeutung der Semipermeabilität erkannt. Da der Zellsaft osmotisch wirksame Stoffe in genügender Konzentration enthält und das Protoplasma in ausreichendem Maße semipermeabel ist, waren durch PFEFFERS Versuche die in Pflanzen ermittelten Turgordrucke von mehreren Atmosphären in befriedigender Weise erklärt. Aus PFEFFERS Versuchen mit verschieden konzentrierten Rohrzuckerlösungen ergab sich die annähernde Proportionalität mit dem osmotischen Druck, Zahlen, die die Grundlage bildeten für die VAN'T HOFFsche kinetische Theorie verdünnter Lösungen. Spätere Untersuchungen, zuerst von BERKELEY, dann von MORSE und seinen Mitarbeitern, die in jahrzehntelanger Arbeit an der Verbesserung von Osmometern arbeiteten, ergaben dann noch höhere Drucke und das wichtige Resultat, daß der osmotische Druck stärker zunimmt, als dies der Konzentration entspricht. Da diese Zahlen bei osmotischen Untersuchungen, zu denen man ja heute meistens Rohrzuckerlösungen braucht, häufig angewandt werden, dürfte auch hier eine abgekürzte Tabelle nicht überflüssig sein (Tab. 1). Sie ist entstanden durch Interpolation von Werten, die meistens aus direkten Messungen von MORSE bis 0,81 Mol bei 20⁰ C stammen, von da bis etwa 2,18 Mol ebenfalls aus direkten Ablesungen von BERKELEY, HARTLEY und BURTON, über ca. 2,25 Mol aus Berechnungen nach Dampfdruckmessungen, die bis 1936 bekannt waren. Die zwischen den Meßpunkten liegenden Werte wurden rechnerisch unter der Voraussetzung parabolischer Kurvenstücke und nachfolgender graphischer Kontrolle erhalten.

Nach dieser glanzvollen Periode, in der DE VRIES und PFEFFER während weniger als zehn Jahren die Grundlagen des osmotischen Zellmechanismus geschaffen hatten, setzte eine länger andauernde und unfruchtbare Zeit ein, die sich auf verschiedene Ursachen zurückführen läßt. Zunächst ist darauf hinzuweisen, daß die einfache und sichere plasmolytische Methode von DE VRIES, die den osmotischen Wert bei Grenzplasmolyse, also in einem abnormalen Zustand der Zelle, mißt, stark überschätzt wurde und zur Bestimmung der verschiedensten Zustandsgrößen herhalten mußte. Suchte man den Turgordruck, so maß man den Grenzplasmolysewert und setzte ihn dem Turgor gleich, gerade in jenem Zustand der Zelle, in dem $T = $ Null ist. Andere Autoren suchten die wasseranziehende Kraft im normalen Zustand der Zelle und fanden sie bei Grenzplasmolyse. Unter diesen Irrungen ist jene noch die harmloseste, die den osmotischen Wert bei Grenzplasmolyse gleich dem osmotischen Wert der Zelle setzte, da es tatsächlich viele lebende Zellen in ausgewachsenem Zustand gibt, die ihr Volumen nicht verkleinern. Ein großes Übel war die terminologische Gleichsetzung der verschiedenen osmotischen Zustandsgrößen durch einen einzigen, dem „osmotischen Wert bei Grenzplasmolyse", wobei besonders gern der Ausdruck „osmotischer Druck" Verwendung fand, obwohl man darunter den maximalen Druck im Osmometer mit semipermeabler Membran versteht. Dazu kam nach dem Vorbild DE VRIES die Messung des Grenzplasmolysewertes mit Salzlösungen, trotzdem man mit der Zeit erkannte, daß diese leichter in das Plasma eindringen, als DE VRIES geglaubt hatte. Und so ließ man unbekümmert die Zellen oft stundenlang in Salzlösungen liegen und nahm dann den bei Grenzplasmolyse gefundenen Wert als den wahren Wert an. Die aus dieser und oft auch noch

Tab. 1. *Osmotischer Druck von volummolaren Rohrzuckerlösungen bei 20° C.*

Mol	Osmotischer Druck in Atm.	Mol	Osmotischer Druck in Atm.	Mol	Osmotischer Druck in Atm.
0,00	0,0	0,575	17,1	1,30	52,0
0,025	0,6	0,60	18,0	1,35	55,4
0,05	1,3	0,625	18,9	1,40	58,9
0,075	2,0	0,65	19,8	1,45	62,7
0,10	2,7	0,675	20,8	1,50	66,6
0,125	3,3	0,70	21,8	1,55	70,8
0,15	4,0	0,725	22,8	1,60	75,1
0,175	4,6	0,75	23,8	1,65	79,7
0,20	5,8	0,775	24,8	1,70	84,4
0,225	6,0	0,80	25,9	1,75	89,4
0,25	6,7	0,825	27,0	1,80	94,5
0,275	7,4	0,85	28,1	1,90	105,5
0,30	8,2	0,875	29,2	1,95	111,3
0,325	8,9	0,90	30,4	2,00	117,5
0,35	9,7	0,925	31,5	2,10	131,3
0,375	10,4	0,95	32,7	2,20	146,9
0,40	11,2	0,975	34,0	2,30	164,2
0,425	12,0	1,00	35,2	2,40	182,0
0,45	12,8	1,05	37,8	2,50	203,1
0,475	13,6	1,10	40,4	2,60	225,6
0,50	14,5	1,15	43,2	2,70	251,0
0,525	15,3	1,20	46,0	2,80	280,3
0,55	16,2	1,25	48,9		

aus späterer Zeit stammenden Werte können demnach nur nach Berücksichtigung des angewandten Plasmolytikums und der Dauer der Plasmolyse verwertet werden. Weiter ist aus dieser Periode die Beschränkung auf ganz bestimmte Objekte auffallend. Man untersuchte lediglich Zellen, die sich leicht präparieren und beobachten ließen, vor allem Epidermen mit gefärbtem Zellsaft mit dem Paradeobjekt der unteren Nervepidermis von *Rhoeo discolor,* obwohl gerade diese Zellen sehr oft das erste Abheben des Plasmas von der Wand auf der nicht kontrollierbaren inneren Seite zeigen. Die Ursache dieser Stagnierung liegt wohl zur Hauptsache in der ausschließlichen Messung des osmotischen Wertes bei Grenzplasmolyse und vor allem in der Vernachlässigung der Volumänderung. Man nahm diese

Sachlage um so gelassener hin, als die meisten der maßgebenden Lehr- und Handbücher diese Verirrungen weitergaben und entsprechend unrichtige Folgerungen gezogen wurden. So war die Vorstellung weit verbreitet, „daß eine Zelle der benachbarten Zelle so lange auf osmotischem Wege Wasser entnehmen kann, bis in beiden gleiche Konzentrationen herrschen". Daraus sieht man die vollständige Nichtbeachtung des Wanddruckes, da dieser Satz nur gilt, wenn beide Zellen auch denselben Wanddruck haben.

Die nun folgende Periode der weiteren Entwicklung berücksichtigte in erster Linie die Volumänderung der Zelle vor der Plasmolyse und die Verwendung günstigerer Plasmolytika, da man doch nach und nach auf die Permeabilität der zur Plasmolyse verwendeten Salze aufmerksam geworden war. Am Beginn standen Untersuchungen, die an wenigen Pflanzen in möglichst vielen Geweben, deren Zellen für die Plasmolyse geeignet waren, zunächst den osmotischen Grenzwert bestimmten, und aus ihm, nach einer allerdings rohen Methode, wurde dann der osmotische Wert der Zelle zu berechnen versucht (BLUM 1916). An die Stelle von Salzlösungen trat Rohrzucker, der für die meisten Zellen, wenigstens während der Zeit der Untersuchung (höchstens 1—2 Stunden), impermeabel ist. Es zeigte sich, daß der osmotische Wert in den Zellen eines Gewebes ungefähr gleich groß ist, von Gewebe zu Gewebe sich aber stark ändert und in den einzelnen Organen z. T. regelmäßig, vielfach aber auch sehr unregelmäßig verteilt sein kann. Dann folgten die ersten Messungen der Saugkraft einer einzelnen Zelle mit neuen Methoden (URSPRUNG und BLUM 1916), wobei gleichzeitig als geeignetes Einschlußmittel der lebenden Zelle das Paraffinöl eingeführt wurde und die Aufstellung der Gleichung

Saugkraft der Zelle gleich Saugkraft des Inhaltes weniger Wanddruck.

Sie gilt für alle Zustände einer dehnbaren lebenden Zelle mit großem Zellsaftraum und dünnem Protoplasmaschlauch. Der später gebräuchliche Name „osmotische Zustandsgleichung" ist erst 1918 von HÖFLER eingeführt worden. Zwar sind schon früher ähnliche Beziehungen von osmotischen Zustandsgrößen mit anderen Benennungen bekannt geworden (PFEFFER, LEPESCHKIN, RENNER), wobei es aber sein Bewenden hatte. Ebenso wichtig war die Entwicklung von Methoden, die die Messung dieser Größen gestatteten; sie bezogen sich vorerst nur auf die einzelne Zelle. Später (URSPRUNG 1923, URSPRUNG und BLUM 1925, 1927, 1930) wurden dann auch Methoden ausgearbeitet zur Messung der Saugkraft ganzer Organe, die naturgemäß nicht mehr die physiologische Bedeutung der Einzelmethoden beanspruchen können, aber für Übersichts- und Kontrollwerte wertvoll sind und zudem für Fragen ökologischer Natur gute Dienste leisten. Von besonderer Bedeutung war dann die Entwicklung von Methoden zur Bestimmung des Wand- bzw. Turgordruckes an einzelnen Zellen (1924). Mit ihnen war es möglich, durch Messung bestimmter Größen die Höhe des Turgordruckes bei Turgor- und Wachstumsbewegungen zu berechnen.

Etwas später wurde durch W a l t e r auch die seit etwa 60 Jahren aufgekommene kryoskopische Methode, die den osmotischen Wert bzw. die

Saugkraft des Zellsaftes mißt, weiterentwickelt. Da sie ebenfalls nur Durchschnittswerte zu liefern vermag, ist sie zur Lösung physiologischer Fragen weniger geeignet, aber für die Ökologie von großem Interesse. Unter den vielen anderen Methoden, deren Anwendung relativ einfach ist, seien die Schlieren- und die gravimetrische Methode von Arcichovsky (vgl. auch Suter) genannt, unter neueren die Refraktometermethode (Ashby), die zur Messung von O_n, unter bestimmten Voraussetzungen auch zur Bestimmung der Saugkraft dienen kann. Daneben wurden andere Verfahren mit komplizierterer Apparatur ausgearbeitet, die wegen ihrer Empfindlichkeit wohl kaum außerhalb des Laboratoriums angewendet werden können (z. B. Hertel, Spanner u. a.).

Auf Grund dieser neuen Darstellungen ist es möglich geworden, die Verteilung der osmotischen Zustandsgrößen in den Zellen ganzer Pflanzen, wenigstens in ihren Grundzügen, klarzulegen, die Bedeutung der Außenfaktoren zu erkennen und später auch das Verhalten verschiedener ökologischer Typen an ihren natürlichen Standorten zu verfolgen. Da manche dieser Methoden auf den Volumänderungen der Gewebe bzw. Zellen basieren, sind sie auch nicht überall und in jedem Falle anwendbar. An dieser Stelle hat dann auch die Kritik eingesetzt (Ernest, Renner, Oppenheimer), die in mehr als einer Beziehung zu weit gegangen ist. Auch die theoretischen Grundlagen wurden oft diskutiert, besonders die Beziehungen von Turgordruck und Volumzunahme, die Bedeutung von Turgordruck und Wanddruck (Burström, Thoday, Broyer, Haines, Tamiya u. a.).

II. Grundlagen

Die Ableitung der osmotischen Zustandsgrößen erfolgt am einfachsten an einer durchgemessenen Rindenzelle des Blattstieles von *Cyclanthera pedata*, deren Volumen leicht zu bestimmen ist. Viele dieser Rindenzellen haben kreisrunde Querschnitte, so daß die Messung der Zelltiefe nicht nötig ist. Durch Division der Zellfläche, die mit dem Planimeter ermittelt wird, durch die mittlere Länge läßt sich der mittlere Durchmesser und das Volumen der Zelle leicht berechnen. Die Zelle ist dehnbar und elastisch mit dünnen Protoplasten. Vorausgesetzt ist ferner eine permeable Zellwand sowie ein semipermeables Protoplasma, also Durchlässigkeit für Wasser, Undurchlässigkeit im Zellsaft gelöster Stoffe sowie des angewandten Plasmolytikums, in unserem Fall Rohrzuckerlösung. Die benötigten Zahlenwerte sind aus Abb. 1 ersichtlich; die Zelle ist schematisch dargestellt. Die für unsere Betrachtungen wesentlichen Zustände der Zelle sind der normale Zustand der Zelle n, der grenzplasmolytische Zustand g und der Zustand der Zelle nach mehrstündigem Liegen in Wasser, von uns als Zustand der Wassersättigung s bezeichnet. Die Zelle im Normalzustand wurde an genügend dicken Längsschnitten, nach leichtem beidseitigem Abtrocknen der Schnitte mit Filtrierpapier in Paraffinöl gemessen, der grenzplasmolytische in der Rohrzuckerlösung, die Grenzplasmolyse hervorruft, der Sättigungszustand in Wasser. Im Normalzustand beträgt das Volumen

V_n 78.600 Einheiten, das bei Grenzplasmolyse durch Wasserverlust auf 68.118 zurückgeht, in Wasser wieder ansteigt auf 87.024. Die Volumsausdehnung vom grenzplasmolytischen in den wassergesättigten Zustand beträgt demnach in unserer Zelle etwa 28%, die Volumausdehnung bis zum Normalzustand etwa 15% von V_g oder 54% der Gesamtdehnung. Das dürfte das normale Dehnungsverhältnis dieser Rindenzellen bei den eben gegebenen Messungsverhältnissen sein (trübes oder regnerisches Wetter bei feuch-

tem Boden und feuchter Luft), da auch andere Zellen Saugkräfte und Dehnungen ungefähr gleicher Größenordnung zeigten. Da der osmotische Wert bzw. die Saugkraft des Zellinhaltes direkt nicht meßbar sind, muß zu ihrer Berechnung der Umweg über den osmotischen Wert bei Grenzplasmolyse eingeschlagen werden. Diese wird erhalten, indem man diejenige Rohrzuckerkonzentration sucht, die dieselbe osmotische Wirkung hat wie der Zellsaft, also im Zustand g eben Grenzplasmolyse hervorruft. Sie wird als isotonisch bezeichnet, während stärkere Lösungen hypertonisch, schwächere hypotonisch genannt werden. Unsere Zelle ist isosmotisch oder isotonisch mit einer Rohrzuckerlösung von 0,33 Mol, die auf Wasser eine Saugkraft von 9,1 Atm. ausübt (Tab. 1). Somit erhalten wir den osmotischen Wert bei Grenzplasmolyse $= O_g$ und die Saugkraft des Zellinhaltes bei

Zustand der Zelle	Grenz-plasmolyse g	Normal n	Wasser-sättigung s
Volumen der Zelle	68.118	78.600	87.024
Schematische Zellfläche			
Saugkraft des Zellinhaltes Si	9,1 Atm.	7,9 Atm.	7,0 Atm.
Saugkraft der Zelle Sz	9,1 Atm.	4,3 Atm.	0,0 Atm.
Wanddruck W	0 Atm.	3,6 Atm.	7,0 Atm.
	$Sz_g = Si_g$ $W_g = 0$	$Sz_n =$ $Si_n - W_n$	$Si_s = W_s$ $Sz_s = 0$

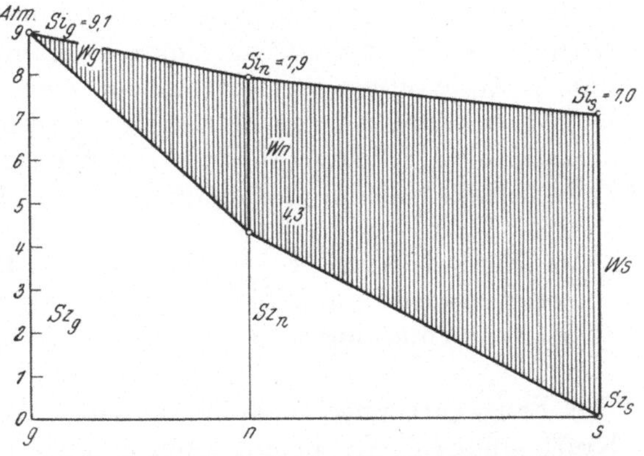

Abb. 1. Osmotische Zustandsgrößen einer Rindenzelle aus dem Blattstiel von *Cyclanthera pedata*.

Grenzplasmolyse Si_g, die in diesem Fall auch als Saugkraft der Zelle Sz_g bezeichnet werden kann. Den osmotischen Wert der Zelle O_n erhalten wir aus O_g und den Volumina der Zelle bei Grenzplasmolyse und im normalen

Zustand V_g und V_n, nach der Beziehung $O_n = O_g \cdot \dfrac{V_g}{V_n}$, also $0{,}33 \cdot \dfrac{68\,118}{78\,600} =$

$= 0{,}29$ Mol Rohrzucker. Die entsprechende Saugkraft des Zellinhaltes Si_n ist 7,9 Atm. Entsprechend läßt sich der osmotische Wert bei Wassersättigung O_s berechnen aus O_g und den Volumina der Zelle bei Grenzplasmolyse und

Wassersättigung V_s. Es ist $O_s = O_g \cdot \dfrac{V_g}{V_s} = 0{,}33 \cdot \dfrac{68\,118}{87\,024} = 0{,}26$ Mol Rohrzucker und für die Saugkraft des Zellinhaltes bei Wassersättigung Si_s erhalten wir 7,0 Atm. Dieser Umweg der Berechnung über O_g ist notwendig, weil Konzentration und osmotischer Druck einer Rohrzuckerlösung nicht proportional sind.

Aus dieser Darstellung ergibt sich, daß wir beim Zellsaft zu unterscheiden haben zwischen der Größe, die mit einer Rohrzuckerlösung isotonisch ist, welche wir entsprechend im Konzentrationsmaß ausdrücken, und der Saugkraft, die dieselbe Lösung im Osmometer mit semipermeabler Membran entwickeln würde und in Atmosphären gemessen wird. Sollen bei osmotischen Untersuchungen die Verhältnisse richtig gewürdigt werden, so müssen beide Ausdrucksweisen berücksichtigt und unterschieden werden; die eine, wenn es sich z. B. um Osmoregulationen handelt, die andere, um einen Vergleich zu erhalten mit der Saugkraft der Zelle, mit dem Wand- und dem Turgordruck. Ist bei Plasmolyse die Zelle entspannt, so drückt der Zellinhalt nicht mehr auf die Wand und die Wand übt auf den Inhalt keinen Druck mehr aus. Sobald aber der Protoplast durch Wasseraufnahme sich ausdehnt, so entsteht ein von außen nach innen gerichteter Druck, den wir den W a n d d r u c k W nennen. Er ist beim Fehlen äußerer Kräfte gleich dem vom Zellinhalt auf die Wand gerichteten T u r g o r- d r u c k T. Sind Außenkräfte vorhanden, so wird $T = W \pm A$. Bei Wassersättigung kann die Zelle kein Wasser mehr aufnehmen, der Wanddruck ist gleich der Saugkraft des Zellinhalts geworden: $W = Si$, in unserem Falle 7,0 Atm., und die Zelle hat den höchsten Grad der Turgeszenz erreicht. Den Wanddruck im Normalzustand der Zelle kann man nach der Saugkraftgleichung erst berechnen, wenn auch die S a u g k r a f t d e r Z e l l e bekannt ist. Sie beträgt in unserem Fall 4,3 Atm., Si im Normalzustand aber 7,9 Atm., so daß der Wanddruck 3,6 Atm. wird. Für unsere Zelle betragen demnach die Größen

im Normalzustand $Sz_n = Si_n - W_n$ $4,3 = 7,9 - 3,6,$
bei Wassersättigung $Si_s = W_s$ $7,0 = 7,0,$ weil $Sz = $ Null wird,
bei Grenzplasmolyse $Sz_g = Si_g$ $9,1 = 9,1,$ weil $W = $ Null wird.

Die Saugkraft unserer Zelle im Normalzustand ist 4,3 Atm. Mit dieser Kraft saugt sie Wasser an, wenn man sie in Wasser legt. Ist dieselbe Zelle aber im Gewebeverband, so kommt es auf das Saugkraftgefälle Zelle—Nachbarzelle an; ist sie in einem Zellverband, der Gewebespannung zeigt, so geht die Gleichung über in $Sz = Si (W \pm A)$, je nachdem Druck- oder Zugkräfte den Wanddruck vergrößern oder verkleinern. Werden Wand- und Außendruck größer Si, so preßt die Zelle je nach ihrem Grad der Semipermeabilität Wasser (Guttation) oder Zellsaft (Bluten) aus. Zeigt die Zelle Unterbilanz, so wird n gegen g verschoben, und ist der Zustand g erreicht, so wird $W = $ Null und entsprechend wird die Saugkraft der Zelle gleich Saugkraft des Inhalts. Ist die Zelle im Zustand der Überbilanz, so verschiebt sich n gegen s und Sz tendiert gegen Null. Über die Zeit, bis der Zustand s erreicht ist, sind wir noch sehr wenig orientiert, insbesondere, wenn sich die Zelle im Gewebeverband befindet. In der Abb. 1 sind ferner

Steigen und Fallen der drei Größen kurvenmäßig wiedergegeben. Der osmotische Wert der Zelle und mit ihm die Saugkraft des Inhalts verändern sich nur wenig, in unserem Falle um etwa ein Viertel des Grenzplasmolysewertes. Verliert die Zelle Wasser, so steigt Sz_n sehr stark an, und da Si nur wenig ändert, ist ihr Steigen vor allem auf das starke Fallen des Wanddruckes zurückzuführen. Sz, die Saugkraft der Zelle, ist in unserer Zelle etwas größer als der Wanddruck, kann aber an jeder beliebigen Stelle zwischen Wassersättigung und Grenzplasmolyse liegen. Auch kann beim natürlichen Welken das Zellvolumen kleiner werden als bei Grenzplasmolyse, dann, wenn die Wand sich in Falten legt (z. B. Wassergewebezellen); dabei geht der Wanddruck über in einen Zug. Zusammenfassend folgt aus der vorliegenden Betrachtung, daß in einer lebenden Zelle mehrere osmotische Zustandsgrößen zu unterscheiden sind, die nochmals zusammengestellt seien:

Zustandsgröße	Abkürzung	Definition
Osmotischer Wert bei Grenzplasmolyse	O_g	Rohrzucker- oder Salzkonzentration, die Grenzplasmolyse hervorruft
Osmotischer Wert der normalen Zelle	O_n	Osmotischer Wert bei normalem Volumen: aus O_g auf normales Volumen umgerechnet: $$O_n = O_g \cdot \frac{V_g}{V_n}$$
Osmotischer Wert bei Wassersättigung	O_s	Osmotischer Wert bei Wassersättigung: O_g auf das Volumen bei Wassersättigung umgerechnet: $$O_s = O_g \cdot \frac{V_g}{V_s}$$
Saugkraft der Zelle Sz		Kraft pro Flächeneinheit in Atmosphären, mit der die Zelle Wasser einzusaugen strebt
bei Grenzplasmolyse	Sz_g	
im normalen Zustand	Sz_n	
wassergesättigte Zelle	Sz_s	
Saugkraft des Zellinhaltes Si		Kraft pro Flächeneinheit, mit der der Zellinhalt Wasser einzusaugen strebt
bei Grenzplasmolyse	Si_g	
im normalen Zustand	Si_n	
bei Wassersättigung	Sz_s	
Wanddruck W		Der von der Zellwand auf den Inhalt ausgeübte Druck in Atmosphären
bei Grenzplasmolyse	W_g	
im normalen Zustand	W_n	
bei Wassersättigung	W_s	

Diese hier gewählten Bezeichnungen haben den Vorteil, eindeutig, klar und übersichtlich zu sein. Nach der Einführung der vorstehend genannten Nomenklatur sind eine ganze Reihe neue Benennungen vorgeschlagen worden. Selbstverständlich wäre es oft zweckmäßig, kürzere Ausdrücke zur Verfügung zu haben. Sie sollten aber so beschaffen sein, daß sie im Ausdruck wie im Maß jede Zweideutigkeit vermeiden lassen. Heute scheinen wir uns einer gewissen Einheitlichkeit zu nähern, obwohl auch neuere Vorschläge, die hauptsächlich auf Kürze tendieren, nicht durchweg befriedigen. Sehr oft wurde die Saugkraftgleichung so geschrieben:

$$\dot{S} = O - T,$$

eine Schreibweise, gegen die nichts einzuwenden ist, wenn man unter O das Atmosphärenäquivalent von O_n versteht. Da man in üblicher Weise O als Abkürzung für „osmotischen Wert" gebraucht, alle obigen Größen aber in Atmosphären ausdrückt, kann auch diese Form der Gleichung zu Mißverständnissen führen. Weniger glücklich scheint mir die von Walter (1952) vorgeschlagene Form $S = W - P$, wobei P die in der Physik übliche Bezeichnung für „Druck", $W =$ Abkürzung für „osmotischer Wert" (der konsequent in Mol auszudrücken ist) und S oder bei anderen Autoren auch S. P. $=$ Saugpotential, Saugkraft der Zelle bedeutet.

Haben alle diese Bemühungen einen realen und lobenswerten Grund der Vereinfachung, so kann man das nicht mehr sagen von den Vorschlägen des „Physical Methods Committee of the American society of Plant Physiology". Hier lautet die Gleichung (siehe Crafts-Currier-Stocking): Diffusion pressure deficit $=$ Osmotic pressure $-$ Turgor pressure, abgekürzt $DPD = OP - TP$ (siehe Meyer 1945), also statt der früher gerade auch von amerikanischer Seite verfochtenen Vereinfachung eine Verkomplizierung. Gleichzeitig erscheint auch wieder der schon längst überwunden geglaubte „osmotic pressure", der in der Pflanzenzelle gar nicht existiert. Nicht viel verständlicher ist die Gleichung nach Levitt (1951)

$$Dc - DH_2O = P_w - O_c,$$

wobei P_w den Wanddruck, O_c den osmotischen Druck bedeutet, wenn man den Zellsaft in ein Osmometer bringen könnte, während der erste Ausdruck Diffusionsdruck der Lösung weniger Diffusionsdruck des reinen Wassers bedeutet, also die einzige zu messende Saugkraft durch zwei Größen dargestellt wird, deren erste schwer, bei kleinen Zellen überhaupt nicht zu messen ist.

III. Untersuchungsmethoden

Sämtliche bis 1937 bekannten Untersuchungsmethoden osmotischer Zustandsgrößen, einschließlich der Methoden der Turgordehnung und der Messung der Saugkraft des Substrats, in dem die Pflanze wächst, sind ausführlich im „Handbuch der biologischen Arbeitsmethoden" zusammengestellt (Usprung 1937). Wir können uns daher unter Berücksichtigung neuer Erfahrungen mit einer kurzen Zusammenfassung begnügen.

1. Messung von O_g (Sz$_g$)

Das einfachste Verfahren ist die schon von de Vries 1877 angewandte g r e n z p l a s m o l y t i s c h e   M e t h o d e, die den Grenzplasmolysewert mißt durch Bestimmung jener Konzentration, bei der sich das Protoplasma eben von der Wand abhebt. In Geweben bezeichnet man jene Konzentration des Plasmolytikums als Grenzwert, die in der Hälfte der Zellen deutliche Plasmolyse ergibt. Da diese Methode an verschiedenen Zellen schon unzählige Male beschrieben worden ist, soll hier nur auf einige Fehlerquellen hingewiesen werden, die teils mit dem Plasmolytikum, teils mit dem Objekt zusammenhängen. Bedingungen für das Plasmolytikum sind: Unschädlichkeit, kein Permeieren während des Plasmolyseversuches und Abwarten des Gleichgewichtszustandes, andererseits aber möglichst kurze Plasmolysezeit, da es sich bei der Grenzplasmolyse doch um einen abnormalen Zustand der Zelle handelt. Vor allem hat sich Rohrzucker als Plasmolytikum bewährt, da er unschädlich ist und bei gesunden Zellen innert nicht allzu langer Versuchszeit nicht merklich permeiert. Ungeeignet scheint Rohrzucker wegen Permeierens bei Diatomeen (Höfler) zu sein und bei Zellen, deren Wände in Rohrzucker quellen. Eine weitere Voraussetzung für die Anwendung von Rohrzucker ist seine Permeabilität durch die Zellwand. Infolgedessen wird er als Plasmolytikum für die Blätter der meisten Laubmoose ausscheiden müssen; in diesem Fall kann er durch Traubenzucker ersetzt werden. Für gewisse Lebermoose ist allerdings auch Rohrzucker gut verwendbar (Biebl 1954).

Besondere Vorsicht erfordern bei Plasmolyseversuchen wegen ihrer unterschiedlichen Permeabilität Salzlösungen. Für sie ist für jedes Gewebe die Bestimmung der richtigen Plasmolysezeit erforderlich. Auch das Objekt selbst kann Schwierigkeiten bereiten, dann, wenn, wie schon die ersten Beobachter erkannten, das Plasma an der Wand adhäriert und der Grenzplasmolysewert um den Betrag der Adhäsion zu hoch ausfallen muß. Dieser Betrag wird ermittelt durch Plasmolyse, darauffolgende Deplasmolyse und einer nochmaligen Plasmolyse, die in diesem Fall in niedrigerer Konzentration erfolgt. So fand Buhmann (1935) selbst bei der viel untersuchten *Rhoeo discolor*-Epidermis des Mittelnerven bei der ersten Plasmolyse einen um etwa 0,03 Mol Rohrzucker zu hohen Wert, während Bärlund (1929) an demselben Objekt überhaupt keine Differenz fand. Bei anderen Objekten fand Buhmann Unterschiede bis 2 und 3 Atm., bei *Pinus Laricio* sogar bis 27 Atm., Merkt wiederholte diese Versuche bei den einheimischen Koniferen *Taxus, Pinus* und *Picea,* in denen er keine oder nur geringe Unterschiede fand; zu hohe Werte wurden vorgetäuscht, wenn er die Zellen zu kurze Zeit in Lösung hielt. Dasselbe Resultat erhielt auch Gasser (1942), der an Epidermiszellen mancher Dikotylenblätter ebenfalls keine oder unbedeutende Differenzen fand. Eine Ausnahme bildete die Blattepidermis an *Chenopodium Bonus Henricus* mit einem Unterschied von der ersten zur zweiten Plasmolyse von etwa 10% der ersteren. Als Resultat dürfte sich ergeben: Die Adhäsion Plasma-Wand ist in vielen Zellen so gering, daß sie vernachlässigt werden kann. Immerhin wird man gut tun, nicht nur jedes Objekt auf diese Fehlerquelle hin zu untersuchen, sondern es vor allem auch in den verschiedenen Altersstufen zu prüfen.

Am sichersten kann man dem wahren O_g auf folgende, oft angewandte Weise am nächsten kommen. Benachbarte Schnitte eines Gewebes werden in Lösungen steigender Konzentration gebracht, deren Konzentrationsdifferenzen aber sehr gering sind, und nach Eintritt des Gleichgewichts die Zahl der plasmolysierten Zellen aller untersuchten Schnitte gezählt. Durch eine einfache Proportionsrechnung kann dann die Lage von O_g leicht errechnet werden (Ursprung 1937).

Genauer ist die plasmometrische Methode Höflers (1918), die O_g aus dem Volumen eines stark plasmolysierten Protoplasten bestimmt; sie ist aber nur auf einzelne Zellen anwendbar und nur auf solche, deren Plasmamasse eine genaue Volumbestimmung ermöglicht. Für junge Blütenstiele und ähnliche Organe ist die Verkürzungsmethode von de Vries-Pfeffer angebracht. Sie bestimmt diejenige Konzentration einer Lösung, bei der die elastische Verkürzung eben aufhört. Sie ergibt einen Durchschnitt von O_g des genannten Organs.

Aus dem Grenzplasmolysewert O_g erhält man durch Umrechnung in Atmosphären die Saugkraft der Zelle bei Grenzplasmolyse Sz_g.

2. Berechnung und Messung von O_n (Si_n)

Die direkte Messung von O_n einer einzelnen Zelle ist nur ausnahmsweise möglich bei großen Zellen, z. B. Characeen (Collander 1930) oder Siphoneen, indem man intakte Zellen mit einer feinen Kapillare ansticht, den Saft in sie einlaufen läßt und O_n kryoskopisch oder mit einer Dampfdruckmethode bestimmt.

An Stelle der Messung kann man O_n in lebenden Zellen berechnen aus O_g und den Volumina der Zelle im normalen Zustand und bei Grenzplasmolyse. An Stelle des Volumens genügt bei zylindrischen Zellen sehr oft die Messung der Zellflächen, bei denen die Breite gleich der Tiefe gesetzt werden kann. Um Wasserverluste zu vermeiden, muß das normale Volumen in Paraffinöl gemessen werden (Zeichnung der inneren Grenze der Zellwand); ferner wird Fehlen von Osmoregulation sowie ein dünner Protoplast vorausgesetzt. Dann ergibt $O_n = O_g \cdot \dfrac{V_g}{V_n}$. Da sich O_g mit genügender Genauigkeit bestimmen läßt, muß das Augenmerk auf die Volumbestimmung gelenkt werden, trotzdem nur die Volumverhältnisse verlangt werden. Die Schwierigkeit besteht in vielen Fällen in der Ermittlung von V_n, wenn die Zelle im Gewebeverband ist. Sind Gewebespannungen vorhanden, so kann die Zelle im turgeszenten Zustand eine andere Gestalt haben als bei Grenzplasmolyse, weil ihre Wand dem Druck oder Zug der Nachbarzellen ausgesetzt ist. Da wir eine Methode zur Bestimmung von Außenzug oder -druck bei Einzelzellen (siehe Saugkraftgleichung) nicht besitzen, eignen sich zur genauen Ermittlung von O_n mit Hilfe der Volumina nur bereits erwachsene Zellen, deren Wand noch kontrahierbar ist, nicht aber solche in stark wachsenden Organen mit ungleichem Wachstum und dadurch verursachten Gewebespannungen. Daß zur Berechnung des Zellvolumens V_n aus dem Volumen bei Grenzplasmolyse auch Längen- und Breitenänderungen der Zelle benützt werden können, zeigte Ruge (1937) an parenchymatischen Stengelzellen junger Keimlinge. An Stelle des Volumens genügt zur Messung die Zellfläche, wenn sich die dritte Dimension beim Ausdehnen und Zusammenziehen der Zelle gleich verhält.

Ist die Bestimmung von O_n der einzelnen Zelle nur bei dazu besonders geeigneten Zellen möglich, gibt es mehrere Methoden, die Durchschnittswerte von O_n 'an Organen liefern, und zwar mit Hilfe des Preßsaftes. Seit es gelungen ist, bessere Preßsäfte zu erhalten und mit kleineren Mengen zu operieren, ist der Wert dieser Bestimmungen bedeutend gestiegen, obwohl man sich bewußt sein muß, daß es sich nur um Durchschnittswerte handelt. Eine andere wichtige Voraussetzung bleibt weiter, daß der Preßsaft mit dem Zellsaft identisch sei, was bei gefäßreichen Organen wohl kaum je der Fall sein wird. Die Saugkraft des Saftes wird dann kryoskopisch durch Ermittlung des Gefrierpunktes oder mit einer Dampfdruckmethode ermittelt. Die erste Methode wurde schon lange in Amerika geübt, wo der Preßsaft durch Abkühlung gewonnen wurde, war aber um die Jahrhundertwende auch in Europa (z. B. CAVARA, BOTTAZZI, DIXON) nicht unbekannt. Nachdem sie durch WALTER (1931) verbessert und verfeinert wurde, wird sie seitdem viel angewandt. Bei den Dampfdruckmethoden kommt der Preßsaft in ein hermetisch verschließbares Gefäß. Seine Saugkraft wird dann bestimmt durch Vergleich mit Lösungen bekannter Saugkraft, die entweder in Kapillaren gebracht (URSPRUNG und BLUM 1930) oder in Filtrierpapierstreifen über die zu untersuchende Flüssigkeit gehängt werden (HANSEN 1926, GRADMANN 1928—1934, STOCKER 1930). Im ersten Fall setzt man die Saugkraft des Preßsaftes jener Kapillarenlösung gleich, deren Länge konstant bleibt, im zweiten der Gewichtskonstanz des Filtrierpapierstreifens. Diese Dampfdruckmethoden können auch zur Bestimmung der Bodensaugkraft dienen, für die sie zuerst geschaffen wurden.

Durch Umrechnung von O_n in Atmosphären wird die Saugkraft des Zellinhaltes Si erhalten, in unserem Fall $Si_n =$ Saugkraft des Inhalts bei normalem Volumen.

3. Saugkraft der Zelle Sz_n

Methodisch muß man unterscheiden zwischen Zell- und Gewebe- (bzw. Organ-) Methoden. Die ersteren eignen sich zur Messung einzelner Zellen, seltener auch von Geweben, die letzteren liefern Durchschnittswerte für Zellverbände, eignen sich daher vor allem für ökologische Untersuchungen. In beiden Fällen aber handelt es sich um direkte Bestimmungen von Sz_n.

E i n z e l z e l l e. Die heute nur noch angewandte Methode beruht auf dem Prinzip der Volumkonstanz der Zelle in jener Rohrzuckerlösung, deren Saugkraft gleich ist der Saugkraft der Zelle (URSPRUNG und BLUM 1916). Voraussetzung ist eine ausreichende Dehnbarkeit der Zellwand, die mindestens 2% erreichen sollte, da Zeichnungs- und Planimetrierungsfehler zwischen etwa 1 und 2% liegen. Bei Zellen, deren Wände starr sind oder bei denen die Dehnbarkeit der Wand unter den angegebenen Grenzen liegt, ist daher die Saugkraft nicht zu messen. Von ihnen können wir nur sagen, daß ihre Saugkraft unterhalb der Saugkraft bei Grenzplasmolyse liegen muß. Im allgemeinen eignen sich daher für die Einzelmethode vor allem parenchymatische Zellen, deren Flächenänderung: Grenzplasmolyse — Wassersättigung in der Regel einige bis und weit über 10% betragen kann. Unter der neueren Literatur sei ROECKL zitiert, die Flächenänderungen für

Palisaden bei *Ficus elastica* von 25%, für die Sammelzellen solche von
22½% angibt. Flächenänderungen ähnlicher Größenordnung fand auch Hüser
in den Palisaden sukkulenter Formen von *Matricaria inodora*. Selbst die
untere Rippenepidermis des Blattes von *Sambucus Ebulus* (Tab. 2) kann in
noch nicht ausgewachsenem Zustand Flächenänderungen bis über 25% ergeben. Selbst bei Einzellern (*Saccharomyces, Pleurococcus*) sind in verschieden konzentrierten Lösungen von NaCl sehr große Volumschwankungen ermittelt worden (Drable 1907).

Von der Saugkraftmessung auszuschließen sind ferner Zellen, die unter
Gewebespannung stehen. Unterliegt die Zelle einem Druck, so wird die
Saugkraft erniedrigt, bei Außenzug erhöht sie sich. Da uns bis jetzt Methoden fehlen, die Außendruck oder -zug zu messen gestatten, kann die Saugkraft derartiger Zellen nicht genau bestimmt werden. Doch ist es in ge-

Tab. 2. *Sambucus Ebulus. Mittelnervepidermis der Blattunterseite*

Saugkraft der Rohrzucker-lösung	Flächenände-rung Paraffinöl-Rohrzucker-lösung in %	Saugkraft der Epidermiszelle
4,0 Atm.	+ 12,5	
5,3 ,,	+ 7,3	
6,7 ,,	− 3,2	> 5,3 < 6,7 Atm.
8,2 ,,	− 5,8	
9,7 ,,	− 9,5	

wissen Fällen möglich, den Außendruck annähernd zu schätzen, wie dies
Overbeck (1930) für das Innenparenchym der Frucht der Spritzgurke gezeigt hat.

Für die eindeutige Bestimmung der Saugkraft einer Zelle ist weiter
wichtig die Serienmessung. Man benützt eine Reihe Lösungen steigender
Konzentration. In jede Lösung kommt je ein Schnitt, der benachbarte Zellen
enthält, da die Erfahrung immer wieder gezeigt hat, daß die Zellen durch
das mehrfache Übertragen von einer Lösung in die andere oft geschädigt
oder durch zu langes Liegen in den Lösungen Osmoregulationen oder Permeabilitätsänderungen eintreten können.

In der Regel übersteigen die Sz_n-Differenzen benachbarter Zellen
0,5 Atm. nicht, die der Saugkraft von 0,02 Mol Rohrzucker entspricht, also
der Differenz der angewandten Lösungen. Dieses Verfahren hat aber den
anderen großen Vorteil, daß jede Messung die andere kontrolliert, wie aus
Tab. 2 hervorgeht. Fällt nur eine Zahl aus der Reihe, so muß die Messung
als nicht genügend gesichert ausgeschieden werden.

Bevor die Zelle in Rohrzuckerlösungen eingelegt wird, muß zuerst das
Volumen bzw. die Fläche der Zelle im natürlichen Zustand ermittelt werden. Zu diesem Zweck ist ein Medium notwendig, das möglichst unschädlich ist, der Zelle kein Wasser entzieht und kein Wasser abgibt. Als ein
solches Einschlußmittel hat sich Paraffinöl bewährt, das bis jetzt durch

kein anderes, vor allem nicht durch ein besseres, ersetzt werden konnte. Ausgedehnte Messungen an einem umfangreichen Pflanzenmaterial haben ergeben (SEGMÜLLER), daß Sz_n- und Sz_g-Werte auch unter Paraffinöl längere Zeit, bei zarten und empfindlichen Objekten mindestens mehrere Stunden, bei weniger empfindlichen mehrere Tage, konstant blieben. Da die zur Messung benötigten Schnitte höchstens etwa eine Stunde in Paraffinöl bleiben, spielt ein von YAMAHA und STRUGGER angenommener Wasserentzug wohl kaum eine Rolle. Wichtiger ist eine zuweilen beobachtete Verstopfung der Interzellularen, die den Zutritt des Osmotikums erschwert, die durch Absaugen mit gutem Filtrierpapier weitgehend ausgeschaltet werden kann.

Eine besondere Erwähnung in bezug auf die Sz_n-Messung verdienen Zellen, in denen Kohäsionsspannungen auftreten können (austrocknende parenchymatische Zellen, Wassergewebszellen). Qualitativ kann das Vorhandensein von solchen Spannungen nach folgendem Prinzip nachgewiesen werden: Wird eine turgeszente Zelle plasmolysiert, so verkleinert sich ihr Volumen; war die Wand schon am Anfang entspannt, so bleibt das Zellvolumen bei Plasmolyse unverändert. Wird eine in Kohäsionsspannung befindliche lebende Zelle plasmolysiert, so wird die Kohäsionsspannung aufgehoben und ihr Volumen vergrößert sich, falls die Wand nicht starr ist. Zeichnet man demnach eine Zelle in Paraffin, nachher in plasmolysierender Rohrzuckerlösung, so kann bei Flächenvergrößerung der Zelle auf Kohäsionsspannung geschlossen werden. Diese Methode kann auch angewandt werden, um wenigstens eine ungefähre Vorstellung einer quantitativen Kohäsionsspannung zu erhalten. Da dieses Verfahren wenig bekannt zu sein scheint, sei es wenigstens kurz angedeutet. Es sind folgende Größen der in Kohäsionsspannung befindlichen Zelle zu messen:

$Sz_K =$ Saugkraft der in Kohäsionsspannung befindlichen Zelle,
$Si_K =$ Saugkraft des Inhalts dieser Zelle (in Atm.).

Daraus sei die Kohäsionsspannung vorläufig folgendermaßen abgeleitet: Kohäsionsspannung $= Sz_K - Si_K$, wobei $Sz_K > Si_K$ sein muß.

Bestimmung von Sz_K. Benützt wird ein Objektträger aus etwa 5 mm dickem Glas, in dem eine aus zwei konzentrischen Kreisen begrenzte, genügend breite und tiefe Rinne eingeschliffen ist. In der Mitte bleibt eine Glassäule stehen, auf die der Schnitt zu liegen kommt. Die Rinne wird möglichst vollständig von einer Rohrzuckerlösung von bestimmter Saugkraft angefüllt und damit der tote Raum auf ein Minimum reduziert. Den Abschluß bildet ein Deckglas mit Vaselinedichtung. Vor dem Einbringen des Schnittes bleibt der Raum bis zur Sättigung des Raumes verschlossen. Dann folgt, möglichst ohne Störung des Dampfraumes, das Einlegen des Schnittes bzw. der Versuchszelle, die nach Erreichung des Gleichgewichtszustandes gezeichnet wird. Die Untersuchung erfolgt im Zimmer mit konstanter Temperatur, wo die Objektträger außerdem in mit Watte ausgekleidete Schachteln zu liegen kommen.

Bestimmung von Si_K. Sie erfolgt mit Hilfe der Gleichung:

$$O_K = O_g \cdot \frac{V_g}{V_K}.$$

Es bedeutet:

O_K = Osmotischer Wert des Inhalts der Zelle in Kohäsionsspannung,
V_K = Volumen der Zelle (innerer Wandumriß) in Kohäsionsspannung, im Dampfraum,
V_g = Volumen der Zelle (innerer Wandumriß) bei Grenzplasmolyse,
O_g = Osmotischer Wert bei Grenzplasmolyse in Mol Rohrzucker.

Zur Ermittlung von O_g wird die Zelle plasmolysiert sowie der innere Wandumriß der Zelle und des Protoplasten gezeichnet und aus diesen beiden Zahlen und der plasmolysierenden Lösung O_g berechnet. Zur Bestimmung des Volumquotienten $\dfrac{V_g}{V_K}$ wird direkt gemessen die Zellfläche bei Kohäsionsspannung und die Zellfläche bei Plasmolyse. Setzen wir für den gefundenen O_K-Wert die Saugkraft ein, so erhalten wir Si_K. Zieht man den gefundenen Wert von Sz_K ab, so erhält man die Kohäsionsspannung. Eine vorläufige Orientierung ergab in den Assimilationszellen von austrocknenden Pinusnadeln geringe Kohäsionswerte, die sich in einem Fall auf etwa 1,6 Atm. beliefen (Ursprung und Blum 1945 und 1947).

Eine zweite Methode zur Bestimmung von Sz_n ergibt sich aus der Saugkraftgleichung $Sz_n = Si_n - W$, wobei die Komponenten Si_n und W bestimmt werden müssen. Si_n ist leicht zu erhalten aus dem Grenzplasmolysewert und den Volumina bei Grenzplasmolyse und im normalen Zustand der Zelle. Für die Berechnung von W ist überdies das Volumen der Zelle bei Wassersättigung erforderlich. Die Methode wird kaum mehr angewandt, ist aber insofern erwähnenswert, weil sie die erste Methode war, mit der die Saugkraft einer Einzelzelle gemessen wurde (Ursprung und Blum 1916). Sie liefert bei günstigen Objekten innerhalb der Fehlergrenzen denselben Wert wie die vorher beschriebene Methode.

Z e l l v e r b ä n d e. Die Methoden, die Zellverbände zu messen gestatten, haben den großen Vorteil, daß sie viel leichter zu handhaben sind als die Einzellmethoden, aber den Nachteil, daß sie nur Durchschnittswerte liefern. Wir übergehen die Methoden, die nur selten oder beschränkte Anwendung finden, wie etwa die Methode der Gewebespannung nach de Vries (1884), die Wägemethode (z. B. Stiles und Jögensen 1907) oder Dampfdruckmethoden, die für die Saugkraftbestimmung in der Nähe des grenzplasmolytischen Zustandes bei niederen Organismen gute Dienste leisten (Renner 1932).

Allgemein anwendbar dagegen sind die S t r e i f e n - und die H e b e l m e t h o d e. Beide beruhen auf dem gleichen Prinzip wie die Einzellmethode. Bei der Streifenmethode (Ursprung 1923) wird die Längenänderung von Gewebe- bzw. Organstreifen in verschieden konzentrierten Lösungen gemessen und die Saugkraft jener Rohrzuckerlösung der Saugkraft des Gewebestreifens gleichgesetzt, in der dessen Länge gleich bleibt. Für eine zuverlässige Messung sind insbesondere erforderlich: Längenänderungen, die die Fehlergrenze übersteigen, regelmäßiges Verhalten derart, daß weiter vom Nullpunkt entfernte Rohrzuckerkonzentrationen auch größere prozentuale Längenänderungen ergeben. Wechseln in aufeinanderfolgenden Konzentrationen Plus- und Minuswerte ab, so ist die Messung unbrauchbar. Jede Saugkraftmessung setzt sich also gleich wie bei der Einzellmethode aus mehreren Teilmessungen zusammen, die sich gegenseitig kontrollieren. Über weitere Bedingungen der Methode sowie über deren Modifikationen vergleiche man URSPRUNG 1937. Diese Methode eignet sich vor allem für Blätter von Krautpflanzen, wobei meßbare Xerophyten meist größere Ausschläge geben als Hygrophyten oder gar Wasserpflanzen, aber auch von Bäumen und Sträuchern (REGLI 1933), deren junge Blätter bis Ende Mai *(Quercus, Pinus)* oder bis in den Hochsommer hinein meßbar sind (z. B. *Fraxinus, Sambucus)*, aber auch für Saugwurzeln (RUGE 1937, 1938, STOCKER 1930). Selbst das Pseudoparenchym der Pilze ist sogar gut meßbar (URPRUNG und BLUM 1925, SACCHI 1954), sofern das Pilzgeflecht nicht zu locker

ist. Bei Hartlaubgehölzen allerdings sind
die Blätter nur in jungem Zustand zu
messen. An ihre Stelle kann in alten
Blättern die H e b e l m e t h o d e treten
(URSPRUNG und BLUM 1930), mit der nach
demselben Prinzip die Dickenänderung
unter der Taste eines ungleicharmigen
Hebels in verschiedenen Konzentrationsstufen einer Rohrzuckerlösung verfolgt
wird. Vorteile dieser Methode sind: Man
kann mit kleinen Würfelchen von 1—2 mm
Seitenlänge auskommen, und es können
kleinste Dickenänderungen nachgewiesen
werden. Ein Nachteil besteht in etwa vor-

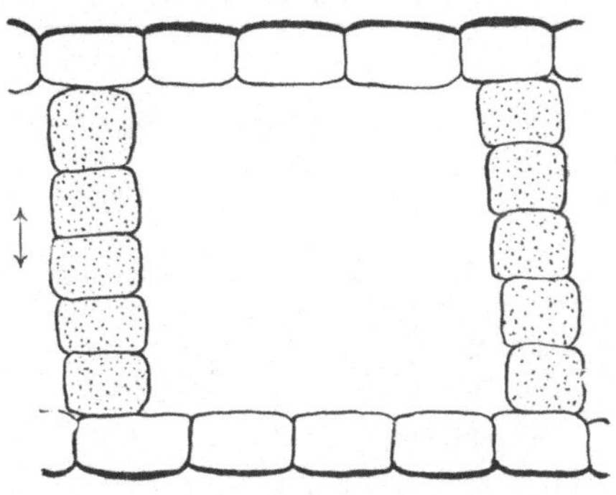

Abb. 2. *Marsilia crenata.* Schematischer
Blattquerschnitt.

kommenden Krümmungen, verursacht durch ungleiche Saugkräfte in den verschiedenen Geweben. Aus demselben Grunde ist es nötig, daß Gleichgewicht abgewartet wird, das in vielen Fällen nach einigen Minuten, in anderen erst nach längerer Zeit erreicht wird. Günstig für die Messung sind Objekte mit Zellen ähnlichen Baues und kleinen Saugkraftdifferenzen. Etwas komplizierter liegen die Verhältnisse, wenn, wie etwa in Blättern, Zellen verschiedener Saugkraft vorkommen. Trotzdem kann mit dieser Methode die mittlere Saugkraft des Gewebestückes erhalten werden, wie das folgende einfache Beispiel zeigt. Am epiphytischen javanischen *Trichosporum pulchrum* ergaben Blattstücke, die sämtliche Zellen eines Blattquerschnittes enthielten, mit dieser Methode eine mittlere Blattsaugkraft von 3,3 Atm. Dieselbe Methode lieferte für das Wassergewebe plus obere Epidermis 2,6 Atm., für das Assimilationsgewebe plus untere Epidermis 4,0 Atm., so daß die mittlere Saugkraft sämtlicher Zellen des Blattstückes dem arithmetischen Mittel der Teilwerte entspricht.

V e r g l e i c h v o n S t r e i f e n- u n d H e b e l m e t h o d e. Beide Methoden ergeben theoretisch die Durchschnittssaugkraft aller Zellen des gemessenen Organstückes. Das ist dann der Fall, wenn alle oder wenigstens die meisten Zellen des Objektes sich berühren und in der Meßrichtung dehnbar sind, bei der vereinfachten Methode in der Längsrichtung des Streifens, bei der Hebelmethode in der Richtung des Tasters, bei einem

Blattstück z. B. senkrecht zur Außenfläche der Spreite. Sind diese Bedingungen nicht erfüllt, so können mit beiden Methoden an derselben Stelle ganz verschiedene Sz_n-Werte gefunden werden. Ein Beispiel dieser Art liefert das Blatt von *Marsilia crenata* (BLUM 1933, Abb. 2):

$$\text{Vereinfachte Methode} \quad 11{,}9 \text{ Atm.}$$
$$\text{Hebelmethode} \quad\quad 4{,}0 \quad \text{,,}$$

Dieses Resultat erklärt sich aus Abb. 2 und hängt zusammen mit dem anatomischen Bau des Blättchens, der in der Abbildung schematisiert dargestellt ist. Mit der vereinfachten Methode wurden Querstreifen zur Längsachse eines Blättchens benützt; wie aus der Abbildung hervorgeht, mißt man

Tab. 3. *Sz_n- und Si_n-Werte verschieden alter, diesjähriger Pinusnadeln*

Datum	Nadel-länge in mm	Sz_n in Atm.				Sz_i in Atm.	
		Streifenmethode		Hebelmethode		Basis in Scheide	Spitze über Scheide
		Basis in Scheide	Spitze über Scheide	Basis in Scheide	Spitze über Scheide		
12. Mai	7	12,8	—	12,0	—	14,5	—
20. Mai	11	13,6	—	14,5	—	15,3	—
25./26. Mai	14	12,0	16,2	11,2	17,1	14,5	17,1
1. Juni	20	11,2	17,1	11,2	18,7	—	—
21./22. Juni	40	12,0	—	10,4	36,5	15,3	17,1
5./6. Juli	45	14,5	—	12,8	35,2	17,1	18,0
16. Juli	50	15,3	—	—	35,2	16,2	18,9
26. Juli	55	12,0	—	—	35,2	—	—
22. Aug.	70	13,6	—	—	31,6	17,6	18,0
14. Okt.	70	—	—	—	43,2	—	—

mit dieser Methode die Saugkraft der Epidermen, während mit dem Hebel der Querschnitt in Richtung des Pfeiles, also S_z von Epidermis + Mesophyll erhalten wird. Es ist daher klar, daß man in einem solchen Fall mit beiden Methoden verschiedene Werte erhalten muß, sobald die Zellen der verschiedenen Gewebe nicht dieselbe Saugkraft besitzen. Größere Differenzen fanden sich auch im Blatt von *Cocos*:

Jüngere Fieder von *Cocos nucifera*:

$$\text{Vereinfachte Methode} \quad 32{,}1 \text{ Atm.}$$
$$\text{Hebelmethode} \quad\quad 23{,}4 \quad \text{,,}$$

Bei der vereinfachten Methode wurden Querstreifen, die senkrecht zu den Blattrippchen verliefen, geschnitten; bei der Hebelmethode aber Stücke zwischen den großen Längsrippen herauspräpariert. Wie man ohne weiteres sieht, brauchen die mit beiden Methoden erhaltenen Werte nicht übereinzustimmen, da ja nicht dasselbe gemessen wird. Der Hebel gibt hier den tieferen Wert; die zwischen den größeren Längsrippen gelegenen Partien zeigen demnach eine tiefere Saugkraft als das mit der vereinfachten Methode gemessene Blattstück: Rippen + Zwischenstück, während man eher das umgekehrte Resultat erwartet hätte. Worauf das beruht, ist zur Zeit nicht zu sagen, da wir über die Verteilung der Saugkraft in den einzelnen Zellen eines Palmenblattes nichts wissen und auch nicht darüber orientiert sind, welche Zellen des Blattes an der Volumänderung in den Rohrzuckerlösungen beteiligt sind und in welchem Grade sie dies tun.

Als schwieriges Objekt in bezug auf die Meßmethodik sei die *Pinus*-Nadel genannt (URSPRUNG und BLUM 1945). Es zeigt, wie dieselbe Nadel verschiedene Werte liefern kann, deren Größe wesentlich vom anatomischen Bau abhängen. Tab. 3 gibt einen Auszug aus fortlaufenden Messungen während einer Vegetationsperiode und Tab. 4 die zum Verständnis der Tab. 3 notwendigen anatomischen Daten.

Nach Tab. 3 läßt sich Sz_n mit der Streifenmethode bestimmen, solange die jungen Nadeln in der Scheide bleiben oder nur wenig darüber hinaus-

Tabelle 4

Datum	Nadellänge in mm	Dicke der Epidermisaußenwand in μ		Assimilationszellen berühren sich in Längsrichtung der Nadel		Streifenmethode brauchbar	
		Basis	Spitze	Basis	Spitze	Basis	Spitze
16. Mai	7	ca. 18	ca. 18	ja	ja	ja	ja
9. Juni	27	ca. 18	ca. 40	ja	nein	ja	nein
25. Juni	40	ca. 18	ca. 40	ja	nein	ja	nein
23. August	70	ca. 20	ca. 40	ja	nein	ja	nein

ragen bis zu einer Länge von etwa 20 mm. In älteren Nadeln ist nur noch die Basis der Nadel mit derselben Methode meßbar, während der übrige Teil der Nadel nur noch im Nadelquerschnitt, also mit dem Hebel zu untersuchen ist. Die Erklärung gibt Tab. 4, in der bei fortschreitendem Wachstum der Nadel die Dicke der Epidermisaußenwand angegeben ist.

Die Streifenmethode ist so lange brauchbar, als die Dicke der Epidermisaußenwand 20 μ nicht überschreitet und solange die Zellen des Assimilationsgewebes in der Längsrichtung der Nadel sich berühren. In der Basis der Nadel sind diese Bedingungen in allen untersuchten Altersstadien erfüllt, in der Spitze dagegen nicht mehr, sobald die Nadellänge von 27 mm erreicht ist. Dann stellt die dicke Epidermisaußenwand ein mechanisches Hindernis dar, das eine Längenänderung der Nadel nicht mehr gestattet. Dazu kommt, daß in älteren Nadeln die Assimilationszellen in Platten angeordnet und durch die bekannten großen Lufträume voneinander getrennt sind. Die Basis kann aber auch mit dem Hebel gemessen werden. Wie man sieht, stimmen beide Methoden gut miteinander überein, obwohl mit jeder Methode zwar an „derselben" Stelle, aber jedesmal etwas anderes gemessen wird, mit der Streifenmethode ein mehrere Millimeter langes Nadelstück, mit dem Hebel aber nur ein 1—2 mm langes Nadelstück in der Querrichtung der Nadel. Überdies ist Sz_i, wie vorauszusehen, immer höher als Sz_n, solange die Nadel nicht steif geworden ist. Sobald die Nadelepidermis wie wohl auch die Zellen des Transfusionsgewebes starr geworden sind, steigt Sz_n der „Nadel" weit über Sz_i an. Die Erklärung liegt darin, daß man in diesem Zustand der Nadel mit dem Hebel nicht mehr den ganzen Nadelquerschnitt mißt, sondern, wie eingehendere Versuche gezeigt haben, nur noch die Saugkraft des Assimilationsparenchyms, während die Si-Methoden den Saft der ganzen Nadel angeben, also Assimilationsparenchym + Transfusionsgewebe und daher notwendigerweise tiefer ausfallen muß.

Die angegebenen Beispiele zeigen, daß schwierigere Objekte oder Meßserien, die in irgendeiner Weise unregelmäßig zu verlaufen scheinen, näher analysiert werden müssen, bevor über sie etwas ausgesagt werden kann

Tab. 5. *Refraktometermethode im Fruchtkörperstiel von Psalliota*

Saugkraft der Lösung in Atm.	Periphere Stielbasis			Periphere Stielspitze		
	n Da	n Ds	n D	n Da	n Ds	n D
8,2	1,3475	1,3479	+ 04	1,3474	1,3479	+ 05
9,7	1,3505	1,3508	+ 03	1,3505	1,3508	+ 03
11,2	1,3529	1,3531	+ 02	1,3530	1,3533	+ 03
11,8	1,3552	1,3549	− 03	1,3551	1,3562	+ 01
13,8	1,3569	1,3565	− 04	1,3566	1,3566	0
14,5	1,3577	1,3570	− 07	1,3576	1,3574	− 02
16,2	1,3602	1,3590	− 12	1,3600	1,3594	− 06
18,0	1,3668	1,3651	− 17	1,3627	1,3616	− 11

n Da = Brechungsindex der Lösung vor dem Eintauchen des Objekts,
n Ds = Brechungsindex der Lösung nach dem Eintauchen des Objekts,
n D = Änderung der Brechungsindizes in Zehntausendstel.

oder bevor die angewandte Methode als nicht brauchbar abgelehnt wird. So ist es nicht ausgeschlossen, daß es Sklerophylle geben wird, die mit der Hebelmethode nicht die Durchschnittssaugkraft der Zellen eines Blattstückes ergeben, sondern nur den Durchschnittswert der Mesophyllzellen, also eines beschränkten Blatteiles.

Zur Messung der Durchschnittssaugkraft von Organen eignet sich auch die Refraktometermethode, die neueren Datums ist und in letzter Zeit häufig angewendet wurde (ASHBY und NAEF, LEMÉE und LAISNÉ, SACCHI). Auch das ist eine Gleichgewichtsmethode, bei der jene Konzentration des Osmotikums (Rohrzucker) gesucht wird, in der der Brechungsindex gleich bleibt, die Lösung also durch Wasseraufnahme oder -abgabe nicht verändert wird. Sie eignet sich hauptsächlich für größere Objekte, die leicht Wasser abgeben oder aufnehmen. Vorsicht ist geboten bei Schnitten, da der Zellsaft angeschnittener Zellen das Resultat verfälschen kann, wobei auch eine pH-Änderung zu berücksichtigen ist. Als Beispiel sei aus SACCHI die Messung der Saugkraft eines Stiels von *Psalliota campestris* entnommen. Mit einem scharfen Messer oder einem Korkbohrer werden etwa 1 cm lange

Stücke herausgeschnitten, an den Schnittflächen mit Filtrierpapier gut abgetrocknet und in die Lösung gelegt. Es genügen schon Streifen von etwa 3 mm Dicke und Breite, je größer aber die eingelegten Stücke sind, um so rascher ändert das D des Rohrzuckers. Das Resultat ist in Tab. 5 in stark abgekürzter Form, indem nur die Brechungsindizes derjenigen Rohrzuckerlösungen notiert sind, deren Saugkraft in der Nähe der Saugkraft des Gewebes liegen.

Die Saugkraft der Stielbasis beträgt $> 11{,}2 < 11{,}8$ Atm., der Spitze 13,8 Atm. Die Stücke lagen für eine Stunde in Rohrzuckerlösung. Nach ASHBY tritt bei seinen Objekten *Iris*-Blatt, Kartoffelknolle, Karotte Gleichgewicht in hypotonischen Lösungen in weniger als 2 Stunden, in hypertonischen nach 2 Stunden ein. Auf ähnliche Weise bestimmten LEMÉE und LAISNÉ Durchschnittssaugkräfte von Blättern von *Avena*-Arten, *Sambucus*, *Aster Tripolium* und anderen sukkulenten Blättern. Die genannten Autoren maßen dasselbe Objekt auch mit der Streifenmethode, wobei beide Methoden genau dasselbe Resultat gaben.

4. Wand- bzw. Turgordruck

1. Eine erste Methode der Wanddruckmessung einer Einzelzelle kann aus der Saugkraftgleichung abgeleitet werden. $W_n = Si_n - Sz_n$ oder, wenn man für die Bestimmung von Si_n die notwendigen Größen einsetzt,

$$W_n = O_g \frac{V_g}{V_n} - Sz_n.$$

Für Si_n braucht es die Kenntnis des Grenzplasmolysewertes sowie der Volumina der Zelle im normalen und im grenzplasmolytischen Zustand. Dann wird O_n erhalten, die Umrechnung in Atmosphären ergibt Si_n. Sz_n wird direkt gemessen durch Aufsuchen jener Rohrzuckerkonzentration, in der das Zellvolumen sich nicht ändert.

2. Eine weitere Methode ergibt sich aus folgenden Beziehungen:

$$\frac{W_n - W_g}{W_s - W_g} = \frac{V_n - V_g}{V_s - V_g}\,; \text{ da } W_g = O \text{ ist } W_n = W_s \cdot \frac{V_n - V_g}{V_s - V_g}.$$

Zur Bestimmung von W_n müssen demnach bekannt sein die Volumina der Zellen n, s, g: im normalen, im wassergesättigten und im grenzplasmolytischen Zustand sowie W_s, das sich aus $O_s = O_g \cdot \frac{V_g}{V_s}$; in Atmosphären ausgedrückt ergibt W_s.

3. Methode 1 hat den Nachteil, daß die Saugkraft der Zelle bekannt sein muß, Methode 2 verlangt das Volumen bei Wassersättigung. Beides läßt sich umgehen, wenn man die Zelle in eine Rohrzuckerlösung r einlegt, deren Saugkraft dem voraussichtlichen Sz_n-Wert nahe liegt. Ähnlich wie in 2 ist dann $W_n = \frac{V_n - V_g}{V_r - V_g} \cdot W_r$ oder die für die Bestimmung von W_r nach Analogie bei 2 notwendigen Größen eingesetzt:

$$W_n = \frac{V_n - V_g}{V_r - V_g} \cdot \left(O_g \cdot \frac{V_g}{V_r} - Sz_r \right),$$

wobei Sz_r den Atmosphärenwert der Rohrzuckerlösung darstellt. Zu messen sind hier demnach O_g und drei Volumina, wobei $O_g \cdot \dfrac{V_g}{V_r}$ in Atmosphären umzurechnen ist, bevor Sz_r abgezogen wird.

Wichtig ist bei allen Methoden die Volummessung, die bei einfach gestalteten Zellkörpern nicht allzu schwierig, bei vielen Zellen aber schwer oder überhaupt kaum durchführbar ist. Eine Erleichterung ist dadurch gegeben, daß die Formeln nur Volumquotienten enthalten, so daß Fehler in der Volumbestimmung abgeschwächt werden, wenn sie in derselben Richtung verlaufen und prozentual nicht allzu stark voneinander abweichen. In Formeln 2 und 3 ist ferner Proportionalität zwischen Wanddruck und Volumänderung vorausgesetzt, was wohl kaum je mathematisch genau und auch dann nur in gewissen Grenzen angenommen werden kann. Die Erfahrung hat immerhin gezeigt, daß mit diesen Methoden Wanddruckbestimmungen, deren Größe nicht allzuviel vom theoretischen Wert abweichen, möglich sind. Die bisherigen Betrachtungen gelten für isolierte Zellen mit dehnbarer Wand, dünnem Protoplasmaschlauch und großem Zellsaftraum. Liegt die Zelle im Gewebeverband, so kann sich zum Wanddruck der eigenen Zelle noch Druck oder Zug der benachbarten Zellen gesellen, die in jedem einzelnen Falle zu berücksichtigen sind.

Ist der Wanddruck einer Zelle bestimmt, so ist gleichzeitig auch der Turgordruck gegeben, da bei Gleichgewicht W und T gleich groß, aber entgegengesetzt gerichtet sind.

Hier ist noch die Frage aufzuwerfen, ob die für einzelne Zellen abgeleiteten Beziehungen auch auf Gewebeverbände oder sogar Organe übertragen werden können, wie das ab und zu versucht wurde (Chien, Lyon). Das ist offenbar dann möglich, wenn alle Zellen der untersuchten Gewebe gleiche Sz_i und Sz_n sowie eine ähnliche Dehnbarkeit der Wand besitzen, wie das in jungen Markzylindern hinreichend der Fall ist. Dann erhält man aus den Durchschnittswerten genannter Größen auch Durchschnittswerte von W_n oder T_n, wie folgendes Beispiel an jungen Markzylindern von *Impatiens* zeigen möge. Ausgegangen wird von der Gleichung $T_n = W_n = Si_n - Sz_n$. Si_n des Preßsaftes war 6,6 Atm., Sz_n nach Streifenmethode 5,3 Atm. Hieraus $T_n = 6,6 - 5,3 = 1,3$ Atm. bei einem Grenzplasmolysewert von 7,3 Atm. Hier handelt es sich um einen Durchschnittswert, der von den Werten der Einzelzelle nicht viel abweichen dürfte. Anders ist es bei einem Versuch zur Bestimmung des Wanddruckes in der Wachstumszone der Keimwurzel beim Mais (Mildebrath 1932) nach der Gleichung $W_n = W_s \dfrac{V_n - V_g}{V_s - V_g}$. Das Volumen des Wurzelteils wurde durch zwei Marken in ca. 1 cm Abstand frisch und im plasmolysierten Zustand in 0,5 Mol Traubenzucker und nachher nach genügendem Aufenthalt in Wasser gemessen. Unter der Voraussetzung der nach allen Seiten gleichmäßigen Dimensionsänderung lassen sich die Volumquotienten aus den Längenänderungen berechnen. So wurde für W_n ein Mittel von 1,25 Atm. gefunden bei einem Si_g von 2,3 Atm. Auch im Hypokotyl von *Helianthus annuus*, dessen Zellen noch kaum differenziert sind, konnte Ruge 1938 aus dem mittleren Sz_n der Hypokotylabschnitte unter Berücksichtigung der Volumina im normalen Zustand der Zelle und bei Grenzplasmolyse die Verteilung von T in den aufeinaderfolgenden Zonen ermitteln.

Anders wird es bei ausgewachsenen Organen, in denen ein Teil der Zellwände fest, ein anderer Teil noch dehnbar ist und in deren Zellen Si und Sz von Gewebe zu Gewebe stark variieren. Versuche, in solchen Organen W nach den bisherigen Verfahren zu bestimmen, führten zu unwahrscheinlichen Werten, die aus mehreren Gründen als fehlgeschlagen betrachtet werden müssen (Chien Ren Chu 1936, Lyon 1936).

IV. Der osmotische Wert bei Grenzplasmolyse (O_g) und die Saugkraft bei Grenzplasmolyse (Sz_g oder Si_g)

Das war die erste Größe, die seit den ersten Autoren immer wieder gemessen wurde. De Vries nannte sie nie anders als Grenzplasmolysewert oder osmotischer Wert und drückte sie in Prozenten oder in Mol der angewandten Lösung aus. Erst später traten andere Bezeichnungen auf, wie Turgor, osmotischer Druck, Saugkraft u. a., weil man meinte, mit dieser Größe die Saugkraft der Zelle oder gar den auf der Wand lastenden Innendruck zu erfassen (Ursprung und Blum 1920). Heute verstehen wir unter O_g den Wert einer Lösung, die Grenzplasmolyse hervorruft, und unter Sz_g bzw. Si_g die Saugkraft der Zelle bzw. des Zellinhalts bei Grenzplasmolyse.

Seit etwa 80 Jahren sind eine Unzahl von O_g-Messungen gemacht worden, die nicht alle Anspruch auf Zuverlässigkeit erheben können, weil eine gute O_g-Messung an Bedingungen geknüpft ist, die man erst nach und nach kennenlernte. Das ist besonders wichtig, wenn man O_g gleichzeitig mit anderen osmotischen Größen vergleichen will oder wenn diese Größe an verschiedenen Objekten und diese zu verschiedener Zeit gemessen werden. Zunächst zeigte die Erfahrung, daß selbst Zellen desselben Gewebes auf kürzeren Distanzen, wie etwa in einem Schnitt, nur in seltenen Fällen dasselbe O_g besitzen. Selbst bei einem so bekannten und gleichmäßigen Gewebe wie der unteren Nervepidermis von *Rhoeo discolor* bemerkt man, daß die Zellen nicht gleich stark plasmolysiert sind, demnach nicht alle Zellen dasselbe O_g besitzen. Sind hier die Unterschiede nur gering, so können sie in anderen Geweben einige Hundertstel Mol betragen. Man hat sich daher gewöhnt, dann das mittlere O_g eines Gewebes anzunehmen, wenn die Hälfte aller Zellen deutlich plasmolysiert ist. Neben der Berücksichtigung des Mittelwertes ist bei der Bestimmung von O_g die Plasmolysezeit ausschlaggebend, wenn man mit permeablen Lösungen, vor allem Salzlösungen, arbeitet.

Ein Beispiel aus Beck (1926) zeigt deutlich die Bedeutung der Plasmolysezeit in Zellen des Efeublattes.

Während in Rohrzucker im Leitparenchym Gleichgewicht schon nach etwa 8 Minuten eintritt, ist es in der oberen Epidermis erst nach ca. einer Stunde eingetreten. In KNO_3 aber muß O_g schon nach wenigen Minuten abgelesen werden, da sehr rasch Deplasmolyse beginnt. Wäre in der unteren Epidermis O_g 20 Minuten nach dem Einlegen in die Lösung gesucht worden, so hätte man einen zu hohen Wert erhalten müssen, in Rohrzucker, weil die Plasmolyse erst wenige Zellen erfaßt hätte, in KNO_3 wegen der bereits erfolgten Deplasmolyse. Die Plasmolysezeit ist aber auch in demselben Gewebe nicht immer gleich. So fand Beck in der unteren Epi-

Tab. 6. *Plasmolyse und Deplasmolyse in Zellen des Efeublattes*

	Grenzplasmolyse in		Beginn der Deplasmolyse in KNO_3 Min.
	Rohrzucker nach Min.	KNO_3 nach Min.	
Obere Epidermis	40—60	10—12	15—30
Palisaden	25—30	10—18	unbestimmt
Schwammparenchym . . .	25—30	2—3	15
Leitparenchym	6—8	ca. 3	9
Untere Epidermis	36—38	ca. 3—5	7—9

dermis mehrere Male eine Plasmolysezeit von etwa 5—10 Minuten; in diesem Fall dürfte es sich um ältere, vielleicht auch krankhafte Zellen gehandelt haben. Man hat also für jedes Gewebe und für jedes Plasmolytikum zum voraus die Zeit bis zum Eintritt vollkommener Plasmolyse zu bestimmen.

Muß O_g an Schnitten untersucht werden, so dürfen sie nicht zu dünn sein, weil Verfälschungen durch Wundrandzellen leicht möglich sind. Die zulässige Schnittdicke ist ebenfalls an jedem einzelnen Objekt auszuprobieren.

1. Verteilung von O_g (Sz_g) in den Geweben einer Pflanze

Schon in einem einfachen, histologisch gleichmäßig erscheinenden Gewebe kann O_g an verschiedenen Stellen ganz ungleiche Werte zeigen. So fand Gratzy-Wardengg selbst in noch fadenförmigen Prothallien von *Dryopteris Filix mas* und *Nephrodium* ein Ansteigen von O_g von der Basis- zur Spitzenzelle. Die Differenz betrug etwa 0,06 Mol Rohrzucker oder etwa 30 Prozent des Basiswertes. In älteren Prothallien stieg die Differenz auf 50 im Sommer, auf bis gegen 70 Prozent im Winter bei gleichem Wert der Basiszelle, und in alten Prothallien war die Differenz zwischen Basis und Spitze auf mehr als das Doppelte angestiegen (siehe auch Döpp). Charakteristisch ist ferner, daß O_g im Prothallium von unten nach oben regelmäßig zunimmt, und zwar zonenmäßig. O_g kann aber in einem Gewebe in anderer Weise variieren. So fand Burström in der Epidermis der Wurzelspitze vom Weizen O_g in Zellen, die Wurzelhaare bilden, tiefer als in nicht wurzelhaarbildenden Zellen.

Nicht mehr so einfach liegen die Verhältnisse bei höheren Pflanzen, weil die Gewebe deutlich getrennt sind, ein verschiedenes O_g zeigen, so daß jedes Gewebe für sich untersucht werden muß. Nun schwankt O_g schon im gleichen Organ in den Zellen desselben Gewebes. So zeigte die Epidermis des Blattstiels von *Helleborus* (Blum 1916) auf der morphologischen Oberseite ein O$_g$ von 0,47 an der Basis, von 0,51 an der Spitze des Stiels; auf der morphologischen Unterseite betrug diese Differenz am gleichen Blattstiel nur 0,01 Mol KNO$_3$. In Zellen der oberen Palisadenreihe des Efeublattes kann O$_g$ variieren von 0,80 bis 0,96 Mol Rohrzucker, ohne aber

Tab. 7. *Tagesschwankungen von O$_g$ (Mol KNO$_3$) bei Helleborus foetidus, 3./4. März*

	5^{00}	8^{00}	11^{00}	14^{00}	17^{00}	20^{00}	23^{00}	2^{00}	5^{00}	Max. Schwankung
Blatt										
Obere Epidermis	0,42	0,46	0,50	0,52	0,50	0,46	0,46	0,44	0,42	0,10
Palisaden	0,82	0,86	0,89	0,91	0,88	0,86	0,84	0,82	0,84	0,09
Schwammparenchym	0,62	0,62	0,66	0,71	0,69	0,68	0,66	0,64	0,62	0,09
Untere Epidermis	0,37	0,39	0,40	0,42	0,44	0,39	0,40	0,40	0,39	0,07
Mittelnerv	0,50	0,52	0,56	0,58	0,52	0,50	0,52	0,50	0,48	0,10
Blattstiel										
Epidermis	0,47	0,49	0,49	0,53	0,51	0,48	0,48	0,45	0,45	0,08
Außenrinde	0,49	0,51	0,53	0,54	0,51	0,51	0,49	0,47	0,47	0,07
Innenrinde	0,51	0,54	0,54	0,58	0,58	0,54	0,53	0,53	0,47	0,11
Hadromparenchym	0,54	0,54	0,56	0,58	0,58	0,56	0,56	0,54	0,54	0,04
Stengel										
Epidermis	0,51	0,53	0,54	0,58	0,53	0,48	0,48	0,47	0,45	0,13
Außenrinde	0,54	0,57	0,58	0,64	0,57	0,54	0,53	0,53	0,56	0,11
Innenrinde	0,56	0,58	0,58	0,60	0,60	0,56	0,54	0,54	0,52	0,08
Hadromparenchym	0,55	0,56	0,60	0,62	0,64	0,62	0,62	0,60	0,58	0,09
Markzellen	0,52	0,52	0,52	0,56	0,59	0,56	0,54	0,52	0,52	0,07
Wurzel										
Außenrinde	0,41	0,41	0,41	0,47	0,45	0,43	0,43	0,41	0,41	0,06
Innenrinde	0,49	0,51	0,51	0,55	0,55	0,55	0,53	0,51	0,49	0,06
Hadromparenchym	0,50	0,51	0,53	0,55	0,55	0,55	0,49	0,49	0,49	0,06
Wurzelspitze										
Epidermis	0,58	0,60	—	0,62	0,66	—	0,64	0,60	—	0,08
Parenchym	0,58	0,60	—	0,60	0,64	—	0,62	—	0,58	0,06
Mittelwert	0,53	0,54	0,56	0,59	0,58	0,55	0,54	0,53	0,52	0,07

eine regelmäßige Verteilung zu zeigen (Hayoz). Im allgemeinen hat es sich gezeigt, daß O$_g$ desselben Gewebes um so weniger variiert, je kürzer die untersuchte Strecke ist. Wenn man aber dasselbe Gewebe in einer Pflanze untersuchen will, so muß bei einem Vergleich möglichst dieselbe Stelle untersucht werden. Das gilt besonders noch beim Vergleich aller Gewebe eines Organs. Durch derartige vergleichende Messungen sind die Tab. 7 und 8 entstanden. Vergleichen wir nun zunächst dieselben Gewebe an verschiedenen Organen, bei denen man ehestens ähnliche Werte in einer bestimmten Verteilung erwarten könnte, etwa die inneren Gewebe der Rinde oder des Hadromparenchyms, so nimmt dessen O$_g$ im allgemeinen wohl von unten nach oben ganz wenig zu, bei den Rindenzellen finden wir aber mit zunehmender Höhe eine unregelmäßige Verteilung von O_g, besonders wenn man noch das Parenchym der Wurzelspitze hinzunimmt, wo der Wert am größten von allen Rindenzellen ist. Bei der Epidermis liegt die Verteilung noch ungünstiger, indem nicht die Blatt-, sondern die Stengelepidermis die höchsten O_g-Werte zeigt und in der Blattepidermis selbst nicht die obere, sondern die Mittelnervepidermis der Blattunterseite. Die O_g-Verteilung bei *Helleborus* ist demnach im gleichen Gewebe von unten nach oben eine unregelmäßige. Noch unregelmäßiger ist O_g in den erwähnten Geweben von *Urtica dioica* verteilt (Blum 1916). Zu einem etwas anderen Resultat kam Iljin 1929, der bei seinen Pflanzen Epidermen und Wurzelrindenzellen untersuchte. Zwar fand er Beispiele genug, vor allem bei Pflanzen sehr feuchter Standorte, bei denen O_g in größerer Höhe einmal größer, aber auch gleich und kleiner sein konnte als weiter unten. Im allgemeinen gibt

Tab. 8. *Verteilung von O_g in Blattgeweben*

	Helleborus *foetidus* 21. Juni	*Urtica* *dioica* 27. Juni	*Hedera* *Helix* 23. August	*Fagus* *silvatica* 20. Mai	30. Aug.
Obere Epidermis . . .	0,44	0,41	0,45	0,44	0,33
Palisaden	0,76	0,96	0,80	0,97	1,00
Schwammparenchym .	0,64	0,58	0,65	0,56	0,64
Untere Epidermis . .	0,40	0,45	0,45	0,41	0,30
Nervepidermis	0,42	0,38	0,45	—	0,48

er für die meisten Pflanzen eine Zunahme von O_g von unten nach oben an und in der Wurzel eine Abnahme gegen deren Spitze zu (nach Iljin als Folge zunehmenden Wassergehaltes des Bodens). Hingegen gibt Hannig in der unteren Blattepidermis bei einer großen Zahl seiner Pflanzen fast durchweg höhere Werte an als in Wurzelzellen (Rinde?). Er benützte allerdings KNO_3-Lösungen und gibt nicht an, wie lange die Zellen in der Lösung lagen.

Größere Differenzen finden wir dann zwischen verschiedenen Geweben, deutlich ausgeprägt im Blattstiel und in der älteren Wurzel, weniger im Stengel. Am größten ist O_g in den Zellen des Hadromparenchyms, von wo der Wert nach außen und innen abnimmt. Besonders ausgeprägt und auch eindeutig verschieden ist O_g in den Blattgeweben, in denen O_g von der unteren Epidermis über das Schwammparenchym bis zu den Palisaden um das Doppelte, im Blatt von *Fagus* um das Dreifache zunimmt (Tab. 8). Die obere Epidermis hat meistens einen höheren Wert als die untere Epidermis. Diese Verteilung von O_g in den Blattgeweben ist in allen der bisher untersuchten Blätter eine ähnliche (Tab. 8) und eine gesetzmäßige, indem O_g ganz allgemein die höchsten Werte in den Palisaden, die niedrigsten in der Epidermis zeigt. Tab. 8 zeigt zudem, daß in älteren *Fagus*-Blättern die Unterschiede von Epidermis und Mesophyllzellen viel größer sind als in jungen.

Über die Verteilung von O_g in den Blattgeweben anderer Pflanzen sind wir wenig orientiert, doch ist kaum daran zu zweifeln, daß in den Spreiten anderer Pflanzen die Verteilung im Prinzip eine ähnliche sein dürfte. Über die Verteilung von O_g im Innern des Blattes hat uns Röckl aufgeklärt. Im Blatt von *Robinia* fand sie zunächst zwischen Palisaden und Schwammparenchym keine oder geringe Unterschiede, von den Schwammparenchymzellen an über die Sammelzellen eine Zunahme von O_g bis zum Leitparenchym mit einer Differenz von 0,15 bis 2 Mol Rohrzucker.

Einen Fall für sich bilden die Schließzellen (Ursprung und Blum 1926, Beck 1927, 1930), deren O_g gleich, kleiner oder größer als das der umgebenden Epidermiszellen sein kann. Ihr O_g scheint vor allem mit dem Öffnungszustand der Schließzellen zusammenzuhängen, größer bei offenen, kleiner bei geschlossenen Spalten. Sehr große Differenzen von O_g zwischen Schließ- und anliegenden Zellen hat Weber (1941) bei *Iris japonica* ermittelt. Zur gleichen Zeit war O_g der Schließzellen 2 Mol Glukose, in den Kurzzellen aber nur noch ¾ Mol und in den Langzellen ½ Mol.

2. Die täglichen und jährlichen Schwankungen

a) Tagesperiode

O_g variiert nicht nur örtlich, von Gewebe zu Gewebe, sondern ist auch in demselben Gewebe zeitlich verschieden. Schon die ersten systematischen Untersuchungen (Blum 1916, Ursprung und Blum 1916) zeigen eine Ver-

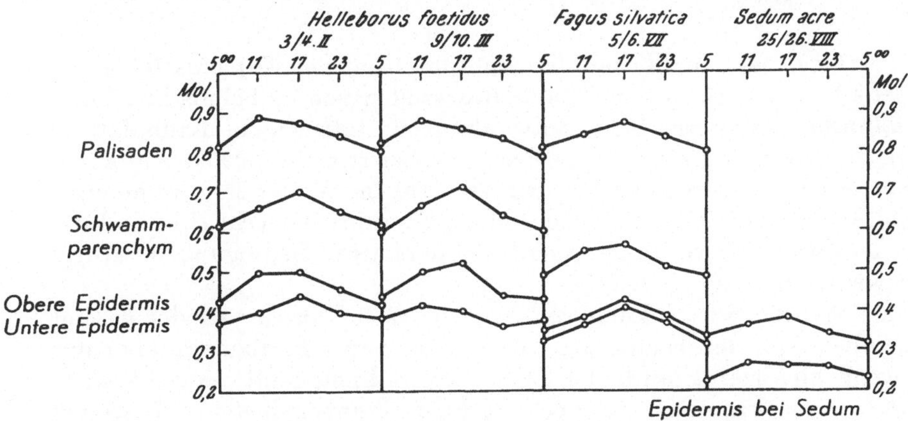

Abb. 3. Tagesschwankungen von Og (Mol KNO₃) in Blattgeweben.

änderung von O_g im Verlaufe von schönen Tagen (Tab. 7 und Abb. 3), und zwar nicht bloß in Zellen oberirdischer Organe, sondern in allen damals untersuchten Geweben bis in die Wurzel, am deutlichsten aber in den Blattgeweben (Abb. 2). Die Messungen ergaben bei allen Geweben einer Art annähernd denselben Verlauf, und sie stimmen auch bei systematisch und biologisch weit auseinanderstehenden Pflanzen (*Helleborus, Urtica, Fagus, Sedum*) im wesentlichen überein. Im großen und ganzen verlaufen diese O_g-Änderungen periodisch, und zwar an schönen Sommertagen so, daß O_g vom frühen Morgen ansteigt bis zu einem Maximum, das im Verlaufe des frühen Nachmittags erreicht wird, um dann wieder abzunehmen bis zu einem Minimum am frühen Morgen. Die Änderungen sind in Blattgeweben von *Urtica* ziemlich ausgeglichen und betragen etwa 5%, im *Helleborus-* und Buchenblatt aber in der Epidermis um 20%, in den chlorophyllhaltigen Geweben etwa 10%.

Der Verlauf der Tageskurve, mit dem O_g-Maximum am Mittag, dürfte an normalen Sommertagen die Regel sein. So berichtet Gehler, die etwa 30 Tagesperioden an 17 Arten gemessen hat, daß das Maximum in weitaus den meisten Fällen auf den Mittag, das Minimum auf den frühen Morgen fiel. Die Kronblätter von *Dahlia* und *Pirus Malus* aber zeigten ihr Minimum am Nachmittag, das Maximum am Vormittag. Auch wurden Fälle bekannt, wo O_g während des Tages konstant blieb, so bei *Matricaria*

Tab. 9. *Tagesperiode von Sz_g in Blatt und Krone von Wormia suffruticosa*

22. Dez.	Blatt		Krone		
	Obere Epidermis	Palisaden	Obere Epidermis	Mesophyll	Sd in g
7^{00}	11,9	43,9	9,8	11,1	1,7
9^{00}	12,7	43,9	10,4	11,1	5,8
12^{15}	12,7	45,4	11,9	11,9	11,2
16^{15}	12,7	45,4	—	—	4,2
18^{30}	11,9	43,9	—	—	4,2

inodora (Hüser) oder in Blattepidermen von *Aconitum Napellus* (Gehler). Anderseits finden auch in den Assimilationszellen von einheimischen Koniferen ähnliche tagesperiodische Schwankungen statt wie in Laubblättern (Merkt), die manchmal nur wenige Prozent, aber auch bis 30% des Morgenwertes erreichen. Anders kann der Tagesverlauf im Winter sein, wenn etwa die Koniferennadeln mit Schnee oder einer Eisschicht bedeckt sind und damit die Transpiration verhindert wird; bei derartigen Bedingungen variiert O_g nur wenig oder unregelmäßig.

Da die tägliche Schwankung von Sz_g, wie es sich immer wieder gezeigt hat, vor allem von der Temperatur, dann auch von r. F. abhängt, aber nur dann, wenn gleichzeitig auch der Boden austrocknet, muß man sich nicht wundern, wenn Sz_g auch in den feuchten Tropengebieten (Westjava) nicht konstant bleibt, nicht nur in den an die Luft grenzenden Zellen, sondern auch in den inneren Blattzellen (Blum 1926). An einem sonnigen Vormittag stieg O_g in Blatt und Krone von *Wormia suffruticosa* an, um im Blatt erst abends wieder abzunehmen (Tab. 9), während die Kronblätter nach Mittag verdorrt und dann abgefallen waren. Die Änderung ist aber sehr gering, im Durchschnitt etwa 6%, während sie bei unseren einheimischen Pflanzen 10 bis 50% ausmachen. Bei dieser Gelegenheit sei noch auf einen anderen Unterschied von einheimischen und Arten feuchter Tropen hingewiesen, den ich fast in allen gemessenen Blättern fand: die großen Differenzen von O_g zwischen oberer Epidermis und Palisaden. Bei unseren

Pflanzen ist das Verhältnis O_g-Epidermis und O_g-Palisaden etwa 1 : 2, bei Tropenpflanzen aber 1 : 2 bis 1 : 6, besonders ausgeprägt in Lianenblättern. Auch bei Bodenkräutern des feuchten Urwaldes (*Elatostemma*) ist O_g in den Blattepidermen mittags höher gefunden worden als morgens und abends. Tagesschwankungen von Si_g sind auch bei *Avicennia officinalis* an ihrem natürlichen Standort gefunden worden (BLUM 1941) mit einem Minimum am Morgen und einem Maximum am Nachmittag, in der oberen Epidermis von 46 bis 55 Atm., in der oberen Palisadenreihe von 75 bis 94 Atm., und zwar, wie die wenigen Messungen anzuzeigen scheinen, unabhängig von Flut und Ebbe.

b) Jahresperiode

Verfolgt man O_g während längerer Zeit, so bemerkt man bald größere Änderungen, die ebenfalls periodisch verlaufen. Während der Tagesverlauf von O_g vor allem von T bestimmt wird, fallen hier vor allem die Be-

Tabelle 10

	Mittelwerte von O_g während eines Jahres											
	Jan.	Febr.	März	April	Mai	Juni	Juli	Aug.	Sept.	Okt.	Nov.	Dez.
Helleborus foetidus . .	0,56	0,58	0,55	0,55	0,54	0,56	0,48	0,38	0,63	0,60	0,54	0,56
Urtica dioica	0,62	0,57	0,48	0,55	0,49	0,49	0,52	0,53	0,58	0,61	0,60	—
Fagus silvatica	0,77	0,77	0,78	0,78	0,75	0,70	0,66	0,70	0,73	0,74	0,76	0,79
Sedum acre	0,44	0,46	0,44	0,40	0,36	0,37	0,38	0,38	0,39	0,40	0,41	0,43

ziehungen zu den Niederschlägen bzw. zum Wassergehalt des Bodens auf. Vergleichende Werte hat man bisher auf zwei Wegen zu erreichen versucht. Liegen genügend tagesperiodische Messungen vor, so ergeben die Durchschnittswerte des Tages ein gutes Bild der O_g-Änderung in längeren Perioden; Voraussetzung ist, daß an jedem Tag zu gleicher Tageszeit gemessen werde. Meistens aber nimmt man nur einen Tageswert, am besten einen solchen vom frühen Morgen oder am Abend. Dies hat den Vorteil, daß Werte unter Bedingungen erhalten werden, die sich zwar von Tag zu Tag ändern, aber doch möglichst ausgeglichen sind. Die ersten jahresperiodischen Messungen stammen von BLUM 1916, der von sämtlichen Messungen eines Gewebes den Monatsdurchschnitt angab. Die Zusammenfassung bringt Tab. 10. Die einzelnen Zahlen bedeuten den Durchschnitt sämtlicher an einer Pflanze gemessenen Gewebewerte. Da die Einzelwerte nicht genau zur gleichen Tageszeit ermittelt werden konnten, erreichen die Durchschnittswerte naturgemäß nicht die gewünschte Genauigkeit. Außerdem sind die in der Tabelle angegebenen Zahlen unter sich insofern nicht genau vergleichbar, als bei *Fagus* von November bis April die Blattgewebe fehlen, die die Winterwerte von *Fagus* herunterdrücken, da die Palisaden auch bei der Buche die höchsten Werte besitzen.

Trotzdem gibt die Tabelle im großen und ganzen den Jahresverlauf genügend gut wieder, der später bei anderen Pflanzen in ähnlicher, aber ausgeprägterer Weise wieder gefunden wurde. *Urtica, Fagus, Sedum* haben dieselbe Jahresperiode mit den höchsten Werten im Winter, mit den tiefsten im Sommer. Anders verhält sich die zudem eine abweichende Entwicklung zeigende Nieswurz, deren Maximum in den Spätherbst fällt, unmittelbar nach dem Minimum im Hochsommer. Eine periodische Ände-

Tab. 11. *Szg der oberen Blattepidermis in Atmosphären*

	II	III	IV	V	VI	VII	VIII	IX
Mercurialis perennis	—	—	8,1	9,6	17,0	19,6	19,6	—
Lamium Galeobdolom	—	—	12,7	14,3	—	19,6	20,7	17,7
Hieracium Pilosella	10,5	12,7	13,3	—	21,5	25,5	25,5	28,6
Silene Otites	17,1	16,0	17,0	19,6	—	22,6	24,7	17,1

rung von Sz_g fand Simonis auch an eingetopften Pflanzen, die er unter annähernd konstanten Bedingungen, besonders bei gleichem Bodenwassergehalt, hielt (Tab. 11).

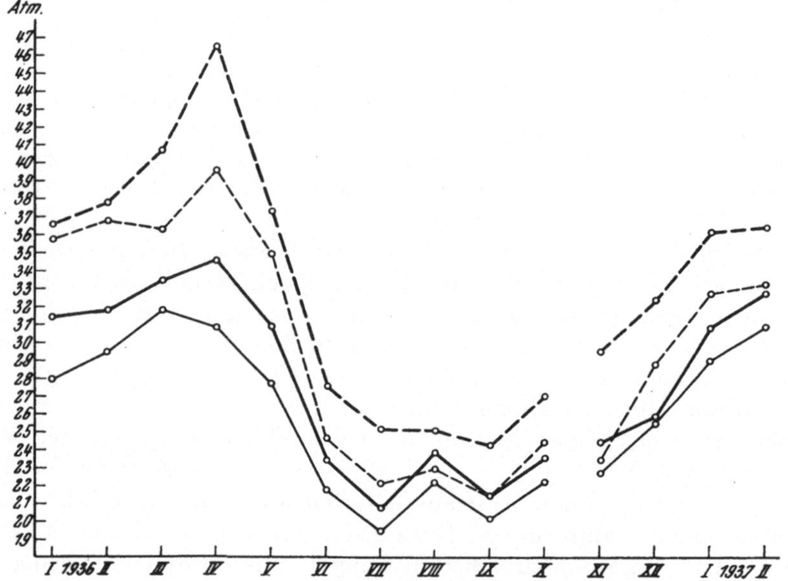

Abb. 4.   Jahresperiode von Szg der Assimilationsparenchymzellen von Koniferen-Nadeln.

Simonis verglich die obere Blattepidermis, fand die kleinsten Werte im Frühjahr mit ziemlich starkem Ansteigen im Sommer. Im Herbst sank Sz_g bei *Lamium* und *Silene*, stieg aber bei *Hieracium* weiter an.

An einem xerothermen Standort bei Wien fand Härtel bei *Anthyllis* und *Globularia* eine zweigipflige Sz_g-Kurve mit einem Maximum in der Trockenzeit als Folge des Wassermangels und im Winter bei Wassermangel und tiefer Temperatur und zwei Minima im Frühjahr und Herbst. Abweichend verhielt sich *Hieracium Pilosella*, das Sz_g bei Trockenheit erniedrigt, bei Regen erhöht, ein Verhalten, mit dem *Hieracium* nicht allein steht.

Sehr starke Jahresschwankungen von Sz_g zeigen die Assimilationsparenchymzellen der Koniferennadeln. Die Abb. 4 gibt die Monatsmittel aus Messungen zwischen 7 und 9 Uhr für Januar bis Oktober an zweijährigen, vom November bis Februar von diesjährigen Nadeln (MERKT). Besonders kräftig ist der Anstieg während des Winters, der hier offenbar mit einer Zunahme des Zuckergehaltes während des Winters zusammenhängen dürfte, da nach GAIL, MEYER, STEINER die Stärke sich in Zucker und Öl umwandelt, während im Mai die Gesamtzuckerkurve wieder abnimmt und Si_g dementsprechend fällt. Dieses Fallen beginnt mit dem Austreiben der jungen Nadeln; im gleichen Sinne wirken die Zunahme der Niederschläge und der Temperatur. Mit der Abnahme von Niederschlag und Temperatur setzt im Herbst ein erneutes Steigen ein, das mit der später eintretenden Zunahme des Zuckergehaltes Sz_g noch weiter ansteigen läßt.

Besser als eine Jahreskurve geben ausführliche Monatskurven Aufschlüsse über die Einwirkung von Außenfaktoren. Sie zeigen, wieder bei den Koniferen MERKTS, stets ein Fallen von Sz_g nach stärkeren Niederschlägen, das um so größer ist, je mehr und je länger Regen fällt. Auch stärkere Temperaturänderungen sind an der Kurve deutlich zu erkennen durch ein Fallen bei stark sinkendem T, ein Steigen nach Erwärmung.

Anders scheinen sich die Halophyten zu verhalten. REPP maß O_g in Blattepidermen bei Pflanzen salzarmer und salzreicher Standorte. An ersteren gab es eine erste Pflanzengruppe, deren Sz_g während des ganzen Sommers langsam und stetig anstieg (z. B. *Plantago maritima*) bis gegen 30 Atm. Bei der anderen Gruppe (z. B. *Triglochin maritimum*) ist das Ansteigen unregelmäßig, da nach Regen Sz_g etwas abfällt. Extremhalophyten an stark salzigem Standort sind stark wetterbedingt; vor allem Flachwurzler (*Sueda maritima*) lassen nach Regen Sz_g stark fallen. Bei jeder Art scheint dieser Einfluß wie auch die absolute Höhe von Sz_g spezifisch bedingt zu sein.

3. Der Einfluß der Außenbedingungen

Der osmotische Wert führt beständig Änderungen aus, wobei im Verlauf eines Tages das Sd der Luft, während längerer Zeitperioden Regen bzw. der Wassergehalt des Bodens großen Einfluß haben. Dieses Verhalten war schon lange bekannt, aber erst die neuen Untersuchungen im Laboratorium haben uns über die Wirkung der Außenfaktoren auf O_g Aufschluß gegeben, und die vielen Messungen am natürlichen Standort der Pflanzen bestätigten oder vervollständigten die Angaben der Versuche.

Die eingehendsten Versuche stammen von BÄCHER, der den Einfluß von Temperatur, Licht (Intensität und Wellenlänge), Boden- und Luftfeuchtigkeit, Substratkonzentration und Wind verfolgte. Von SIMONIS stammen umfangreiche Messungen in Zellen der oberen Blattepidermis an Topfkulturen während des Austrocknens, ILJIN untersuchte 1929 den Einfluß der Bodenfeuchtigkeit am natürlichen Standort, während GASSER bei 75 Pflanzen verschiedener systematischer und ökologischer Gruppen Sz_g bei Unter- und Überbilanz und BECK die Wirkung des Austrocknens bei abgeschnittenen Blättern verfolgte.

a) Temperatur

Daß hinreichend hohe und tiefe Temperaturen O_g zum Steigen bringen, wußten schon die älteren Autoren, wie etwa Copeland, der Moose und Phanerogamenkeimlinge untersuchte, dann Pantanelli (Schimmelpilze), Pfeffer (Wurzeln von *Vicia Faba* bei hoher Temperatur); die Einwirkung tiefer Temperaturen untersuchten Lidforss 1907, Lepeschkin 1908, Kny 1909, Winkler 1913, um nur die Autoren zu nennen, die plasmolytisch arbeiteten. Die systematischen Untersuchungen von Bächer 1918 bei Land- und Wasserpflanzen zeigen das Verhalten von O_g unter dem alleinigen Einfluß von T (Abb. 5), wobei die Topfpflanzen jeweils zwei bis drei Tage den angegebenen Temperaturgraden ausgesetzt waren, also genügend Zeit hatten,

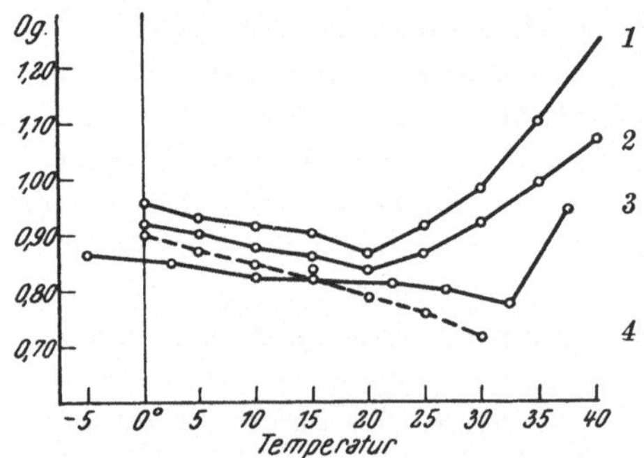

Abb. 5. Einwirkung der Temperatur auf Og. *1 Cytisus sagittalis* Palisaden des geflügelten Stengels, *2 Cytisus sagittalis* Epidermis des geflügelten Stengels, *3 Asplenium Trichomanes* Epidermis, *4 Cladophora insignis*.

sich anzupassen. Das Ergebnis ist eindeutig: Bei steigendem T sinkt O_g zwar ungleich stark und nicht gleich rasch, je nach der Art und dem Gewebe, während die Kontrollpflanzen, die bei 20⁰ gehalten wurden, nur wenig vom anfänglichen Wert abwichen. Da O_g Tagesschwankungen unterworfen ist, müssen solch vergleichende Messungen zur selben Tageszeit erfolgen. Der Minimalwert wird im allgemeinen bei 30⁰ erreicht, dann folgt das bekannte prämortale Ansteigen (die Zellen von *Cladophora* sterben bei etwas über 30⁰ ab, ohne vorher ein Ansteigen gezeigt zu haben). Bei *Cytisus sagittalis* liegt der Umkehrpunkt in Epidermis- und Assimilationszellen des geflügelten Stengels bei etwa 20⁰, um dann stark anzusteigen. Von etwa 35⁰ an werden die Werte unsicher, weil manche Zellen Krankheitserscheinungen zeigen, andere aber noch deutlich plasmolysieren und deplasmolysieren. Mit diesen Laboratoriumsversuchen stimmen die Freilandversuche von Merkt an Assimilationszellen von Koniferennadeln überein, der ein um so tieferes Sz_g konstatierte, je tiefer die Temperatur unter Null fiel, z. B. Palisaden bei *Taxus* bei 4⁰ 29 Atm., bei —1⁰ 30,8 Atm., bei — 9⁰ 31,8 Atm.

b) Licht

Am stärksten drückt sich der Einfluß des Lichtes aus zwischen Hell und Dunkel. Ein typisches Verhalten sei an *Elodea* angegeben. Bei einsetzender Verdunklung fällt O_g nach wenigen Tagen sehr rasch; in den folgenden Tagen findet ein schwaches Ansteigen statt. Setzt man vorher verdunkelte *Elodea* 8 Stunden künstlichem Lichte aus mit Wärmeschutz, so steigt O_g um 0,06 Mol Rohrzucker an, während bei verdunkeltem Exemplar O_g um 0,02 Mol fällt. Prinzipiell gleich verhielten sich auch Epidermis- und Assimilationszellen des Blattes von *Aspidistra* (Ruckli). Auch auf Unterschiede der Beleuchtungsintensität reagieren die Zellen von *Elodea* deutlich: Verhielten sich die Lichtintensitäten wie 1 : 2 : 3, so verhielten sich die O_g-

Differenzen ungefähr wie $1 \times 3 : 2 \times 3 : 3 \times 3$ (Tab. 12). Ähnliche Resultate erhielt auch LAMBRECHT, der mit ausgewachsenen Pflanzen operierte, während er bei rasch wachsenden Keimpflanzen das Gegenteil fand, wohl deshalb, weil die Veränderung von O_g während des Wachstums größer war als der Einfluß des Lichtunterschiedes.

Was den Einfluß der Wellenlänge anbetrifft, so scheinen die wenigen vorliegenden Versuche bei gleicher Intensität eine Steigerung von O_g anzudeuten, wobei rot $>$ grün $>$ blau.

Ein starkes Fallen von Sz_g trat nach mehrtägiger Verdunkelung im Assimilationsparenchym von Koniferennadeln ein (MERKT); das erste Sinken war bei *Picea* erst nach zweitägiger Verdunkelung bemerkbar. Vom 6. Tag ab aber fiel Sz_g rapid bis zum 10. Tag um etwa 5 Atm. In Blattgeweben von Blütenpflanzen verhielt sich nach BECK (1935) O_g verschieden. In der unteren Epidermis von *Convallaria, Ricinus communis, Helleborus foetidus, Hedera Helix* änderte sich O_g bei Beleuchtungswechsel nicht oder nur unbedeutend, im Schwammparenchym fiel O_g meistens bei Beleuchtung, bei Verdunkelung blieb O_g gleich oder stieg ganz schwach an, und in Schließzellen stieg O_g stark bei Beleuchtung, nahm bei Verdunkelung fast ebenso stark ab.

Tab. 12. *Verhalten von O_g in den Blattzellen von Elodea canadensis bei schwachem Licht*

Verhältnis der Lichtintensität	Differenzen von O_g
1	0,03
3	0,06
9	0,08
30	0,11

Wenn Brackwasserpflanzen (*Ranunculus Baudotii*) in Salzlösung gestellt werden, so steigt O_g im Licht stärker an als im Süßwasser (GESSNER 1951).

c) Luft- und Bodenfeuchtigkeit

1. **Konstanter Wassergehalt des Bodens, veränderte Luftfeuchtigkeit (R. F.).** Sinkt R. F. von 100 auf etwa 70, so ließ sich in der Blattepidermis von *Asplenium Trichomanes* überhaupt keine O_g-Änderung feststellen; erst ein Sinken von R. F. auf 20 bis 30% bewirkte ein schwaches Ansteigen von O_g um 0,02 Mol.

2. **Gleiches R. F. und veränderter Wassergehalt des Bodens.** Wurde bei abgeschlossenem Topf der Bodenwassergehalt von 5 auf 30% ($=$ Wassersättigung bei Sandboden) gebracht, so sank O_g von 0,61 auf etwa 0,57, auf 0,55 Mol bei Sättigung.

3. **Bei austrocknenden Böden und gleichzeitiger Abnahme von R. F.** von 100 auf 70% stieg O_g um 0,08 Mol. Aus diesen und anderen Versuchen ist von BÄCHER folgender Schluß gezogen worden: O_g steigt, wenn Luft- und Bodenfeuchtigkeit abnehmen; er ändert sich nur wenig, wenn der Boden stark feucht und vor Austrocknen geschützt ist. Lufttrockenheit bewirkt erst dann ein erhebliches Steigen, wenn die Bodenfeuchtigkeit gering geworden ist. Diese Schlüsse gelten für *Plagiochila asplenoides* und die Blattepidermis von *Asplenium Trichomanes*. Ähnliche Untersuchungen dieser Art fehlen beinahe völlig bei höheren Pflanzen, hingegen findet man ab und zu vereinzelte Angaben in Verbindung mit

Saugkraftmessungen; O_g ist dann meistens nur für ein Gewebe, gewöhnlich die Blattepidermis, angegeben.

d) Wassergehalt des Bodens

Ausgedehnte Versuche über den Einfluß des Bodenwassergehaltes auf Sz_g verdanken wir Simonis 1936. Er verfolgte Sz_g der oberen Blattepidermis an eingetopften Pflanzen, deren Boden gut durchnäßt war, bis zum Welken oder gar zum Vertrocknen der Pflanzen und verglich sie mit Kontrollexemplaren, deren Bodenwassergehalt konstant gehalten wurde. Simonis fand, wie zu erwarten, bei allen Pflanzen ein starkes Ansteigen, wobei Pflanzen, die aus feuchter Umgebung stammten (Sumpf- und Schattenpflanzen), beim Austrocknen des Bodens ein fast gleichmäßiges Ansteigen ergaben bis zum Maximalwert, der im Durchschnitt etwa 50% höher lag als der Anfangswert. Pflanzen, die aus trockenen Gebieten stammten, ließen anfangs Sz_g langsamer, gegen Ende des austrocknenden Bodens sehr stark ansteigen bis und z. T. über die doppelte Höhe des Anfangswertes. Die Höhe des schließlich beim Welken erreichten Maximalwertes war auch bei Pflanzen gleichen Standortes sehr verschieden. Genauere quantitative Angaben machte Iljin 1929. So fand er bei einer Abnahme der Bodenfeuchtigkeit von 32% auf 19% ein Ansteigen von O_g der Blattepidermis von 0,44 auf 0,64 Mol bei der Gerste, aber auch von 0,2 auf 0,78 Mol beim Weizen. Bleibt der Wassergehalt des Bodens gleich, ändert sich aber R. F. der Luft, so ist O_g der Wurzelrindenzellen gleich, O_g der Blattepidermen aber steigt bei gleichem O_g der Wurzelzellen mit zunehmendem Sd (= Sättigungsdefizit).

e) Andere Faktoren

Zahlreiche Arbeiten beschäftigten sich mit dem Einfluß der Nährlösungen auf O_g, die alle mit zunehmender Konzentration eine Erhöhung von O_g fanden (Schimmelpilze bei Eschenhagen, Meyenburg, Pantanelli, Raciborski, Meeresalgen bei Janse, Buchheim, dieser auch bei Süßwasseralgen; höhere Pflanzen bei Wieler 1887, Stange und van Rysselberghe). Letzterer glaubte auch gezeigt zu haben, daß die Zunahme sowohl in Salzlösungen wie in Zucker nach dem Weberschen Gesetz erfolge. Wichtig ist bei all diesen Versuchen die Zeit, während welcher die Pflanzen in den Lösungen blieben, da vielfach mit der Zeit eine Anpassung neu entstehender Organe, wenigstens bis zu einer gewissen Konzentration, erfolgt. Zur Illustration diene ein Versuch von Bächer, der *Elodea* in steigenden Rohrzuckerkonzentrationen bis 0,32 Mol legte und die Zunahme von O_g in den Blattzellen verfolgte (Abb. 6).

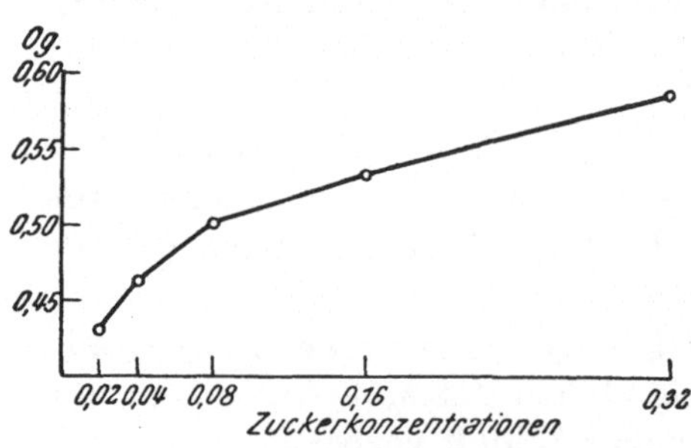

Abb. 6. Verhalten von Og in den Blattzellen von *Elodea* in Rohrzuckerlösungen steigender Konzentration.

Wie man sieht, entspricht einer Zunahme der Nährlösung von 0,02 auf

0,04 Mol eine solche von O_g um 0,04 Mol, einer Zunahme von 0,08 auf 0,16 Mol der Nährlösung nur noch eine O_g-Zunahme von 0,03 Mol; ferner werden in niederen Konzentrationen die erreichbaren Maxima von O_g schon am 4. oder 5. Tag erreicht, in höheren Konzentrationen aber erst etwa am 8. Tag. Übrigens erträgt *Elodea canadensis*, deren Blattzellen in Wasser ein O_g zwischen 0,3 und 0,4 Mol Rohrzucker haben, ohne Schaden eine Nährlösung von 0,4 Mol R. Z., wenn man die Konzentrationen nach und nach erhöht. Dabei kann O_g der Blattzellen bis 0,8 Mol R. Z. steigen.

Eine Anpassung des osmotischen Wertes an den Salzgehalt des Wassers fand GESSNER an *Ranunculus Baudotti*. Diese Brackwasserpflanze zeigte im Süßwasser im Blatt ein Si_g von 8,4 Atm., in Wasser mit einem Salzgehalt von 5—7‰ aber ein Si_g von 14,3 Atm; ferner (im Süßwasser) ein Ansteigen des O_n von 8 bis 9 Atm. im Wasserblatt, zu ca. 19 Atm. im Luftblatt.

Ein anderer Faktor, der in der Natur eine Bedeutung haben kann, ist

f) Der Wind

In den Versuchen von BÄCHER zeigte sich, daß O_g bei Wind um so höher steigt, je größer seine Geschwindigkeit ist und je länger er einwirkt. So stieg O_g in der Stengelepidermis von *Helianthus annuus* nach fünfstündiger Einwirkung bei einer Windgeschwindigkeit von 7—8 m/sec um 0,02 Mol, nach 25stündiger Einwirkung um 0,06 Mol. Aber auch die äußeren Rindenzellen stiegen in der gleichen Zeit um 0,04 Mol, also kaum weniger stark als die Blattepidermen, trotzdem diese dem Wind direkt ausgesetzt sind.

4. Insertionshöhe

Sie wird am besten angegeben durch die Länge der Leitbahnen, ausgehend von der Bodenoberfläche in der Richtung des Stammes. Weniger Bedeutung hat diese Größe in Richtung Wurzel, weil O_g im Boden in erster Linie nicht von der Tiefe, sondern von anderen Faktoren, so vom Wassergehalt des Bodens, abhängt.

Bis jetzt hat man die Messung von O_g fast ausschließlich auf zugängliche und leicht meßbare Gewebe, wie etwa Blattepidermen, beschränkt. Da hat es sich gezeigt, daß O_g selbst in den Zellen eines Gewebes deutliche Unterschiede zeigen kann; diese Differenzen sind oft so groß, daß Verwechslungen mit benachbarten Geweben möglich sind, z. B. Schwammparenchym mit anschließenden Palisaden. Deshalb ist die Kenntnis der Streuung von O_g in einem Gewebe nötig, bevor man an eine vergleichende Betrachtung der Gewebe herangeht. Solche Messungen wurden früher oft durchgeführt, sind aber jetzt etwas in den Hintergrund getreten, seit man weiß, daß Sz_g nicht mehr die maßgebende Größe bei der Wasserversorgung darstellt; trotzdem darf die Kenntnis der Verteilung von O_g in verschiedener Höhe auch heute nicht vernachlässigt werden. Zuerst sollen einige Beispiele aus Blättern zur Darstellung gelangen.

In der Tab. 13 sind nur die Werte der Blattbasis und -spitze angegeben, nicht aber die Werte zwischen diesen Endpunkten, die aber meistens eine

Mittelstellung einnehmen. Am zuverlässigsten sind die Epidermiswerte, weil sie mit zunehmender Höhe stetig zu- oder abnehmen, was bei den Mesophyllzellen jedenfalls nicht in dieser Regelmäßigkeit zutrifft. So war nach Hayoz die Verteilung von Sz_g in Palisaden und Schwammparenchyn des Efeublattes ziemlich verworren und sie ist z. Z. noch nicht genau zu übersehen, weil eingehendere Unterlagen fehlen. Was nun die Epidermis anbetrifft, so ist die Verteilung von O_g bei *Helleborus* und *Urtica* einerseits und *Fagus* andererseits gerade entgegengesetzt, bei ersteren deutliches Fallen, bei *Fagus* Steigen von O_g. Im allgemeinen fand man ein Ansteigen von O_g von der Basis zur Spitze; so hat Iljin 1927 im gleichen Blatt von *Typha latifolia* ein Ansteigen von 0,23 Mol R. Z. an der Basis im Wasser bis über 0,30 Mol R. Z. über Wasser bis schließlich 0,80 Mol an der Spitze des 21 cm langen Blattes konstatiert. Auch bei anderen Pflanzen bemerkte derselbe

Tab. 13. *Verteilung von Og an Basis und Spitze desselben Blattes*

Mol KNO₃	Obere Epidermis		Untere Epidermis		Mittelnerv-epidermis		Schwamm-parenchym		Palisaden	
	Basis	Spitze	Basis	Spitze	Basis	Spitze	Basis	Spitze	Blatt	Spitze
Helleborus foetidus	0,46	0,40	0,38	0,37	0,44	0,40	0,70	0,65	0,84	0,88
Urtica dioica	0,49	0,36	0,50	0,38	0,45	0,34	0,64	0,60	0,96	0,88
Fagus silvatica:										
Sonnenblatt	0,35	0,44	0,40	0,53	—	—	0,52	0,55	0,96	0,97
Schattenblatt	0,35	0,44	0,45	0,49	—	—	0,60	0,56	0,98	0,96

Autor mit wenigen Abweichungen eine Zunahme von der Blattbasis zur Spitze bei Pflanzen trockener Standorte gleiche oder fast gleiche Werte bei Pflanzen feuchterer Gebiete mit nicht zu großen Spreiten. Dagegen fand Gehler im Blatt von *Parthenocissus tricuspidata* keine Differenzen zwischen Basis und Spitze. Wenn nun schon an einem so einfachen Objekt wie der Blattepidermis O_g in demselben Blatt an verschiedenen Stellen gleich oder oben größer und unten kleiner oder umgekehrt sein kann, muß man eine ähnliche unregelmäßige Verteilung von O_g in demselben Gewebe erst recht erwarten, wenn man es in allen Teilen der Pflanze vergleicht. Schon in unserer *Helleborus*-Tabelle fanden wir im gleichen Gewebe, etwa vom Hadromparenchym abgesehen, keine regelmäßige O_g-Verteilung in Wurzel, Stengel und Blattstiel. Iljin, der nur die Epidermis an verschiedenen Organen untersuchte, machte dieselbe Erfahrung. Bei den meisten Pflanzen, vor allem bei Sumpfgewächsen, war O_g der Epidermis im Blatt um das Dreifache höher als in der Wurzel, bei Wiesenpflanzen nur noch um das Doppelte und bei Steppen- und anderen Pflanzen trockener Standorte nur mehr um die Hälfte. Bei *Festuca ovina, Poa pratensis* und *Lysimachia nummularia* aber waren die Epidermiswerte der Blätter weit unter denjenigen der Wurzeln. An Iljins Angaben ist gar nicht zu zweifeln, da sie mit Rohrzucker erhalten wurden. Daraus folgt, daß die Verteilung von O_g in demselben Gewebe mit zunehmender Höhe bei verschiedenen Pflanzen verschieden ist. Zu einem ganz anderen Resultat ist Hannig 1912 gekommen.

der Parenchymzellen der Wurzeln mit der unteren Blattepidermis verglich und in letzterer für fast alle untersuchten Pflanzen verschiedener Standorte höhere Werte angibt. Auch EWART, PRINGSHEIM, BLAGOWESTSCHENSKI, die ebenfalls mit Salzlösungen operierten, fanden durchweg eine Zunahme von O_g von unten nach oben. Ob bei diesen Messungen die Permeabilität der Salze in genügender Weise berücksichtigt wurde, ist heute nicht mehr zu entscheiden.

An dieser Stelle ist auch noch auf das Verhältnis von Epidermis-Laubblatt : Epidermis-Krone hinzuweisen (GEHLER); unter 37 Fällen wurde O_g der Krone 29mal höher, 3mal gleich und 5mal tiefer gefunden, wobei die Differenzen nach oben und unten 4 Atm. selten übersteigen; also auch hier kein regelmäßiges Verhalten, obwohl die Krone meist höher liegt als das Blatt. Gewisse Unklarheiten bestehen auch über O_g a l t e r   u n d   j u n g e r   B l ä t t e r. Sie rühren hauptsächlich daher, daß man nicht Epidermen junger und alter, sondern jüngerer und älterer Blätter unterschied. Meistens haben in vergleichbaren Organen junge Zellen desselben Gewebes ein höheres O_g; es sind aber auch Fälle bekannt, bei denen O_g mit zunehmendem Alter etwas ansteigt, dann wieder fällt, aber nicht immer bis zum O_g embryonaler Zellen. Anderseits gibt LAMBRECHT 1929 für junge Pflanzen von *Lupinus albus* sehr hohe Werte in den jüngsten Blättern an, dann starken Abfall von O_g; ähnliches wurde bei *Stellaria media* konstatiert; RICHL 1943 fand O_g in den Epidermiszellen der inneren Zwiebelschalen durchweg höhere Werte als in den älteren äußeren Schalen. Bei *Urtica dioica* wurde durchweg in demselben Gewebe des Stengels eine Abnahme von O_g von unten nach oben, also von älteren zu jüngeren Zellen gefunden (BLUM 1916) und bei JLJIN war O_g in den Epidermen jüngerer Blätter ebenfalls kleiner als in ältern. Also auch in diesem Falle scheint die O_g-Verteilung bei verschiedenen Objekten wieder ganz ungleich zu sein; bei *Urtica* nimmt O_g mit zunehmendem Alter zu, in der Zwiebelschale ab.

Ganz eindeutig verhält sich Sz_g bei salzspeichernden Halophyten. So fand REPP Sz_g in alten Blättern (Epidermis) um etwa ein Drittel höhere Werte als in jungen, bei *Suaeda maritima* 34 Atm. in alten, 25 Atm. in jungen Blättern.

5. Verhalten von O_g bei Unter- und Überbilanz

Außer dem Verhalten des osmotischen Wertes an intakten Pflanzen sind auch manche Versuche an abgeschnittenen Blättern und Sprossen im feuchten Raum und beim Austrocknen gemacht worden. Man wollte an ihnen nicht bloß das allgemeine Verhalten von O_g verfolgen, sondern auch die unter diesen Umständen eintretenden extremen Werte, die ein Organ oder Gewebe unter solchen Bedingungen erreichen kann. Da hier Osmoregulationen eine wichtige Rolle spielen werden und diese offenbar Zeit brauchen, um sich den neuen Verhältnissen anzupassen, ist die Dauer der Versuche wichtig. So starben Blätter von *Rhoeo discolor* im Exsikkator (über $CaCl_2$) schon nach 8 Tagen ab, wobei Sz_g der Epidermis von ca. 5 Atm. normal auf 11,6 Atm. stieg; ließ man aber dieselben Blätter lang-

sam in bedeckten Glasschalen, die mit anfangs feuchten Filtrierpapierstreifen ausgekleidet waren, austrocknen, so blieben sie 14 Tage am Leben
und Sz_g stieg auf 19 Atm. an (Gasser). Die Größe des Endwertes hängt
demnach stark ab von der Art der Behandlung. Beck (1929) setzte ganze
Blätter dem Austrocknen aus, indem er den Blattstiel in ein Glasrohr
brachte, die Spreite an freier Luft transpirieren ließ, Gasser (1942) ließ
Laub- oder Perianthblätter in bedeckten Schalen, deren R. F. langsam von
90 auf 50% sank, austrocknen. Überbilanz wurde in geschlossenen Glas-
gefäßen erzielt, wobei die Schnittfläche in Wasser tauchte, die Spreite in
den gesättigten Dampfraum ragte.

Am eingehendsten sind wir über das Verhalten in den Geweben der
Spreite des Efeus unterrichtet. Beck maß O_g jeden Tag bis zum Absterben
der Zellen, das beim Austrocknen nach etwa 8 Tagen, im feuchten Raum

Tab. 14. *Verhalten von Sz_g beim Austrocknen. Aufgehängter Zweig von Taxus baccata*

Datum	Palisaden	Schwammparenchym	Gesamttransp. mg
Anfang 1. X. 8[00]	26,3	25,4	6
14[30]	24,6	25,0	27
3. X. 9[00]	23,0	21,0	51

nach etwa 12 Tagen eintrat, in den Mesophyllzellen früher als in den Epidermen. Beim Austrocknen stieg allgemein O_g in den Palisaden, im
Schwammparenchym oft um mehr als das Doppelte regelmäßig an, in den
Epidermen nur wenig und oft unregelmäßig; seltener wurde in der Epidermis und auch im Schwammparenchym ein Fallen beobachtet, besonders bei
Versuchstemperaturen zwischen 35 und 40⁰. Im feuchten Raum hingegen
verhielt sich O_g meistens unregelmäßig; in demselben Gewebe konnte O_g
unter sonst gleichen Bedingungen fallen oder steigen; so stieg in einem
Parallelversuch O_g beim Austrocknen in allen Geweben am Licht an, im
Dunkeln stieg das O_g der Epidermen und der Schließzellen schwach an, in
den grünen Blattzellen aber fiel O_g. Damit war gezeigt, daß Austrocknen
nicht immer ein Steigen, Benetzung nicht immer ein Fallen nach sich ziehen
müsse, wie man bisher geglaubt hatte und wie es tatsächlich Regel ist.
Derartige Angaben häuften sich sowohl bei Freiland- wie Laboratoriums-
arbeiten. So beantwortet nach Härtel *Hieracium* beim Austrocknen mit
Erniedrigung von O_g (Blattepidermis?), bei Regen steigt O_g wieder an.
Ähnlich scheinen sich die Assimilationszellen der Koniferennadeln zu verhalten. Merkt untersuchte Sz_g von Blattzellen eines Sprosses, der zum Austrocknen an einem Stativ aufgehängt war (Tab. 14).

Sz_g nimmt beim Austrocknen ab. Ähnlich verhielten sich die Blattzellen
von *Pinus* und *Picea* bei gleichen Versuchsbedingungen, aber auch die Zellen eingetopfter Exemplare bei langsamer Austrocknung. So fiel Sz_g des
Schwammparenchyms der *Taxus*-Nadel nach 50tägigem Austrocknen von
etwa 30 auf 14,5 Atm., und zwar ziemlich regelmäßig. Etwas anders ver-

hielt sich das Assimilationsparenchym von *Picea*, dessen Sz_g anfangs etwa 35 Atm. betrug. Nach 22 Tagen war Sz_g auf den tiefsten Wert von 17,5 Atm. gesunken, um rasch innerhalb 4 Tagen vor dem Abfallen wieder auf etwa 30 Atm. anzusteigen.

Ganz anders als diese Koniferen verhalten sich Zellen der Laub- und Kronblätter. GASSER hat bei 75 Arten verschiedener systematischer und ökologischer Gruppen das Verhalten von Sz_g bei Wasserunter- und -überbilanz bis zum Absterben verfolgt. Die Art der Arbeit brachte es mit sich, daß bei diesen ausgedehnten Messungen nur die obere Blattepidermis untersucht werden konnte. Meistens stieg Sz_g bei Unterbilanz an, bei Überbilanz sank Sz_g; in etwa einem Viertel aller Fälle war das Verhalten unregelmäßig oder umgekehrt. Beim langsamen Austrocknen, das bei den einzelnen Arten verschieden lang dauerte, einige Tage bis mehrere Wochen, konnten drei Gruppen unterschieden werden: Fortwährendes Ansteigen von Sz_g entweder geradlinig bei der Mehrzahl oder unregelmäßig bei 9 Arten; dabei lag der schließlich erreichte Endwert etwa 40 bis über 100% über dem Anfangswert. Bei einer zweiten Gruppe von 11 Arten lag der Endwert auch höher als der Anfangswert, aber nur einige bis etwa 20%, und bei einer weiteren Gruppe war der Endwert unter dem Anfangswert, wie dies schon HÄRTEL an *Hieracium Pilosella* an einem xerothermen Standort gefunden hatte. Außerdem zeigten eine Abnahme beim Austrocknen Perigonblätter von *Galtonia*, *Colchicum autumnale* und *Crocus sativus* sowie die Laubblattepidermen von *Apium graveolens*, *Arum* und *Helleborus foetidus*. Das Verhalten der letzteren Pflanze stimmt überein mit der Angabe von A. MÜLLER, der an abgeschnittenen *Helleborus*-Blättern beim Austrocknen in den Epidermen Abnahme von O_g konstatierte, während in demselben Blatt O_g in Palisaden und Schwammparenchym anstieg. War aber die ganze Pflanze eingetopft, so zeigte sie bei Abnahme der Bodenfeuchtigkeit ein Ansteigen von O_g in allen Geweben, wenn die Pflanzen im Licht standen, aber ein Sinken von O_g in der Epidermis, wenn die Pflanzen im Schatten standen. Daraus folgt wiederum, daß es Fälle gibt, wo Gewebe desselben Organs beim Austrocknen sich gerade entgegengesetzt verhalten können. Den einfachsten Fall haben wir noch dann, wenn Gewebe in derselben Richtung, aber ungleich stark reagieren, wie etwa die obere Blattepidermis von *Arum maculatum*, bei der Sz_g vor dem Absterben von 10,0 auf 4,3 fiel, die untere Epidermis von 9,1 auf 6,7 Atm. sinken ließ. Untergetauchte Wasserpflanzen (*Elodea canadensis*, *Spirogyra* spec.) ergaben beim Überführen von Wasser in höhere Konzentration (R. Z. oder NaCl) ein Ansteigen von Sz_g bis auf über 100%.

Auch bei Überbilanz (im Dampfraum) finden sich neben dem Normalfall des dauernden Sinkens von Sz_g im Durchschnitt um etwa 30—60% des Anfangswertes Pflanzen, die Sz_g nur wenig ändern oder gar steigen lassen. Zu letzteren gehören Palisaden und untere Epidermis von *Ranunculus Flammula*, die Blattepidermen von *Menyanthes trifoliata* und einige andere Pflanzen. Das Ausmaß des Ansteigens bis zum Absterben beträgt bei *Ranunculus* etwa 25% des Anfangswertes, bei *Hydrocotyle* aber 50%.

6. O_g (Sz_g) am natürlichen Standort der Pflanzen

Wenn man Messungen von O_g (oder anderen osmotischen Zustandsgrößen) am Standort der Pflanzen macht, also etwa die an einem Standort vorkommenden Arten oder gar verschiedene Standorte miteinander
vergleichen will, so muß man neben der Abhängigkeit von O_g von Außenfaktoren auch die Höhe über Boden und das Alter der Organe mitberück-
sichtigen. Überdies hat es sich in trockenen und salzigen Böden gezeigt,
daß O_g auch von der Bodentiefe, bis zu der die Wurzelspitzen vordringen,
abhängig ist; im allgemeinen zeigten Tiefwurzler ein kleineres O_g als
Flachwurzler, und zwar nicht bloß in der Wurzel, sondern auch im Blatt
(Repp). Vor allem aber müssen die Messungen wegen der täglichen
Schwankungen zur selben Tageszeit ausgeführt werden. Am besten dürfte
sich während der Vegetationsperiode der frühe Vormittag eignen, weil dann
O_g nach langer Erfahrung am ausgeglichensten ist und so die extrem tiefen
Werte des frühen Morgens und die extrem hohen Werte des Nachmittags,
die nicht immer die für die Arten typischen Werte darstellen, umgangen
werden können. Besser als Einzelmessungen eignen sich zum Vergleich der
Arten oder Standorte Serienmessungen, indem im Verlaufe eines Tages mehrere Messungen durchgeführt und die Mittelwerte des Tages verglichen
werden. Solche Versuche nehmen viel Zeit in Anspruch und sind selten
durchgeführt worden (Kandija für Sz_n-Messungen). Für O_g-Bestimmungen
dürften sich am besten Epidermen eignen, schon deshalb, weil sie leicht zu
präparieren sind, aber auch andere Zellen, wie Rindenzellen vom Blattstiel, Stamm oder Wurzel sind geeignete Objekte. Tatsächlich sind aber
fast ausschließlich Blattepidermen gewählt worden.

Standortsuntersuchungen sind schon sehr viele gemacht worden. Ein Vergleich ist aber äußerst schwer, weil manche die oben genannten Bedingungen nicht erfüllten, verschiedene Plasmolytika, vielfach Salzlösungen, an-
wandten, von denen man nie weiß, welchen Einfluß die Permeabilität spielt,
weil in vielen Arbeiten die Angabe der Plasmolysezeit fehlt. Sehr variabel
ist auch die Angabe des Konzentrationsmaßes, vor allem bei älteren
Autoren, so daß die Umrechnung auf das heute gebräuchliche Molmaß eine
Sysiphusarbeit bedeuten würde. In den folgenden Angaben wurden daher
diejenigen Autoren bevorzugt, deren Meßmethoden wenigstens näherungs-
weise den jetzt gebräuchlichen Anforderungen genügen.

a) O_g an demselben Standort

Ausführliche Messungen liegen vor von Ebenenstandorten mitteleuropä-
ischer Gebiete (Blum 1916, Iljin 1929, Lambrecht 1929, Gehler 1930, Gasser
1942), von alpinen Standorten (Meier 1916, Blagowestschenski 1926), aus
steppen- und wüstenartigen Trockengebieten (Fitting 1911, Blagowestschenski 1925, Henrici 1927, Stocker 1928), aus feuchten Tropengebieten (Faber
1924, Blum 1933, 1937), von salzigen Böden (Faber 1913, Repp 1939, Blum
1941), von Süßwasserpflanzen (Bächer 1918).

Die ausgedehntesten Untersuchungen in Mitteleuropa stammen von Lambrecht, der in Schlesien an über 200 einheimischen Acker- und Wiesen-

pflanzen die untere Blattepidermis maß. Sz$_g$ lag bei etwa drei Viertel aller Pflanzen zwischen 10 und 20 Atm., und nur die in einem Garten wachsende *Impatiens parviflora* zeigte einen Wert von 8 Atm. Die bei manchen Pflanzen mitgemessenen Schließzellen ergaben meistens höhere Werte. Die von Gehler und Gasser in Freiburg untersuchten Freilandpflanzen ergaben eine ähnliche Größenordnung. Der kleinste Sz$_g$-Wert von 6 Atm. einer einheimischen Pflanze wurde bei *Hydrocotyle* gefunden, der größte von ca. 40 Atm. an einer im Garten kultivierten *Rhododendron ferrugineum;* extreme Werte sind demnach an Pflanzen extremer Standorte zu finden. Die Epidermiswerte der weitaus größten Zahl der einheimischen Pflanzen (auch die wenigen untersuchten Bäume und Sträucher inbegriffen) liegen zwischen 10 und 20 Atm. Iljin gibt für seine Ebenenpflanzen folgende Sz$_g$-Werte an: bei Sumpfpflanzen 8 bis 13, bei Wiesenpflanzen 9 bis 19, bei fünf Steppenpflanzen desselben Standortes 12 bis 22 Atm. Bei Alpenpflanzen untersuchte Meier ebenfalls die Blattepidermis; bei den meisten fand er Werte zwischen 18 und 23 Atm. Abweichend mit tiefen Werten um 12 Atm. hatten Liliaceen, Orchideen, *Rumex* und *Sedum,* ferner fast alle Einjährigen; extrem hohe Sommerwerte von etwa 35 Atm. zeigten nur einige hartlaubige Gräser und Sträucher, wie *Festuca ovina, Amelanchier ovalis* u. a. Ferner zeigten alle im Februar noch meßbaren Pflanzen im allerdings milden Winter um etwa 2 bis 4 Atm. höhere Werte. Auch Blagowestschenski fand an ähnlichen Standorten der Gebirge Mittelasiens Unterschiede ähnlicher Größenordnung wie Meier in den Gastlosen; die kleinsten Werte von 8 bis 15 Atm. wurden bei Pflanzen mit Wasserspeichern gemessen. Aus den Untersuchungen beider Autoren scheint hervorzugehen, daß Sz$_g$ nicht nur vom Standort allein abhängt, sondern, wenigstens in gewissen Fällen, auch artbedingt ist, worauf auch Lambrecht hinweist.

Die ersten Untersuchungen aus Trockengebieten waren diejenigen Fittings am Nordrand der Sahara; etwas später folgten die ausgedehnten Messungen Kellers in den gemäßigteren Steppen im mittleren Rußland.

In der Felsenwüste, an einem der trockensten Standorte in der Nähe der Biskra, fand Fitting bei etwa der Hälfte der gemessenen Arten ein Sz$_g$ der Blattepidermis von 40 bis 50 Atm., bei einem Drittel aber Werte von 70 und mehr Atm., bei zehn Arten über 80 Atm.; die hohen Werte fanden sich bei salzspeichernden Pflanzen. Bei fünf Arten aber desselben Standortes wurden Werte von nur 12 bis 20 Atm. gefunden. Letztere gehörten alle den Annuellen an, wie etwa die gar nicht xeromorphe *Anagallis coerulea;* das höchste Sz$_g$ ergaben auch hier die salzspeichernden. Mittlere Werte fanden sich vor allem bei ausdauernden Kräutern, die höchsten bei Sträuchern. Bedeutend geringer waren die Werte bei denselben Pflanzen im bewässerten Kulturland und in Dünen. Aber an allen Standorten schwanken die Verhältnisse von Sz$_g$ von etwa 1 bis 6, also in ähnlicher Weise wie bei Pflanzen unseres Klimas. Der Schluß, daß Wüstenpflanzen sich durch besonders hohe osmotische Werte auszeichnen, stimmt demnach in dieser allgemein gehaltenen Form nicht. Es gibt auch in diesen Trockengebieten alle Abstufungen von sehr hohen bis zu tiefen Werten, fand doch Fitting in der extrem trockenen Geröllwüste unter 27 gemessenen Pflanzen sechs, die ein Sz_g unter 12 Atm. hatten, deren Werte etwa vielen unserer Schattenpflanzen entsprechen. Das Ausgezeichnete dieser Trockengebiete in bezug auf Sz_g besteht demnach darin, daß die Zahl der Arten (deren Sz_g von Stocker in Wüsten des Nilgebietes bestimmt wurde) mit außerordentlich hohen Werten sehr groß ist. — Die wenigen Arten, deren Sz_g Stocker in Wüsten des Nilgebietes untersucht hat, stimmen mit denen Fittings gut überein.

Über periodische Änderungen von Sz_g von Pflanzen trockener Gebiete während eines Tages oder während längerer Zeitperioden ist kaum etwas bekannt.

In feuchten Tropengebieten muß man in bezug auf die osmotischen Zustandsgrößen zwischen geschlossenen und offenen Standorten unterscheiden,

Tab. 15. *Sz_g der Blattepidermis im Urwald von Tjibodas*

	Zahl der Arten	Sz im Innern des Urwaldes	Am Rande des Urwaldes
Bodenkräuter.	3	4,7 — 7,4	6,7 — 16,0
Höhere Kräuter	6	11,1 — 21,0	
Kleinere Bäume	8	9,6 — 20,6	9,6 — 32,1
Höhere Bäume	20	11,1 — 22,5	
Lianen	12	8,1 — 22,5	
Epiphyten:			
Farne	21	12,7 — 23,4	
Orchideen		5,3 — 16,0	
Holzpflanzen		17,8 — 23,4	

und an jedem dieser Teile gibt es wieder eine größere Zahl Standorte niederen Grades, die sich z. B. im geschlossenen Urwald vor allem nach den übereinanderliegenden Stockwerken unterscheiden lassen (Tab. 15). An jedem dieser einzelnen Standorte sind die Sz_g-Unterschiede von Art zu Art verschieden, trotzdem alle Messungen, auch bei Bäumen und Lianen, aus dem Innern des Urwaldes stammen.

Selbst in der bodennahen Krautschicht, in deren Nähe R. F. wochenlang nicht unter 97% fällt und T nur um wenige Grade ändert, ist Sz_g bei den einzelnen Pflanzen nicht konstant und wechselt, wenn auch wenig, von Art zu Art. Hingegen verhalten sich die größten Unterschiede vom kleinsten zum höchsten Sz_g höchstens von 1 zu 1,5, während sie in unserem Klima und in Nordafrika 1 : 6 sind. Im allgemeinen sind die niedersten Werte an Bodenkräutern, die tatsächlich im immerfeuchten Klima leben, anzutreffen, aber auch an einigen Epiphyten im Innern des Urwaldes, besonders an solchen mit großen Wasserspeichern (Blum 1933). Ähnliche Werte fand auch Spanner im Warmhaus an *Hydrophytum* und *Myrmecodia* mit einem Anstieg von 1 bis 10 Atm. vom Wasserspeicher zum Blatt. Geht man aber an den Rand des Urwaldes, so werden die Differenzen der Arten größer, und an offenen Standorten, wie etwa im Buitenzorger Garten, sind sie innerhalb gleicher Gruppen, wie der Farne, Orchideen, nicht viel kleiner als bei uns. So schwankt Sz_g in der Blattepidermis der Kräuter bei verschiedenen Arten des offenen Standortes von 9,6 bis 19,6, bei Farnen von 7,4 bis 23,4, bei Palmen von 11,1 bis 39,8 Atm. (*Oreodoxa*). Wir finden demnach auch in den ausgeglichensten Klimaverhältnissen feuchter Tropengebiete an offenen Standorten von Art zu Art fast ebenso große Sz_g-Differenzen wie an Standorten gemäßigter und auch trockener Gebiete. Wenn man aber die Epidermiswerte vergleicht mit dem Sz_g der inneren Blattgewebe (Palisaden, Schwammparenchym), so scheint dieses Verhältnis in den Tropen viel ausgeprägter zu sein, wie folgender Vergleich zeigen soll:

V e r h ä l t n i s Sz_g o b e r e E p i d e r m i s — P a l i s a d e n,
wobei je eine Kraut- und eine Holzpflanze für einen einheimischen und einen tropischen Standort angegeben sind.

Urtica . . . . ca. 1 : 2
Fagus . . . . ca. 1 : 2
Agalmyla . . . . ca. 1 : 4
Ostodes paniculata . . . ca. 1 : 3

Zusammenfassend läßt sich demnach sagen, daß die Differenzen von Sz_g von Art zu Art in den feuchten Tropen beinahe ebenso groß sind wie an einheimischen Standorten oder in Trockengebieten, aber die absoluten Durchschnittswerte sind um so höher, je trockener der Standort ist. Das folgt auch aus den wenigen Messungen aus der Trockenperiode Ostjavas, wo höhere Sz_g-Werte gefunden wurden, bei Krautpflanzen etwa zwischen 20 und 25 Atm.

Über den Grenzplasmolysewert von Pflanzen s a l z i g e r S t a n d o r t e liegen nur wenig Messungen vor. Sie gehen zurück auf FITTING an Pflanzen am Nordrand der Sahara, der die höchsten O_g-Werte nicht an salzigen, sondern an trockenen Standorten fand. Dann folgten die schon oft zitierten Untersuchungen von FABER an Mangrovepflanzen, der große Unterschiede bei Flut und Ebbe fand und Epidermiswerte von über 100 Atm. angibt, die allerdings wegen der Anwendung des leicht permeablen KNO_3 als Plasmolytikum viel zu hoch ausgefallen sind (BLUM 1941). Immerhin ergeben die Blattepidermen bei *Sonneratia, Avicennia, Rhizophora conjugata* auch mit Rohrzucker Sz_g-Werte von etwa 50 Atm., wenn die Pflanzen im Meerwasser stehen, von 30 Atm. im brackigen Wasser, in den Palisaden von *Avicennia* kann aber Sz_g bis gegen 90 Atm. ansteigen. Sehr hohe Werte fand auch REPP im Halophytengebiet des Neusiedlersees. Sie maß ebenfalls Epidermiszellen an Wurzel, Stengel und Blatt; Sz_g war von Art zu Art verschieden zwischen 24 und 40 Atm. und lag um so höher, je salziger der Standort war. In extrem salzreichen Böden stieg selbst das Sz_g der Wurzel auf 30 bis 40 Atm. (*Suaeda, Camphorosma*). Besonders eindrücklich war bei REPP das starke Fallen von Sz_g nach Regen; demnach scheint die Höhe von Sz_g stark witterungsbedingt; damit hängen auch die großen Veränderungen während der Vegetationszeit zusammen.

Von den wenigen Messungen an Pflanzen im Meerwasser möge HOFFMANN zitiert werden. Nach ihm erfolgt in den äußeren Spitzenzellen von Rotalgen das erste Abheben des Plasmas von der Wand zwischen 0,3 bis

0,9 Mol Rohrzucker (+ Meerwasser), und auch Biebl fand O_g in den einzelnen Zellen von *Anthithamnion* sehr uneinheitlich und stark lichtabhängig.

Auch bei S ü ß w a s s e r p f l a n z e n kann O_g von Art zu Art, wie auch in gleichen Geweben, sehr verschieden sein; die Differenzen sind allerdings nicht so groß wie bei Landpflanzen. Schon im einfachen Blatt von *Elodea* kann O_g, wie mehrfach gezeigt wurde (Moder), von der Basis zur Spitze um mehr als 0,10 Mol ansteigen. Bei Grünalgen liegen die O_g-Werte etwa zwischen 0,3, bei *Myriphyllum, Lemna, Potamogeton crispus, Ranunculus fluitans* Sz_g zwischen 6 und 8 Atm. In Wurzelzellen von *Lemna* liegt O_g zwischen 0,18 bis 0,26 Mol mit einem Maximum an der Spitze, einem Abfall von der Streckungszone an nach hinten und einer ausgesprochenen jahreszeitlichen Schwankung mit O_g-Maximum im Dezember (Pirson und Göllner).

b) Vergleich verschiedener Standorte

Ist die Messung einer osmotischen Zustandsgröße an einem Standort von einem einzelnen Beobachter leicht durchzuführen, so wird dies bedeutend schwieriger, wenn mehrere Standorte miteinander verglichen werden sollen. Ein exakter Vergleich ist nur möglich, wenn dieselbe Art zu gleicher Zeit untersucht wird, also nur dann, wenn die Standorte beieinanderliegen, wie dies in den Alpen oder auch im tropischen Urwald

Tab. 16. *Streuung von Og (Epidermis) an Pflanzen verschiedener Standorte*

	Wurzel	Blatt
Sumpf	0,13 — 0,21	0,29 — 0,62
Wiese	0,26 — 0,35	0,32 — 0,65
Steppe	0,40 — 0,48	0,52 — 0,70
Trockener Abhang	0,53 — 0,62	0,77 — 0,83

vorkommt. So untersuchte Meier etwa 60 Arten an alpinen Standorten. Er fand O_g meistens in Felsspalten > Geröll > Humusband > Alpenwiese; aber bei 13 Arten waren die Werte an mehreren Standorten annähernd gleich.

Ist die gleichzeitige Messung nicht möglich, so muß man sich damit begnügen, entweder möglichst viele Arten und deren O_g-Streuung zu messen oder auch die Durchschnittswerte aller oder gleicher ökologischer Gruppen miteinander zu vergleichen. Diese Methode scheint dann zu genügen, wenn die Standorte sehr verschieden sind. So konnte Iljin 1929 die Standorte gut charakterisieren (Tab. 16), trotzdem die Zahl der an jedem Standort untersuchten Pflanzen sechs nicht überstieg.

Schwieriger war der Vergleich Alpen-Ebene bei Meier und Blagowestschenski, weil beide die Standorte wohl im gleichen Monat, aber zu ganz verschiedener Zeit untersuchten. Darauf sind wohl auch die ungleichen Ergebnisse der beiden Autoren zurückzuführen, da ersterer O_g in den

Alpen durchweg höher fand als in der Ebene, letzterer aber keine ausgesprochenen Differenzen konstatieren konnte. Etwas besser gelangen die Standortsunterschiede in den feuchten Tropen; so zeigten die Bäume des feuchten Urwaldes einen Sz_g-Durchschnitt von 17,5 Atm. (Streuung 11,1 bis 24,5), an offenen Standorten 19,9 Atm. (Streuung 8,9 bis 34,6). Aus diesen Angaben scheint hervorzugehen, daß Standorte durch O_g doch einigermaßen charakterisiert werden können, sei es durch Mittelwerte oder besser durch die Streuung innerhalb derselben Arten, wenn die Standortsbedingungen genügend voneinander abweichen. Doch leiden alle diese Messungen daran, daß oft nur ein Teil der am Standort vorkommenden Arten und von diesen nur leicht erreichbare Gewebe untersucht worden sind; sehr oft fehlen vor allem die Charakterarten des Standortes.

Umfangreiche Messungen an verschiedenen Standorten nahm WILL-RICHTER an Lebermoosen vor (Traubenzucker). Sie fand zunächst an thallösen Formen niedrige Werte (bei *Riccia* und *Marchantia* 0,24 bis 0,36 Mol), viel höhere bei frondösen Lebermoosen, wobei solche schattiger Standorte (*Aneura multifida*) Werte von 0,25 bis 0,26 Mol zeigten, solche trockener Standorte (z. B. *Radula complanata*) bis weit über 1 Mol stiegen, wobei O_g im Winter besonders hoch war, während wieder andere mesophytische Moose eine mittlere Stellung einnahmen.

Mit der Frage des Standortes hängt eine andere zusammen, die oft aufgeworfen wurde, ob größere oder kleinere systematische Einheiten, etwa Arten oder Gattungen, einen ihnen zukommenden osmotischen Wert hätten. So weiß man schon lange, daß *Rumex* sich durch niedere, *Euphorbia* sich durch hohe Werte auszeichnet und daß es Arten gibt, die Sz_g sehr wenig, andere sehr stark verändern (LAMBRECHT). BLAGOWESTSCHENSKI stellt ganze Reihen von Arten derselben Familie zusammen, die an ihrem natürlichen Standort von einem mittleren Grundwert nur wenig, andere mehr aber innerhalb gewisser Grenzen abweichen, z. B. Liliaceen $0,25 \pm 0,07$, Chenopodiaceen $1,9 \pm 0,7$ Mol. Doch daraus den Schluß zu ziehen, systematische Einheiten hätten einen nur für sie charakteristischen Wert, geht viel zu weit. So sind Liliaceen vielfach Geophyten; Pflanzen mit Wasserspeichern aber haben allgemein niedere O_g-Werte, und bei Chenopodiaceen kann hohes O_g mit ihrem Salzspeicherungsvermögen zusammenhängen. Zudem kennt man vielfach nur das O_g eines Gewebes, meistens der Blattepidermis, nicht aber der anderen Gewebe. Will man diese Frage einer Lösung zugänglich machen, so sollten zum mindesten die Werte der Blattgewebe und anderer oberirdischer Organe nebst deren Verhalten unter natürlichen und Laboratoriumsbedingungen, z. B. bei Über- und Unterbilanz, bekannt sein, und dann kommt erst noch das schwierige Problem eines Mittel- oder Normalwertes, der bei jeder Art eine bestimmte Höhe haben sollte, bevor man von einem systematisch bedingten O_g sprechen kann.

7. Chemische und physiologische Grundlagen der Sz_g-Änderung

Die Größe von Sz_g hängt in erster Linie ab von der Zusammensetzung und der Konzentration des Zellsaftes und die Änderungen von Sz_g von der Erzeugung oder Zerstörung osmotisch wirksamer Substanz, von Ex- und

Endosmose sowie von Veränderungen der Zellwand. Nun hat Sz_g in jedem Gewebe einen anderen Wert, z. B. in der Blattepidermis von *Helleborus* 18 Atm., in den angrenzenden Palisaden 32 Atm., im Schwammparenchym 27 Atm. Von diesen Zellen kennen wir wohl Sz_g, nicht aber die Zusammensetzung des Zellsaftes, die in den Epidermiszellen eine andere sein wird als in den Palisaden. Bestände der Zellsaft der Palisaden, dessen O_g wir zu 0,9 Mol Rohrzucker bestimmt haben, zu einem Drittel, also 0,3 Mol, aus Zucker, so entspricht das einem Sz_g von 8,2 Atm., und zu zwei Dritteln aus einer Salzlösung, z. B. 0,6 Mol $KNO_3 = 23,4$ Atm., so wäre Sz_g der Palisadenzelle 31,6 Atm. Nehmen wir für die Epidermiszelle das umgekehrte Zucker-Salz-Verhältnis, also 0,4 Mol Rohrzucker und 0,2 Mol KNO_3, so bekämen wir 11,3 + 8,2 gleich 19,5 Atm., und das verschiedene O_g, 0,6 in der Epidermis, 0,9 in den Palisaden, wäre damit erklärt. Nun kennen wir die Zusammensetzung der Zellsäfte in einzelnen Zellen nur bei einigen großzelligen Siphoneen, bei höheren Pflanzen höchstens in Markzellen. Hingegen sind seit DE VRIES 1884 zahlreiche Preßsaftanalysen von Organen gemacht worden (STEINER 1939), deren Komponenten hauptsächlich Zucker, organische Säuren und deren Salze waren. Bei Preßsaftanalysen von Mais, Roggen, Futterrüben, Rottanne, Buche und Flieder fand KNODEL Zucker (Mono- und Disaccharide), anorganische und organische Salze. In Blättern von *Ilex aquifolium* und *Hedera Helix* konstatierte PITTIUS hingegen hauptsächlich organische Säuren und Salze, während die Regulationen vor allem auf Zuckerschwankungen zurückgeführt wurden. Bei Unterbilanz scheint die Erhöhung von Sz_g auf Erhöhung des Zuckergehaltes zurückzugehen, da zahlreiche Autoren (Literatur bei STEINER 1939) beim Welken der Blätter eine Depolymerisierung der Reservekohlenhydrate beobachteten. Bei Pflanzen mit unregelmäßigem Anstieg von O_g bei Unterbilanz waren neben Faktoren, die einen Anstieg verursachen, auch solche, die Sz_g erniedrigen (Atmung, eventuell Exosmose). So beobachtete LAISNÉ in abgeschnittenen, welkenden Blättern einiger Kräuter und Bäume (z. B. *Sambucus niger)* unregelmäßige Si_n-Anstiege, indem die Größe anfangs stieg, dann sank und wieder anstieg. Als Ursache dieses Verhaltens vermutet er verschiedene Phasen chemischer Umsetzung. Für Abnahme von Sz_g bei Überbilanz werden verantwortlich gemacht: Hemmung der Assimilation (HÄRTEL 1936, SIMONIS 1936, MÜLLER und STOLL 1938), Abbau und Abwanderung osmotisch wirksamer Stoffe, z. B. Eiweiß (VOLK 1937).

Von der Größe des O_g hängt vor allem die Saugkraft des Zellinhalts im normalen Zustand der Zelle ab; je größer O_g, um so größer muß bei gleichen Volumänderungen Si_n werden und damit auch Sz_n bzw. W. Ferner kann, wenigstens theoretisch, die Saugkraft der Zelle bis zur Größe Sz_g ansteigen; in vielen Fällen sterben allerdings die Zellen ab, bevor Sz_n die Größe von Sz_g erreicht hat. Anderseits kann Sz_n über Sz_g ansteigen bei Neubildung osmotisch wirksamer Substanz oder auch bei Schrumpfelung der Zelle. Vor allem dient O_g zur Messung von Zu- oder Abnahme osmotisch wirksamer Stoffe, kann demnach als Maß für Osmoregulationen dienen, wenn die Permeabilität des Plasmas keine Änderung erfährt, umgekehrt als Indikator für Permeabilitätsänderungen, wenn die osmotische Substanz keine Änderung erfährt. Schließlich scheint die Höhe von O_g von Bedeutung zu sein für die Widerstandsfähigkeit beim Austrocknen. Nach Iljin 1930 sterben Zellen mit kleinem O_g schon bei hoher Luftfeuchtigkeit ab, während Zellen mit einem O_g zwischen 0,6 bis 1,2 Mol erst bei 90% R. F. absterben. Hingegen scheint die Frage, ob dürreresistentere Sorten von Kulturpflanzen höhere O_g-Werte zeigen als dürreempfindliche, noch nicht endgültig geklärt zu sein (Schmidt, Diwald und Stocker).

V. Der osmotische Wert (O_n) und die Saugkraft des Zellinhaltes (Si_n) im normalen Zustand der Zelle

1. O_n in der Einzelzelle

Die meisten Zellen verkleinern ihr Volumen V_n in genügend konzentrierten Lösungen bis zum Volumen V_g bei Grenzplasmolyse. Aus diesen Größen kann mit der Kenntnis des Grenzplasmolysewertes O_g der osmotische Wert der Zelle im normalen Zustand berechnet werden; es ist $O_n = O_g \dfrac{V_g}{V_n}$. Wichtig für die Berechnung von O_n ist demnach das Volumverhältnis; vielfach genügt die Kenntnis des Flächenverhältnisses (Ursprung 1937). Rechnet man dann O_n in Atmosphären um, so erhält man Si_n, die Saugkraft des Zellinhaltes. Der Umweg über O_n ist nötig, weil der osmotische Druck nicht proportional der Konzentration ist. Auf ähnliche Weise kann O_n auch in homogenen Geweben ermittelt werden, z. B. in Markzylindern, bei denen sogar sehr oft die Kenntnis der Längenänderung des Zylinders genügt. — Eine andere Umrechnungsart, bei der das Volumen wegfällt, gibt Ruge 1937 für Zellen mit dehnbaren Membranen an.

Soweit bekannt, ist die Volumänderung vom normalen zum plasmolysierten Zustand bei Sumpf- und Wasserpflanzen gering, kann sogar Null sein (Krasnosselski-Maximov). Auch manche Zellen der Schattenpflanzen ändern ihr Volumen nur wenig. Parenchymzellen höherer einheimischer Pflanzen aber zeigen Volumänderungen, die zwischen 10 und 30% liegen; bei den Palisaden von Strandpflanzen fand Hüser, daß die Volumina vom Normalzustand bis zur Grenzplasmolyse sich um höchstens 12% verkleinerten, bei sukkulenten Halophyten aber bis zu 20%. Frühere Versuche ergaben Volumänderungen in Parenchymzellen von Blatt, Stengel und Wurzel bei *Helleborus* und *Urtica* von 10 bis 20%, bei *Sedum* oft bis 30% (Blum 1916). Röckl gibt bei Palisaden von *Ficus elastica* eine Volumverkleinerung ($V_s : V_g$) von 25%, bei Sammelzellen eine solche von 22,5% an.

Bei diesen Untersuchungen zeigte es sich, daß O_n von Gewebe zu Gewebe verschieden ist und ähnliche Tagesschwankungen ausführt wie O_g, und zwar am natürlichen Standort der Pflanzen unter nicht extremen Bedingungen. Seit dieser Zeit sind O_n-Messungen in größerem Umfange nicht mehr durchgeführt worden, sondern nur noch dann, wenn Si_n zur Berechnung des Wanddruckes nötig war, vor allem in wachsenden Wurzelspitzen, Gelenken und ähnlichen Organen, in denen W eine Rolle spielt. In der geraden Wurzelspitze von *Vicia Faba* steigt Si_n in vergleichbaren Epidermis- und äußeren Rindenzellen vom Vegetationspunkt zur Streckungszone um etwa 1 Atm., sinkt dann ziemlich stark bis zur Absorptionszone um etwa 2 Atm. und (Tab. 38) von da an bleibt Si_n in gleicher Höhe oder fällt ab (Ursprung und Blum 1924). Im Hypokotyl von *Helianthus* fand Ruge 1938 ebenfalls das Maximum von 9 Atm. im Vegetationspunkt, dann Abfallen auf unter 7 Atm. in der Streckungszone, dann weiter oben aber ein Ansteigen gegen 8 Atm. In der geotropisch gekrümmten Wurzel von *Vicia Faba* war Si_n der Konkavseite etwas höher als auf der Konvexseite; ähnlich verhielten sich die Markzellen beim gekrümmten Gelenk von *Tradescantia,* während im nicht gekrümmten Gelenk beide Seiten gleiche Werte ergaben. Wie Hüser dargetan hat, zeigen die Palisaden bei derselben Art an verschiedenen Standorten deutliche Unterschiede. So waren bei *Matricaria inodora* und *Senecio vulgaris* die Si_n-Werte bei Sandformen um die Hälfte höher als bei Ackerformen; bei sukkulenten Halophyten fand derselbe Autor Si_n für *Cakile maritima* 14, bei *Honkenya peploides* 18, bei *Artemisia maritima* 22 Atm. Aus diesen Angaben dürfen wir wohl schließen, daß Si_n wie Si_g von Gewebe zu Gewebe und in diesen auch von Art zu Art verschieden sei, um so mehr, als beide Größen annähernd parallel verlaufen.

Die einfachste und zuverlässigste Methode ist aber nicht diejenige über die Volumbestimmung, sondern die direkte Messung des Zellsaftes auf kryoskopischem Wege oder mit Hilfe von Dampfdruckmethoden. Diese ist aber im allgemeinen nur in den großen Zellen der *Siphoneen* möglich. In neuerer Zeit ist es auch gelungen, den Zellsaft von Siebröhren und den beim Abreißen der Rinde ausfließenden Kambialsaft und auch den Milchsaft zu messen. So fand z. B. Pfeiffer bei Bäumen eine Zunahme von Si_n des Siebröhrensaftes vom August bis November von 15 bis 21 Atm. und eine Abnahme von oben nach unten, und Crafts gibt für den Siebröhrensaft von *Cucurbita Pepo* einen Mittelwert von 7 Atm. an.

2. O_n (Si_n) von Zellverbänden

Die meisten Si_n-Werte sind aus Preßsäften größerer Gewebepartien, Organen oder gar ganzer Pflanzen gewonnen worden. Ob die so gefundenen Zahlen dem Durchschnitt der O_n aller Zellen entspricht, wissen wir nicht, da entsprechende Vergleiche fehlen. Ab und zu wurde O_n irgendeiner Zelle des untersuchten Organs mit dem Durchschnittswert verglichen, wie etwa bei Pfeiffer, der in Schwammparenchym- und Sammelzellen Si-Werte zwischen 25 und 27 Atm. und einen kryoskopischen Mittelwert von etwa 17 bis 24 Atm. angibt; außerdem stammen beide nicht von demselben Blatt. Hier liegt demnach der kryoskopisch ermittelte Wert des Preßsaftes, der gewöhnlich als Si_n des Blattes bezeichnet wird, unter dem Wert der Schwammparenchymzellen. Berücksichtigt man aber alle Zellen eines Blattes, so liegen die Verhältnisse noch komplizierter. So ergibt die Berechnung eines beliebigen Beispiels im *Helleborus*-Blatt (Blum 1916) einen Mittelwert des Blattes von 18 Atm. unter der Annahme, daß die Zahl der Schwammparenchymzellen im Blattquerschnitt vier sei. Im gleichen Blatt ist Si_n der unteren Epidermis 10,6 im Schwammparenchym 21, in den Palisaden 29 Atm., und die Spannweite von Si_n in den Zellen kleinster und größter Werte liegt zwischen 10,3 und 30,4 Atm. Daraus geht hervor, daß der Mittelwert nicht jenes physiologische Interesse haben kann, das man ihm vielfach zugesprochen hat, weil die Si_n-Werte von Gewebe zu Gewebe stark variieren, nicht bloß im Blatt, sondern auch, allerdings weniger stark, in Stengel und Wurzel. Jedenfalls geben die Zellsäfte die untersten der möglichen Durchschnittswerte an, besonders bei günstiger Wasserversorgung, da auch die Gefäßinhalte miterfaßt werden. So ergaben nach THREN *Picea*-Nadeln allein ein Si_n von 26, der zugehörige Sproß allein 17,4, ein ganzer Sproß aber 23 Atm. Dazu kommt noch, daß im obigen Beispiel vom *Helleborus*-Blatt Sz_g infolge der in den Geweben verschieden starken Volumänderung stärker schwankt als Si_n.

Die zahlreichen Si_n-Messungen stellen fast alle Mittelwerte aus Organen, Organteilen oder ganzen Pflanzen dar, die mit der kryoskopischen Methode erhalten wurden. Schon die Versuche der älteren Autoren CARARA, DIXON, HARRIS ergaben im allgemeinen ein ähnliches Verhalten von Si_n wie Sz_g und z. T. auch von Sz_n, so daß wir uns hier kurz fassen können, um so mehr, als WALTER in seiner „Einführung in die Phytologie" eine ausführliche Zusammenfassung gibt.

Über die Verteilung von Si_n in der Pflanze zeigen die wenigen Messungen im allgemeinen ein Ansteigen von unten nach oben; so gibt DIXON in oberirdischen Pflanzenteilen höhere Werte an als in Wurzeln, ebenso z. T. WALTER 1931; aber auch eine andere Verteilung kommt oft vor. So maß derselbe Autor in Wurzeln von *Frasera speciosa* 13,8, im Blatt 12,1 Atm., bei *Allium cernuum* in der Zwiebel ein höheres Si_n als in Wurzel und Blatt. VOLK verglich an Pflanzen des fränkischen Trockengebietes Stengel, Blätter und Blütenstände und fand bei *Jurinea cyanoides* und *Euphorbia Gerardiana* ebenfalls ansteigende Werte. Bei den langen Blättern von *Yucca glauca* gibt WALTER steigende Werte von der Basis zur Spitze an, bei Koniferennadeln von jungen zu alten Nadeln, bei Blättern verschiedener Höhe im allgemeinen eine Zunahme von unten nach oben. Bei kleineren Kräutern waren die Unterschiede von Stengel und Blatt gering (WALTER und VOLK); dagegen fand THREN bei *Helianthus annuus* ein kontinuierliches Ansteigen von Si_n von den Wurzeln mit 5,5 Atm. bis in die obersten Blätter mit 12,8 Atm., während die noch höher stehenden Blüten wieder einen Wert von nur 8,6 Atm. ergaben. Deutliche Unterschiede ergaben nach WALTER die dicken Stämme von Kakteen, in denen Si_n von der Schatten- zur Sonnenseite eine ansteigende zonenförmige Anordnung ergab. Auch in Parasiten wurden höhere Werte gefunden als in ihren Wirten (HARRIS, KORSTIAN, THATSCHER). So gibt THATSCHER für Hyphen von *Botrytis cinerea* einen Wert von 29,8 Atm. an, für den zugehörigen Wirt 8,3 Atm. (Krone), für *Phythophthora infestans* 17,4 Atm. in den Lufthyphen, 15,5 Atm. für interzellulare Hyphen, während die zugehörige Kartoffelknolle 10,6, das Kronblatt 8,9 Atm. ergaben. Aus solchen Vergleichen geht nur hervor, daß der Wirt ein höheres Si_n hat als gewisse Teile der Wirtspflanze. Über die

Versorgung mit Wasser oder Assimilaten sagen sie schon deshalb nichts aus, weil es an der Messung vergleichbarer Organe fehlt.

Wie beim Grenzplasmolysewert sind auch bei Si_n periodische Änderungen konstatiert worden. Über tagesperiodische Schwankungen haben zuerst WALTER und GRAHLE ausführlich berichtet. Im allgemeinen ist Si_n über oder nach Mittag am höchsten, in der Nacht sinkt der Wert, und zwar nicht bloß bei Ebenen-, sondern auch bei Alpenpflanzen (PISEK und Mitarbeiter) und Strandpflanzen (TAKADA, SEN-GUPTA). Das Ausmaß der Schwankungen kann, wie GRAHLE an Koniferen dargetan hat, zeitlich variiren, ist aber vor allem von Art zu Art verschieden. So ergab sich aus den täglichen Schwankungsbreiten und vielen Einzelmessungen, daß es Arten gibt, die Si_n nur wenig variieren lassen (stenohydre) und andere, die sehr starke Schwankungen ausführen (euryhydre nach WALTER 1931). Zu den letzteren gehören nach VOLK z. B. *Hippocrepis comosa* und *Aster linosyris,* die mehr als um das Dreifache ihres niedersten Si_n variieren können, zu den ersteren *Geranium sanguineum* mit einer Schwankung von etwa 10% (MÜLLER-STOLL), *Cirsium acaule* und nach PISEK 1935 auch viele Alpenpflanzen über der Baumgrenze. Sehr anschaulich werden solche Schwankungsverhältnisse durch sogenannte Spektren dargestellt, die von WALTER (1949) und anderen Autoren ausgiebig verwendet wurden. Diese tagesperiodischen Schwankungen werden zurückgeführt auf gegensinnige Änderung des Wassergehaltes; da aber gleichzeitig auch O_g schwankt, kann Si_n mal Wassergehalt nur dann eine Konstante sein, wenn O_g gleichsinnig und in ähnlichem Ausmaß ändert.

Das Verhalten von Si_n während eines Jahres ist schon von älteren Autoren untersucht worden, z. B. von DIXON und ATKINS 1913. Bei ihren Pflanzen *Ilex aquifolium* und *Syringa vulgaris* fanden sie im milden ozeanischen Klima Irlands nur geringe Änderungen; insbesondere fehlte ein Anstieg im Winter, während LEWIS und TUTTLE in Kanada ein Ansteigen im Winter mit einem Maximum im März beobachteten.

Auch in neuerer Zeit sind eine große Zahl Messungen während des ganzen Jahres (GRAHLE, THREN, VOLK, WALTER) an verschiedensten Pflanzen der gemäßigten und subtropischen Zonen oder während der Vegetationszeit (STEINER, KILIAN, SEN-GUPTA, BIRAND, FIRBAS) ausgeführt worden. Sie ergaben eine außerordentliche Variabilität in der Schwankungsamplitude und auch der absoluten Höhe von Si_n bei den einzelnen Arten und ökologischen Gruppen. Im allgemeinen ist für unser Klima ein Minimum im Frühjahr mit einem Ansteigen während des Sommers und einem Maximum im Winter charakteristisch. Bei Koniferen verschiebt sich das Maximum gerne bis in den März hinein (GRAHLE). Im Mittelmeergebiet tritt bei Sträuchern und Bäumen auch während der sommerlichen Dürrezeit ein zweites Maximum auf mit Ausnahme der Eichen, bei denen Si_n ziemlich konstant bleibt (BRAUN-BLANQUET und WALTER); in den Trockenzonen Nordafrikas (KILLIAN) und Anatoliens (BIRAND) nimmt Si_n mit zunehmender Trockenheit des Bodens immer mehr zu, besonders bei den salzspeichernden Halophyten. Die Jahresschwankungen werden mit dem Wassergehalt des Substrats erklärt; bei austrocknendem Boden steigt, nach Regen sinkt Si_n. Doch scheinen die Koniferen auf die Veränderung des Bodenwassergehalts nur wenig zu reagieren (PISEK, WALTER), steigern aber Si_n im Winter sehr stark, und nach MÜLLER-STOLL haben die Wasserpflanzen an nassen Standorten höhere Werte als an trockenen. Auch Hochmoorpflanzen zeigen während der Vegetationsperiode nur geringe Änderungen von Si_n (FIRBAS). Aber im allgemeinen hat extreme Trockenheit, sei sie nun durch Wassermangel oder Kälte verursacht, ein mächtiges Steigen von Si_n zur Folge. So fand WALTER bei *Viburnum Lantana* nach einer Trockenperiode einen Wert von 47 Atm., der nach Regen auf 19 Atm. fiel; für *Stachys germanica* lauten die entsprechenden Werte 37 und 10 Atm. Daß bei diesen Änderungen von Si_n die Regulationsfähigkeit der Art, die Tiefe des Wurzelsystems und andere Faktoren ebenfalls eine Rolle spielen, ist mehrfach nachgewiesen worden. Zu den Wassergehaltsschwankungen kommen die Osmoregulationen, bei denen der Veränderung des Zuckergehalts eine wesenhafte Rolle zukommen dürfte, besonders im Winter.

Beim Vergleich der Pflanzengesellschaften verschiedener Standorte, von denen aus allen Gebieten der Erde mit Ausnahme der Arktis eine sehr große Zahl von Untersuchungen vorliegt, ist zunächst zu berücksichtigen, daß die Si_n-Werte der einzelnen Arten auch in derselben ökologischen Gruppe verschieden sind und zwischen einem kleinsten und einem größten Wert schwanken, während O_{opt} (WALTER 1929) dem Werte nach bei normaler und genügender Wasserversorgung nur selten zu erfassen ist und ebenso selten dem Durchschnittswert entspricht. Im allgemeinen ist Si_n um so höher, je trockener der Standort ist. So haben Wasserpflanzen, aber auch Krautpflanzen feuchter Wälder und Moorpflanzen niedere Werte. Zu den Pflanzen mit tiefen Werten gehören auch die Alpenpflanzen über der Baumgrenze (PISEK), die zudem nur kleine Schwankungen von Si_n zeigen, Geophyten, Sukkulenten und Frühjahrspflanzen. Auch aus den feuchten Tropengebieten gibt WALTER durchweg kleine Werte an, selbst bei Palmen, und nach KILLIAN zeigen auch die Saharapflanzen selten Werte über 20 Atm. Hohe Werte mit gleichzeitig auch großen Schwankungen sind bis jetzt bei xeromorphen Steppenpflanzen gefunden worden, bei den Sklerophyllen subtropischer Gebiete und dann besonders auch bei Koniferen und immergrünen Sträuchern im Winter und in den Tropen bei Mangroven. Noch höhere Werte besaßen die Säfte der salzigen Wüsten Nordamerikas (HARRIS und Mitarbeiter). Zu den höchsten Werten gelangten die Pilze RACIBORSKIS sowie Luftalgen, die, wie *Pleurococcus vulgaris*, nach ZEUCH, bei einer R. F. von 76%, das einer Saugkraft von über 300 Atm. entspricht, noch Zellteilung durchführt.

VI. Die Saugkraft der Zelle, Sz_n

Unter Sz_n, der Saugkraft der Zelle im natürlichen Zustand, oder auch einfach Sz, verstehen wir jene Größe, mit der die Zelle Wasser einzusaugen strebt. In den meisten Fällen steht ihr dafür nicht das ganze Sz zur Verfügung, sondern nur die Saugkraftdifferenz Zelle—Umgebung. Im Experiment kann Sz von Null bei Wassersättigung bis zum Wert bei Grenzplasmolyse, wo sie dann mit der Saugkraft des Inhalts identisch wird.

ansteigen und dann noch weiter darüber hinaus bis zum kleinstmöglichen Plasmavolumen; ist Sz bei Grenzplasmolyse gleich 10 Atm. und verkleinert sich das Volumen des Plasmas auf die Hälfte, so wird die Saugkraft des Plasmaklümpchens 20 Atm. In der Natur werden die meisten Zellen absterben, bevor die Zellwand entspannt ist, oder wenn die Zellen schrumpfen, ist auch ein Ansteigen der Saugkraft bis über den Wert bei Grenzplasmolyse möglich. Über den möglichen Endwert, den die Saugkraft beim Austrocknen erreichen kann, sind wir einigermaßen orientiert durch die Austrocknungsversuche von Gasser. Er ging aus vom Grenzplasmolysewert und fand beim Austrocknen der einheimischen Kraut- und einiger Holzpflanzen in Blatt- und Kronblattepidermis einen Anstieg um etwa der Hälfte des Anfangswertes, bei *Senecio vulgaris* um über 100, bei *Hydrocotyle* um über 200%, der Rest zeigte geringe Änderungen wie *Ranunculus Flammula*, *Menyanthes trifoliata* und andere Pflanzen. Am höchsten stieg *Trentepohlia* (290 Atm.), *Aspergillus* (287 Atm.), *Beta vulgaris* (105 Atm.), *Rhododendron* (61 Atm.), *Globularia* (40 Atm.). Daß diese auf experimentellem Wege erreichten Werte noch nicht die höchsten zu sein brauchen, ergaben Messungen in der Natur nach Trockenperioden, z. B. kann *Globularia* auf über 40 Atm. steigen (Härtel).

Da Sz die maßgebende Größe bei der Wasserversorgung darstellt, hat man schon lange ein Ansteigen der Zellsaugkraft in Richtung des aufsteigenden Wasserstromes vermutet. Wir behandeln demnach

1. Die Verteilung der Saugkraft in der Pflanze

und wir beginnen mit der

a) Saugkraft der Wurzelhaare

Die Absorption des Bodenwassers erfolgt durch die Epidermis bzw. die Wurzelhaare der Wurzelabsorptionszone (Ursprung und Blum 1928, Brewig 1935). Da der Boden das Wasser mit einer gewissen Kraft festhält, müssen die absorbierenden Zellen den Bodenwiderstand überwinden, wenn sie das für das normale Gedeihen der Pflanze nötige Wasser aufnehmen wollen. Dieser Widerstand hängt ab vom Wassergehalt und der Natur des Bodens sowie von der pro Zeiteinheit absorbierten Wassermenge. Jede dieser Größen hängt wieder von mehreren Faktoren ab, und die zu absorbierende Wassermenge ist auch für dasselbe Individuum nicht konstant; so ist die Ermittlung des gesuchten Bodenwiderstandes keineswegs leicht. Die mit Osmometern und ähnlichen Apparaten arbeitenden Methoden liefern wohl physikalische Werte, genügen aber nicht für physiologische Aufgaben. Der gesuchte Widerstand läßt sich aber messen durch die Kraft, die zu seiner Überwindung erforderlich ist: durch die Saugkraft des Wurzelhaares. Denn wäre diese größer als nötig, so müßte es mehr Wasser aufnehmen als weitergeben, seine Saugkraft müßte also abnehmen, bis sie sich automatisch auf den verlangten Wert eingestellt hätte; ebenso müßte eine zu niedrige Saugkraft automatisch steigen, bis das Wurzelhaar ebensoviel Wasser aufnimmt, als es weitergibt (Ursprung 1923).

Am einfachsten sind diese Verhältnisse an einer in Lösung befindlichen Wurzel zu übersehen. Ist r die Konzentration einer Lösung, H die Gesamtmenge des von der Wurzel pro Zeiteinheit absorbierten Wassers, n die Anzahl der Wurzelhaare, so besteht für die Saugkraft des Wurzelhaares s die Beziehung $s = \frac{1}{c} \cdot \frac{H}{n} + r$, wo $\frac{1}{c}$ eine Konstante ist. Hieraus wird für ein sehr kleines H, z. B. bei noch blattlosen Keimpflanzen, die Saugkraft der Wurzelhaare sich ungefähr decken mit der Saugkraft der Lösung. Das ist nun nach Tab. 17 tatsächlich der Fall (URSPRUNG und BLUM 1921) für junge Keimpflanzen von *Vicia Faba*.

Nach 1—2 Tagen hatten sie die Saugkraft der umgebenden Lösung angenommen und auch beibehalten. Der letzte Versuch machte insofern

Tab. 17. *Saugkraft der Wurzelhaare in jungen, blattlosen Pflanzen von Vicia Faba*

Ursprüngliche Saugkraft in Sägespänen	Aus den Sägespänen übertragen in	Saugkraft nach 1—2 Tagen	Saugkraft nach 1—2 Wochen
1,1 Atm.	Wasser	0 Atm.	0 Atm.
1,1 ,,	Rohrz. 0,5 Atm.	0,5 ,,	0,5 ,,
1,1 ,,	,, 1,1 ,,	1,1 ,,	1,1 ,,
1,4 ,,	,, 5,3 ,,	—	5,3 ,,

eine Ausnahme, als die Wurzelhaare das Übertragen in die Lösung von 5,3 Atm. nicht aushielten und abstarben; die Wurzelspitze wuchs weiter, und nach 5 Tagen zeigte sich die Epidermis der neuen Absorptionszone lebend und der Saugkraft der Lösung angepaßt. Verkleinert man n, die Zahl der Wurzelhaare, so muß die Saugkraft der Wurzelhaare s ansteigen, weil bei gleichbleibendem Wasserbedarf die Leistung des einzelnen Wurzelhaares größer werden muß. Tatsächlich erhöhte sich Sz der Wurzelhaare von 5 auf 6 Atm., nachdem man einen Teil der Wurzelhaare abgeschnitten hatte. Auch durch Steigerung der Transpiration konnten wir die Saugkraft der Wurzelhaare zum Ansteigen bringen, was einer Erhöhung von H der Formel entspricht.

Bei einer Erniedrigung der Temperatur in einer Sägespänekultur von 18^0 auf 2^0 stieg die Saugkraft der Wurzelhaare von 0,7 auf 1,7 Atm. Diese Herabsetzung der Temperatur erhöht den Bodenwiderstand, was einer Vergrößerung von r gleichkommt. Auch die Abnahme des Wassergehaltes des Bodens vergrößert seinen Widerstand und entsprechend auch die Saugkraft der Wurzelhaare. So stieg in nicht bewässerten Kulturen, ohne daß Welken eintrat, die Saugkraft der Wurzelhaare bei *Vicia Faba* während 13 Tagen von 1,1 auf 2,1 Atm. und bei *Phaseolus* nach 12 Tagen von 0,8 auf 1,9 Atm. Durch Änderung der Saugkraft tritt zunächst ganz automatisch eine Volumschwankung ein: saugt der Boden stärker als bisher, so entzieht er der Wurzelzelle Wasser und erhöht dadurch deren Saugkraft; saugt der Boden weniger stark, so nimmt das Wurzelhaar mehr Wasser auf und dessen Saugkraft sinkt. Nach EKDAHL können Wurzelhaare junger

Weizenpflänzchen ihr Volumen von Sättigung zu Plasmolyse um 10% ändern. Später erhöht sich auch O_g; so stieg beim Austrocknen des Bodens O_g des Wurzelhaares von 0,33 auf 0,48 Mol R. Z., beim Eintauchen in Wasser sank O_g von 0,33 auf 0,26 Mol R. Z.

b) Die Saugkraft in der Absorptionszone der Wurzel

Die Verteilung der Saugkraft in der Wurzelabsorptionszone wurde an Sägespänekulturen von *Phaseolus* und *Vicia* verfolgt; etwa 1—3 cm hinter der Wurzelspitze, hinter der Stelle, wo die ersten Ausstülpungen der

Tab. 18. *Verteilung der Saugkraft und des Grenzplasmolysewertes (in Atmosphären) in der Absorptionszone der Seitenwurzeln von Phaseolus und Vicia Faba*

| | Phaseolus vulgaris | | Vicia Faba | | | |
| | | | Absorptions-zone | | 13 cm hinter Wurzelspitze | |
	Sz_n	Sz_g	Sz_n	Sg_n	Sz_n	Sg_n
Epidermis	0,9	8,5	0,7	9,7	—	—
Rinde 1	1,3	8,2	1,4	10,0	4,0	10,9
„ 2	1,7	8,8	1,3	10,0	3,6	10,3
„ 3	2,0	9,4	1,5	10,0	3,3	10,6
„ 4	2,6	9,7	2,1	10,3	2,8	10,6
„ 5	3,2	9,1	2,8	10,6	3,3	9,7
„ 6	3,6	8,8	3,0	10,9	3,6	9,7
„ 7	4,2	8,8	—	—	—	—
Endodermis	1,3	8,8	1,7	10,9	1,6	9,4
Perizykel.	0,9	8,5	0,7	10,8	1,4	9,4
Gefäßparenchym	0,8	8,5	0,9	9,7	1,4	9,4

Wurzelhaare und im Innern der 1—2 mm dicken Wurzeln die ersten Gefäße sichtbar waren (Ursprung und Blum 1921). Bei *Vicia* ist zum Vergleich mit der Absorptionszone eine Stelle weit hinter der wurzeltragenden Zone, in einer Distanz von etwa 11 cm von dieser entfernt, angegeben. Ferner ist neben Sz_n auch der Grenzplasmolysewert angegeben, der aus technischen Gründen am folgenden Tag an Pflanzen des gleichen Topfes (Wassergehalt konstant) untersucht wurde. Wie aus der Tab. 18 hervorgeht, zeigt Sz_g in den Wurzelzellen nur geringe Unterschiede, jedenfalls ist von einer wesentlichen Zu- oder Abnahme von außen nach innen nichts zu bemerken.

Ganz anders verhält sich die Saugkraft der Zelle, sie zeigt in der Absorptionszone bei beiden Pflanzen dasselbe Verhalten: Zunahme von Sz_n vom Wurzelhaar bis zur innersten Rindenschicht, die an die Endodermis grenzt. In dieser auch anatomisch ausgezeichneten Schicht fällt Sz_n plötzlich und unvermittelt ab, ein Phänomen, das als E n d o d e r m i s s p r u n g bezeichnet worden ist (Ursprung und Blum 1921). Die physiologische Bedeutung dieses merkwürdigen Verhaltens hängt vor allem davon ab, ob er auch in der intakten Pflanze vorkommt oder erst beim Präparieren entsteht. Bei der Beurteilung der Sachlage ist an Gewebe- und Kohäsionsspannungen zu denken. Was erstere anbetrifft, so ist sie kaum von Bedeutung, da in sehr kleinen und großen Schnitten der Endodermissprung erhalten blieb. Hingegen wäre eher ein Einfluß von Kohäsionsspannungen denkbar durch Entspannungen der Flüssigkeitssäulchen in den Gefäßen, sofern solche vorhanden wären, bei der Herstellung der Schnitte. Dann würde Sz der an das Gefäß angrenzenden und weiter außen liegenden Zellen abnehmen; je nach der Größe der Kohäsionsspannung müßte aber Sz_n bald an den an das Gefäß grenzenden Zellen, bald weiter außen in irgendeiner Zelllage stehen bleiben und nicht gerade nur immer in der Endodermis; außerdem findet man dieselben Endodermiswerte auch vor dem Leptom. Endlich müßte bei eventuell vorkommender hoher Kohäsionsspannung (trockener Boden, stärkere Transpiration) Sz im Gefäßparenchym sehr stark fallen; in Wirklichkeit trifft das Gegenteil zu. — Im Perizykel und in den an das Gefäß grenzenden Parenchymzellen bleibt Sz_n in der Nähe von einer Atmosphäre,

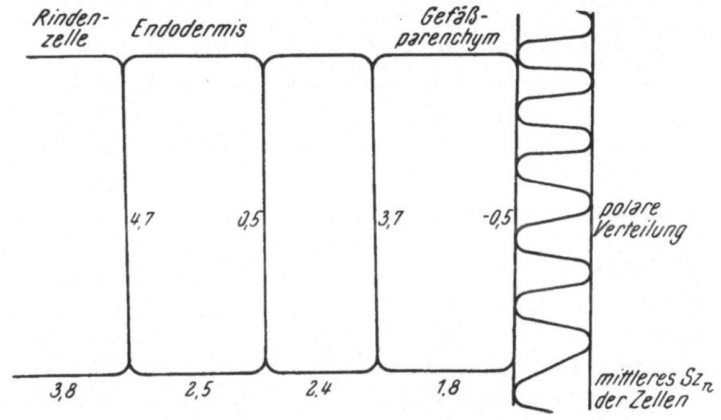

Abb. 7. Polare Verteilung von Sz in Atmosphären in Endodermis und Gefäßparenchym von *Vicia Faba*.

liegt also nicht in der Nähe von Null, wie man erwarten könnte, da der Gefäßinhalt ein sehr geringes Sz haben dürfte und daher das Gefäßparenchym Wasser aus dem Gefäß aussaugen würde. Dies deutet auf einen besonderen Mechanismus auch im Gefäßparenchym hin.

Wie ist nun die Aufnahme des Wassers der Endodermis aus der angrenzenden Rindenzelle und des Gefäßparenchyms zu erklären, da deren Sz kleiner ist als das der angrenzenden Zellen? Die Lösung brachte die polare Verteilung der Saugkraft in der Endodermis und im Gefäßparenchym (Abb. 7) (URSPRUNG und BLUM 1925). Die durchschnittliche Saugkraft der Endodermiszelle in der Hauptwurzel von *Vicia Faba* war 2,5 Atm. Die Außenseite ergab eine Saugkraft von 4,7 Atm., so daß die Zelle aus der benachbarten Rindenzelle mit einem Sz Wasser entnehmen kann. Auf der Innenseite ist die Saugkraft der Endodermiszelle 0,5 Atm. Die Zelle wirkt demnach wie ein Reduzierventil. Wie diese Differenz von Sz an zwei entgegengesetzten Seiten derselben Zelle zustande kommen kann, ist an dieser Stelle nicht zu diskutieren. Eine polare Differenzierung von Sz findet sich auch in der dem Gefäß anliegenden Parenchymzelle. Hier war Sz Außenseite 3,7, Innenseite — 0,5 Atm. bei einer Durchschnittssaugkraft von 1,8 Atm. Die Gefäßparenchymzelle wirkt demnach wie eine Saug- und Druckpumpe, sie saugt auf der Außenseite Wasser ein und preßt es auf der Innenseite in das Gefäß hinein. Eine solche „Blutung" bei anfangs gleichem O_g ist ja auch am physikalischen Modell demonstrierbar.

Ganz anders ist die Saugkraftverteilung hinter der Absorptionszone der Wurzel. Hier nimmt Sz_n vom Gefäß bis in die Rinde zu, wobei von der Endodermis zur anliegenden Rindenzelle auch ein „Sprung" stattfindet. Ob an dieser Stelle Sz in der Endodermis polar differenziert sei, ist nicht bekannt.

c) Die Saugkraft der Zelle im Stamm von *Hedera Helix*

Über die Verteilung von Sz_n im Stamm liegen ziemlich detaillierte Messungen vor von einem eingetopften Exemplar eines Efeus, das längere Zeit in einem Zimmer unter ähnlichen Außenbedingungen gehalten und in regelmäßigen Abständen begossen wurde. Die Saugkraftverteilung ist in

Tab. 19 a. *Verteilung der Saugkraft in Zellen des Stämmchens von Hedera Helix*

	Markzelle	Zelle Nähe Gefäß	Innenrinde	Außenrinde	Epidermis oder Phellogen
Wurzelspitze	—	—	—	1,6 ←	1,0
Wurzel, 18 cm hinter Spitze	—	2,1 ⟶	—	2,4 ⟶	3,2
Stamm:					
unten, 35 cm über Boden	2,4 ←	2,1 ⟶	2,9 ⟶	3,4 ⟶	3,7
oben, 225 cm über Boden	4,8 ←	4,2 ⟶	5,0 ⟶	7,3 ⟶	7,5
Blattstiel	8,4 ←	8,1 ⟶	8,7 ⟶	9,0 ⟶	9,3

Spreite	7,3	10,5	10,1	9,8	11,9	12,2	12,5	8,0
	Unt. Ep.	Schwammparenchym			Palisaden		Ob. Ep.	

Tab. 19 a zusammengestellt; zum Vergleich sind von demselben Stämmchen auch die Wurzelabsorptionszone sowie eine etwas ältere Wurzelpartie, Blattstiel und Spreite angegeben. Im Stamm wurden drei Stellen in 9, 35 und 225 cm über Boden untersucht. Die unterste Stammesmessung ist nicht angegeben, da die Werte etwa denen in 35 cm Höhe entsprechen, aber eine etwas unregelmäßigere Verteilung im Stammquerschnitt ergaben. Ferner ist in der Tabelle das Ansteigen der Saugkraft im Stammquerschnitt durch Pfeile markiert. Die Wurzelspitze zeigt das bekannte Bild: Ansteigen von Sz_n von außen nach innen, in einer älteren Wurzelpartie kehrt sich die Richtung des Sz_n-Anstieges um: die kleinsten Werte sind in den Zellen in der Nähe der Gefäße zu finden, und Sz_n steigt nach außen an. Dasselbe ist der Fall im Stamm, wobei auch noch ein Ansteigen in Richtung Markzellen bemerkbar wird. Im Blattstiel sind die Verhältnisse ähnlich wie im Stamm. Die Verteilung der Saugkraft im Stamm scheint demnach eine regelmäßige zu sein, und zwar in der Richtung der Wasserleitung in der Quer- wie in der Längsrichtung, also in den vergleichbaren Zellen eine Zunahme von unten nach oben. In horizontaler Richtung ist die Sz_n-Zunahme relativ stärker als in vertikaler; dies hängt offenbar mit dem größeren Filtrationswiderstand der Zellwände zusammen, während in der Längsrichtung dieser Widerstand infolge der kleineren Zahl der Zellwände kleiner ist. Das Minimum von Sz_n ist immer in der Nähe der Gefäße, das Maximum an der Peripherie gefunden worden. Vom Stamm in den Blattstiel nimmt Sz_n sehr stark zu, offenbar wiederum eine Folge größeren Filtrationswiderstandes an der Grenze Stamm — Blattstiel. Am größten ist Sz_n in den Zellen der Blattspreite, in der auch wieder eine Zunahme vom Gefäß gegen die Blattoberfläche hin stattfindet. Um so auffallender ist die kleinere Saugkraft der Epidermiszellen, die an allen bisher untersuchten Blättern gefunden wurde.

Da im Stamm die Saugkraft mit zunehmender Höhe über Boden ansteigt, mußte es von besonderem Interesse sein, die Saugkraft der Blätter

Tab. 19. *Saugkraft in den Zellen verschieden hoch inserierter Buchenblätter*

Höhe über Boden in Metern	Obere Epidermis	Palisaden	Schwamm-parenchym	Untere Epidermis	Schließzellen
2,7	7,1	15,0	11,1	5,7	8,1
8,7	9,3	15,6	12,4	8,4	9,9
11,1	9,9	17,1	14,3	9,3	9,9
13,0	10,5	17,1	14,3	9,9	10,5

in verschiedener Stammhöhe zu kennen. Die Messungen wurden an einer hohen Buche vorgenommen, wobei naturgemäß in den verschiedenen Höhen über Boden möglichst vergleichbare Blätter ausgewählt wurden. Die Zunahme von Sz_n in vergleichbaren Zellen ist hier mit zunehmender Höhe über Boden sehr ausgeprägt und überraschend regelmäßig. Diese Zunahme beträgt in den Epidermen von 2,7 bis 13 m Höhe etwa 50%, während die Mesophyllzellen nur etwa 10—20% zunehmen (Tab. 19), demnach pro Meter Leitbahn etwa 0,4 Atm. in den Epidermen, 0,2—0,3 Atm. in Palisaden- und Schwammparenchymzellen.

Mit diesen Ergebnissen war das so lange vergeblich gesuchte Ansteigen einer osmotischen Zustandsgröße, der Saugkraft der Zelle, mit zunehmender Höhe gefunden.

d) Die Saugkraftverteilung in der Blattspreite

Schon die Tab. 19 zeigt die ungleiche Verteilung der Saugkraft in den Geweben des Buchenblattes. Sz_n ist in der oberen Epidermis annähernd um die Hälfte kleiner als in den angrenzenden Palisaden, wenigstens während des Tages, und auch die Differenz untere Epidermis — Schwammparenchym ist beinahe ebenso groß. Ob diese Unterschiede in der Nacht in demselben Maße bleiben, ist nicht bekannt.

Genauer wurde die Verteilung von Sz_n in den Geweben des Efeublattes untersucht (URSPRUNG und BLUM 1918), und zwar zunächst in den Epidermen an verschiedenen Stellen des Blattes. Im wesentlichen zeigten beide Blattepidermen über den Haupt- und Seitennerven eine Zunahme von der

60 II, C, 7, a: G. BLUM, Osmotischer Wert, Saugkraft, Turgor

Basis zur Spitze; hingegen konnte in der Spreite keine gesetzmäßige Verteilung von Sz_n gefunden werden. Interessant erwies sich die Verteilung von Sz_n in der oberen Palisadenreihe vom zentralen Hauptnerv (I) aus in der Richtung Spreite und vom unteren Hauptnerv (III) an der Blattbasis gegen den Blattrand (Tab. 20). Von einem Hauptnerv aus nimmt Sz_n der Palisadenzellen gegen die Blattfläche hin zu, von der dritten zur 50. Zelle

Tab. 20. *Verteilung der Saugkraft in der oberen Palisadenreihe des Efeublattes*

Nummern der Palisaden		Saugkraft in Atm.			Nummern der Palisaden
Vom Hauptnerv I	1	10,2	9,6	1	Vom Hauptnerv III
an Richtung Spreite	3	9,0	9,0	2	an Richtung Rand
	5	10,5	9,0	3	
	11	12,4	8,7	4	
	22	13,7	10,2	9	
	30	14,0	11,1	18	
	43	15,0	12,1	25	
	52	15,3	13,3	31	
	49	15,9	13,3	41	
	42	14,0	12,7	43	Nebennerv
	35	13,7	13,7	47	
	30	12,4	13,0	49	
	22	11,1	13,0	50	
	18	10,5	13,3	51	
	12	10,2	13,7	76	
	10	9,3	13,0	77	
Vom Hauptnerv II	3	9,0	13,0	79	
an Richtung	1	9,0	13,0	82	
Hauptnerv III			12,1	87	
			13,0	90	

um etwa 6 Atm., was für zwei benachbarte Zellen etwa 0,1 Atm. ausmacht.

Daß nicht die erste, sondern die zweite bis vierte Zelle das niedrigste Sz_n zeigen, ist kein Zufall der Messung, sondern hängt damit zusammen, daß die Zellen näher an den benachbarten Wasserleitungsbahnen liegen. Ein ähnliches Absinken von Sz_n findet auch in der Spreite statt; dann zeigt es sich stets, daß es sich um Palisadenzellen handelt, die über einem kleinen Seitennerv liegen. Ein viel stärkeres Ansteigen vom Hauptnerv zur Blattfläche fand HAYOZ in einem viel größeren Blatt des Efeus; da stieg Sz_n von 12,1 Atm. in der dritten Palisade allmählich an bis zu 32,6 Atm. in der 210. Zelle mit einem schwachen Sinken über Sekundärnerven. Das Schwammparenchym hat eine mittlere Saugkraft von etwas über 10 Atm., ist also, wie bei *Fagus*, niedriger als die Palisaden. Auch in diesen Zellen steigt Sz_n in Nervferne an, und auch unter einem Seitennerv sinkt Sz_n ganz schwach.

Die Verteilung von Sz_n in einem Blattquerschnitt zeigt Tab. 21.

Tab. 21. *Verteilung der Saugkraft im Querschnitt des Efeublattes*

	Saugkraft in Atm.
Obere Epidermis	8
Palisaden	12,5
	12,2
	11,8
Gefäßparenchym	8,9
Schwammparenchym . .	9,8
	10,1
	10,5
	10,8
Untere Epidermis	7,3

Unsere Efeublätter hatten gewöhnlich drei übereinanderliegende Palisadenreihen; gegen den Rand zu betrug die Schichtzahl zwei, gegen die Blattspitze zu eine. Die Zahl der übereinanderliegenden Schwammparenchymzellen war vier oder fünf. Von der kleinsten Saugkraft des Gefäßparenchyms steigt Sz_n nach oben und unten an bis zur äußersten an die Epidermis grenzende Zelle während in den Epidermiszellen die Saugkraft stark fällt. Die Differenz Epidermis — anliegende Zelle kann auf der Unterseite bis 5, auf der Oberseite bis 7 Atm. und in vom Hauptnerv weit entfernten Zellen noch mehr betragen. Unter diesen Umständen fragt man sich, wie die Epidermiszellen zu ihrem Wasser kommen, wird doch die Epidermis seit WESTERMAIER als Wasserspeicher betrachtet. Eine teilweise Lösung dieses Rätsels bringt die Untersuchung der zwischen Nerv und Palisaden liegenden Zellen. An dieser Stelle liegt bei größeren und vor allem bei Hauptnerven zwischen den Scheidenzellen der Gefäßbündel und der Epidermis ein chlorophyllarmes Parenchym, das die kürzeste Verbindung zwischen Nerv und Epidermis darstellt. Die Scheidenzellen ergaben ein Sz_n von 7—8 Atm., die zwischen diesen und der Epidermis liegenden Zellen eine solche von etwa 8,6 Atm., die in der Nähe liegenden Epidermiszellen selbst von ebenfalls etwa 8 bis 9 Atm. Es erscheint daher sehr wahrscheinlich, daß das Wasser diesen kürzesten Weg zwischen diese Bastlücke hindurch bis in die Epidermis einschlägt. Schließlich sei noch bemerkt, daß Sz_n der unteren Epidermis beim untersuchten Efeublatt stets kleiner war als in der oberen Epidermis.

2. Die Bedeutung der Außenfaktoren

Die Einwirkung von Außenfaktoren auf die Saugkraft einzelner Zellen ist nur in wenigen Fällen bekannt. Wir wissen, das Sz_g der Wurzelepidermis in Rohrzuckerlösungen ansteigt, in stärkeren Konzentrationen neue Wurzeln gebildet werden, während die älteren absterben und die

Epidermis der neu entstandenen Wurzeln schließlich die Saugkraft der Bodenlösung annimmt (S. 37). Untersuchungen an oberirdischen Organen liegen vor von Hayoz. Er stellte abgeschnittene Blätter mit ihren Stielen in Vaseline und verfolgte das Verhalten der Blatt- und Stielzelle während des Austrocknens. Die Epidermis der Spreite nahm nach 14 Tagen um 30% zu, und die Zellen des Blattstieles, deren Sz_n im frischen Zustand von innen nach außen zunimmt, zeigten schon nach dem 7. Tage eine Umkehr: Sz_n nahm von außen nach innen zu. Blätter ohne Transpirationsschutz starben nach 8 Tagen ab und erhöhten Sz_n um 50%. Austrocknen bewirkt demnach, wie vorauszusehen, eine Erhöhung von Sz_n.

Im Gegensatz zum Verhalten von Außenfaktoren auf das Sz_n einzelner Zellen sind wir über deren Einfluß auf die Saugkraft ganzer Organe, Laubblätter, Kronblätter, in einzelnen Fällen auch auf Wurzeln, ziemlich gut orientiert. Die Saugkraft dieser Organe hängt in erster Linie ab von der Bodenfeuchtigkeit, dann auch von R. F. und T, sofern der Boden nicht zuviel Wasser enthält, weniger vom Licht und Wind; aber auch der Sauerstoffgehalt des Substrats ist nicht ohne Einfluß.

a) Bodenfeuchtigkeit

Unter den Laboratoriumsversuchen seien zwei Topfpflanzen von *Chrysanthemum frutescens* herausgegriffen, von denen die eine 10 Tage lang nicht begossen wurde und schließlich in ihren Zungenblüten ein Sz_n von

Tab. 22. *Zungenblüten von Chrysanthemum frutescens, Topfpflanzen*

Nach Stunden	Nur Erde begossen	Künstlicher Regen auf Blätter und Blüten. Erde nicht begossen
Anfangssaugkraft	19,1	12,4
Nach 1	14,0	12,7
2	10,8	11,3
3	7,4	12,6
7	6,9	11,7
20	4,7	12,6

19 Atm. erreichte. Die andere war weniger stark ausgetrocknet; sie hatte am Anfang des Versuches ein Sz_n von 12,6 Atm. (Molz). Bei der ersten wurde der Boden fortlaufend stark begossen, bei der anderen waren die oberirdischen Teile von Zeit zu Zeit einem leichten Sprühregen ausgesetzt, derart, daß der Boden kaum benetzt wurde (Tab. 22).

Während die Strahlblüten der Pflanze, deren Boden kein Wasser erhielt, ihre Saugkraft nur wenig änderte, sank bei begossenem Boden Sz_n innert kurzer Zeit sehr stark auf unter 5 Atm. ab, weil durch die Bewässerung die Saugkraft des Bodens sank. Die Bedeutung der Saugkraft des Bodens illustriert auch der folgende Versuch mit Keimlingen von *Zea Mays* (Tab. 23), deren Wurzeln in Rohrzuckerlösungen steigender Konzentration übertragen wurden. Sz_n steigt in den Primärblättern um so stärker an, je konzentrierter die Bodenlösung ist und je länger der Versuch dauert.

Das Blatt paßt sich demnach bei einer Anfangssaugkraft von 4 Atm.

Tab. 23. *Sz_n der Primärblätter von Zea Mays in Rohrzuckerlösungen steigender Konzentration*

Saugkraft der Lösung	Sz_n steigt über Sz_n der Kontrollpflanzen um		
	nach 3 Tagen	nach 6 Tagen	nach 9 Tagen
2,6 Atm.	0,2 Atm.	0,7 Atm.	3,6 Atm.
5,3 ,,	1,4 ,,	2,3 ,,	tot
8,1 ,,	2,3 ,,	3,9 ,,	,,
9,6 ,,	5,6 ,,	4,1 ,,	,,

bis zu einem gewissen Grade der Bodenlösung an, um schließlich in genügend hohen Konzentrationen abzusterben.

Die ausgedehntesten Versuche über das Verhalten von Sz_n beim Austrocknen stark durchnäßter Erde unternahm HAUCK. Sie zog ihre Pflanzen,

Tab. 24. *Verhalten von Sz_n der Blattspreiten beim Austrocknen*

	Anfangswert	Endwert	Differenz End/Anfangswert
Convallaria majalis. . . .	12,3 Atm.	23,4 Atm.	11,1 Atm.
Sanicula europaea	20,3 ,,	39,8 ,,	19,5 ,,
Asperula odorata.	12,6 ,,	34,6 ,,	22,0 ,,
Astrantia major	14,3 ,,	34,6 ,,	20,3 ,,
Impatiens noli tangere . .	8,1 ,,	34,6 ,,	26,5 ,,
Impatiens parviflora . . .	6,7 ,,	34,6 ,,	27,9 ,,
Circaea lutetiana.	8,1 ,,	34,6 ,,	26,5 ,,
Asarum europaeum. . . .	11,1 ,,	25,5 ,,	14,4 ,,
Viola silvatica.	12,6 ,,	34,6 ,,	22,0 ,,
Pulmonaria officinalis . .	11,1 ,,	25,5 ,,	14,4 ,,
Aposeris foetida	11,1 ,,	45,4 ,,	34,3 ,,
Helianthus annuus	8,1 ,,	29,8 ,,	21,7 ,,
Datura Stramonium . . .	9,5 ,,	17,7 ,,	8,2 ,,
Ricinus	15,9 ,,	29,8 ,,	13,9 ,,

es waren meist Waldschattenpflanzen neben einigen Sonnenpflanzen in Töpfen mit der gleichen Gartenerde in einem Kulturhaus bei hoher Luftfeuchtigkeit und wenig veränderter Temperatur, also unter möglichst ähnlichen Bedingungen. Die Erde wurde anfangs stark begossen, der Austrocknung überlassen, bis nach starkem Welken das Messen nicht mehr möglich war; bei den meisten Arten trat dieser Welkzustand nach 14 Tagen ein, bei *Asarum europaeum* nach 19, bei *Viola silvatica* nach 20 Tagen. Die Tab. 24 zeigt zunächst, daß der Anfangswert trotz gleichen Außenbedingungen bei den verschiedenen Arten ganz verschieden hoch und bei keiner

Art gleich liegt. Am tiefsten sind die Anfangswerte bei Schattenpflanzen, höher im allgemeinen bei Sonnenpflanzen, aber *Helianthus* hat einen tiefen, die Schattenpflanze *Sanicula* einen sehr hohen Wert.

Ebenso verschieden ist der Endwert, der entgegen allen Erwartungen nicht bei Sonnen-, sondern bei den Schattenpflanzen prozentual am höchsten steigt; so steigt Sz_n während des Austrocknens bei *Datura* um das Doppelte, bei der Schattenpflanze *Impatiens* aber um das Vierfache an wie bei *Helianthus*. Daraus folgt, daß bei langsamem Austrocknen die Schatten-

Tab. 25. *Sz_n in Blättern vor und nach Regen*

Standort	Untersuchtes Organ	Vor	Nach
		Regen	
Ebene Mitteleuropa			
Potentilla anserina	Krone	8,1	6,1
Trifolium pratense	,,	11,1	7,5
Campanula rapunculoides . . .	,,	13,7	6,1
Bellis perennis	,,	12,4	5,3
Alpen, Gastlosen			
Satureia alpina	Spreite	34,5	13,5
Satureia alpina	Krone	12,0	8,0
Biscutella levigata	Spreite	25,5	21,5
Biscutella levigata	Krone	21,5	14,5
Geranium silvaticum	Spreite	21,5	21,5
Geranium silvaticum	Krone	6,5	6,5
Tropischer Urwald			
Elatostemma	Blatt	5,3	2,6
Agalmyla parasitica	,,	6,0	4,7

pflanzen ihre osmotischen Reserven ebenso stark erhöhen und ausnützen können wie die Sonnenpflanzen. Eine eingehendere Analyse wäre aber erst möglich, wenn zum mindesten unter denselben Versuchsbedingungen auch das Verhalten von O_g bekannt wäre. Daß der schließlich erreichte Endwert nicht nur vom Wassergehalt des Bodens, sondern auch von dessen Zusammensetzung abhängt, zeigte Hauck bei *Phaseolus multiflorus,* dessen Sz_n in einem Boden von viel Gartenerde und wenig Lehm beim Austrocknen um das Doppelte, in einem Boden mit wenig Gartenerde und viel Sand um das Dreifache anstieg. Ähnliche Unterschiede bei verschiedenen Arten und in der Größe des Anstieges hatte Gasser im osmotischen Wert bei Unterbilanz angetroffen. Das alles waren Laboratoriumsversuche.

Aber auch am natürlichen Standort der Pflanzen können ähnliche Erfahrungen gemacht werden, wenn nach Trockenperioden Regen einsetzt, wie dies in Tab. 25 für Pflanzen sehr ungleicher Standorte dargestellt ist.

Im Kronblatt der Ebenenpflanzen unseres Klimas sinkt Sz_n etwa um die Hälfte, die Blätter der tropischen Urwaldpflanzen um einen ähnlichen Betrag. Eine besondere Erwähnung verdienen die Alpenpflanzen. Nach einer vierwöchigen scharfen Trockenperiode stieg Sz_n sehr hoch an; dann setzte ein starkes Gewitter ein, das die ganze Nacht andauerte mit heftigen, am folgenden Tag fortdauernden Regen, worauf am zweiten Tag Sz_n an Pflanzen derselben Stelle erneut untersucht wurden. Das Resultat ist außerordentlich verschieden. *Geranium silvaticum* änderte seine Saugkraft überhaupt nicht. Auch spätere Untersuchungen in der Ebene ergaben für diese Pflanzen eine sehr stabile Saugkraft. Am stärksten war das Sinken im Blatt von *Satureia alpina*, die auf einem Felsblock mit dünner Humusdecke wuchs. Auch die Blätter unserer Laubbäume lassen ihr Sz_n nach Regen sehr rasch um etwa 2—4 Atm. fallen (REGLI). Und selbst im hochfeuchten Urwald bringt ein Regen Sz_n noch zum Sinken. Laub- und Blütenblätter vermögen also nach Austrocknen und folgendem Regen ihre Saugkraft sehr stark zu senken.

b) Luftfeuchtigkeit

Stellt man junge Maispflänzchen in Wasser und läßt nun R. F. von 100 auf 20% fallen (MOLZ), so verändert sich die Saugkraft des Blattes vorerst nicht; erst nach 48 Stunden ist ein Anstieg von ca. 2,5 Atm. nachzuweisen. Hingegen ließen die Blätter von *Bellis*, das in feuchter Erde gehalten wurde, Sz_n schon nach 3 Std. um 40% ansteigen, wenn R. F. von 100 auf 60% fiel. Wird dieselbe *Bellis* in ziemlich trockener Erde gehalten und R. F. von 100 auf 60% gesenkt, so steigt Sz_n innert 4 Std. von 5,3 auf 7,3 Atm., wenn Topf und Erde mit Stanniol abgeschirmt werden, aber von 8,1 auf 14,3 Atm. innert einer Std., wenn Boden und Topf frei verdunsten können. Weniger leicht ist der Einfluß der R. F. auf die Saugkraft in der freien Natur nachzuweisen. Ein im Waldschatten stehendes *Epilobium angustifolium* hatte im Kronblatt um 8 Uhr bei 73% R. F. ein Sz_n von 6, um 16 Uhr bei R. F. von 35% ein solches von 8 Atm. Daraus ist der Schluß gezogen worden, daß auch die Luftfeuchtigkeit die Saugkraft beeinflußt, und zwar um so stärker, je trockener der Boden ist. Mit zunehmender Luftfeuchtigkeit fällt Sz_n, mit abnehmender Luftfeuchtigkeit steigt Sz_n. Die Einwirkung scheint, wie Parallelmessungen bei offenem und abgeschirmten Topf ergaben, zur Hauptsache eine indirekte zu sein, indem die Luftfeuchtigkeit den Wassergehalt des Bodens ändert (URSPRUNG 1923).

c) Temperatur

Bringt man im Zimmer von 15^0 gehaltene Wasserkulturen von *Zea Mays* in Räume von 30^0, 4^0 oder -2^0, so sinkt die Blattsaugkraft bei 30^0 nach 46 Std. um 1 Atm., bei 4^0 steigt sie um 0,6, bei -2^0 um 2,2 Atm. (MOLZ). Bringt man aber nur den Boden (in unserem Fall Wasser) auf die genannten Temperaturen bei gleichbleibender Zimmertemperatur, so fällt Sz_n bei -2^0 um 15%, bei 30^0 bleibt Sz_n gleich. Das Resultat ändert sich also ebenso stark, wenn nur der Boden gekühlt wird (HAYOZ). Nach diesen und anderen Erfahrungen dürfte demnach die Erhöhung der Blattsaugkraft weniger auf der Abkühlung der Blätter als auf der Erschwerung der Wasseraufnahme durch die Wurzel beruhen. Dies zeigen auch Messungen in der Natur. MERKT fand bei starker Bodenabkühlung im Winter in dies- und letztjährigen Nadeln (Assimilationsparenchym) von *Abies* und *Taxus* eine Steigerung von Sz_g um das Doppelte, bei *Picea* und *Pinus silvestris* eine noch größere Zunahme und Regli konstatierte in Blättern der Laubbäume bei Temperaturfall von etwa 12 bis 15⁰ ein Ansteigen von Sz_n um 2 bis 5 Atm.

d) Licht, Wind und Sauerstoffgehalt des Bodens

Nach Hayoz hat eine sechsstündige Beleuchtung (Osram) beim Mais keinen Einfluß; bei den Perigonblättern von *Anemone hepatica* in etwas ausgetrockneter Erde stieg Sz_n nach fünfstündiger Beleuchtung (mit Kühlung) von 16,0 auf 17,8 Atm. Andererseits konnte auch Lambrecht an jungen Pflänzchen keinen Einfluß des Lichtes erkennen.

Der Wind kann Sz_n erhöhen, aber erst dann, wenn der Boden nicht mehr wassergesättigt ist und ein stärkerer Wind (mindestens 5 m/sec) längere Zeit eingewirkt hat, bei *Chrysanthemum frutescens* (Topf durch Stanniolumhüllung geschützt) erst nach 60 Std.

Wichtiger scheint der Sauerstoffgehalt des Bodens zu sein. Werden junge Maispflänzchen in ausgekochtes Leitungswasser mit Öldecke gestellt, so steigt das Sz_n des Blattes nach zwei Tagen auf 9 Atm., währen das Kontrollpflänzchen in offenem Leitungswasser bei der ursprünglichen Sz_n von 5 Atm. blieb (Ursprung 1925). Hingegen konnte Gamma bei *Elodea-Blättern* in ausgekochtem Wasser auch nach 14 Tagen keinen Anstieg finden.

e) Zur Erklärung der Wirkung der Außenfaktoren auf Sz

Wenn eine Zelle Wasser verliert oder aufnimmt, so ändert sich neben Volumen und Wanddruck auch die Saugkraft des Zellinhaltes. Sz_i hängt aber ab von der Saugkraft bei Grenzplasmolyse, die bei tiefer Temperatur steigt, ebenso bei abnehmender Luftfeuchtigkeit; unter denselben Bedingungen aber steigt auch die Saugkraft der Zelle, und es ist anzunehmen, daß das Ansteigen von Sz_n in diesen Fällen auf eine Vermehrung der osmotischen Substanzen zurückgeführt werden kann, während beim Austrocknen die Saugkrafterhöhung eine Folge der Verkleinerung von W ist. Nun kann sich allerdings O_g in verschiedenen Zellen und Organen quantitativ, aber auch qualitativ unterschiedlich verhalten, wodurch die Erklärung der Saugkraftänderungen komplizierter wird.

3. Die periodischen Schwankungen der Saugkraft

Da die Saugkraft der Zelle von Außenfaktoren beeinflußt wird, muß sich Sz_n im Verlaufe eines Tages und auch in längeren Zeiträumen ändern. Diese Veränderung ist verschieden je nach Stärke und der Art der gerade einwirkenden Außenfaktoren und sie muß auch meßbar sein, sofern die Zelle oder ein Gewebe nicht durch mechanisch bedingte Mittel verhindert ist, Volumänderungen auszuführen. Wir unterscheiden eine tägliche und jährliche Periodizität.

a) Die tägliche Periodizität

Ein typisches Verhalten während eines schönen Sommertages zeigt die Zunge einer *Bellis*-Blüte (26. Juli, Tab. 26). Wir finden ein Ansteigen von Sz_n vom frühen Morgen bis zur Mittagszeit und darauf ein konstantes

Fallen bis am anderen Morgen. Anders war das Verhalten einer *Bellis* an demselben Standort am 20./21. November; wohl ist Sz_n während des Tages höher als am Morgen, aber die Schwankungen sind gering, unregelmäßig und das Maximum tritt erst gegen Abend ein. An Regentagen mit total

Tab. 26. *Tagesperiode einer Zungenblüte von Bellis*

		5^{00}	8^{00}	11^{00}	14^{00}	17^{00}	20^{00}	23^{00}	2^{00}	5^{00}	8^{00}
25./26. Juli	Saugkraft	7,7	11,6	13,3	13,5	12,7	9,9	7,8	7,6	6,2	9,7
	Sd in g	2,3	5,6	8,0	9,7	7,0	2,6	1,5	1,4	1,5	3,1
20./21.	Saugkraft	—	7,7	8,8	8,0	10,2	8,5	—	—	8,3	8,6
November	Sd in g	0,0	0,2	1,6	2,6	4,0	0,2	—	—	0,0	0,2

durchnäßtem Boden bleibt Sz_n beinahe konstant (BLUM 1926). Im Winter ist der Verlauf der Tageskurve sehr ungleich, manchmal sogar mit einem Minimum am Mittag, einem Maximum in der Nacht oder am frühen Morgen.

Tab. 27. *Tagesperioden bei Pflanzen verschiedener Standorte*

Standort	Pflanze	Organ	6^{00}	$10—11^{00}$	14^{00}	$17—18^{00}$	$19—20^{00}$
Ebene	*Bellis perennis*	Blatt	17,2	18,6	18,6	16,6	14,4
Wald	*Taxus baccata*	Nadel	12,0	13,5	17,0	17,0	16,0
Alpen	*Primula farinosa*	Spreite	5,5	12,0	9,5	7,5	—
	Primula farinosa	Krone	3,5	8,0	5,5	4,5	—
	Crocus albiflorus	Perigon	12,0	12,0	10,5	8,0	6,5
		Staubfäden	9,0	9,5	9,5	9,5	7,5
		Griffel	6,5	6,5	6,5	6,0	4,5
Moorwasser	*Callitriche*	Blatt	4,7	6,7	6,0	4,7	—
Tropen							
Offener Standort	*Coelogyne*	Perigon	8,1	11,9	—	8,7	—
	Phaius Tankervillii	Perigon	4,7	9,6	—	9,6	—
Urwald	*Agalmyla parasitica*	Blatt	4,0	4,7	—	4,7	—
	Medinilla laurifolia	Blatt	6,0	6,7	5,3	5,3	—

Tagesschwankungen von Sz_n sind an allen oberirdischen Organen gefunden worden, die man bis anhin daraufhin gemessen hat, auch an Staubfäden und Griffeln offener Blüten, in denen sie allerdings sehr klein sind. Gering sind sie auch in Blättern im Innern des tropischen Urwaldes (Tab. 27), aber an offenen Stellen der feuchten Tropen können die Tagesschwankungen ebenso groß sein wie bei uns an schönen Sommertagen, wie Abb. 8 an einer freistehenden *Wormia* zeigt. Bei Mangrovepflanzen sind die täglichen Änderungen ebenfalls gering; so betrugen die größten Sz_n-Änderungen an schönen Tagen bei Blättern von *Sonneratia* etwa 20%, bei *Avicennia* etwa 15% des kleinsten Wertes.

Auch auf Wasser schwimmende Blätter von *Callitriche* besitzen an ihrem natürlichen Standort eine deutliche Tagesperiode (Blum 1926) und Gamma hat an mehreren untergetauchten Wasserpflanzen zwar kleine, aber deutliche Schwankungen von Sz_n nachweisen können; hingegen scheinen die in Wasser untergetauchten Adventivwurzeln von *Veronica Anagallis* eine konstante Saugkraft von 4 bis 4,7 Atm. zu besitzen (Blum 1926). Unsere einheimischen Holzpflanzen verhalten sich nicht anders als die Kräuter. Sogar in den Nadeln der einheimischen Koniferen (Assimilationsparenchym) ändert sich Sz_n während des Tages etwa in ähnlichem Ausmaß wie die bisher behandelten Krautpflanzen (*Taxus baccata*, Tab. 27). Bei Laubhölzern wurden die tagesperiodischen Änderungen von Sz_n in den Blättern von etwa 20 Bäumen und Sträuchern verfolgt (Regli). Bei allen konnte eine Tagesperiode nachgewiesen werden, aber in ungleichem Ausmaß. Die jungen Blätter, die im allgemeinen bis anfangs Juli, bei einigen, z. B. Robinia, auch noch später meßbar sind, haben ihr Tagesminimum zwischen 4 und 9 Atm., ihr Maximum bei etwa 9—12 Atm.; nur bei *Vitis vinifera* stieg Sz_n bis 18,7 Atm. Die Tagesschwankung ist demnach nicht sehr stark (Stamm als Wasserreservoir); sie übersteigt bei einheimischen Bäumen

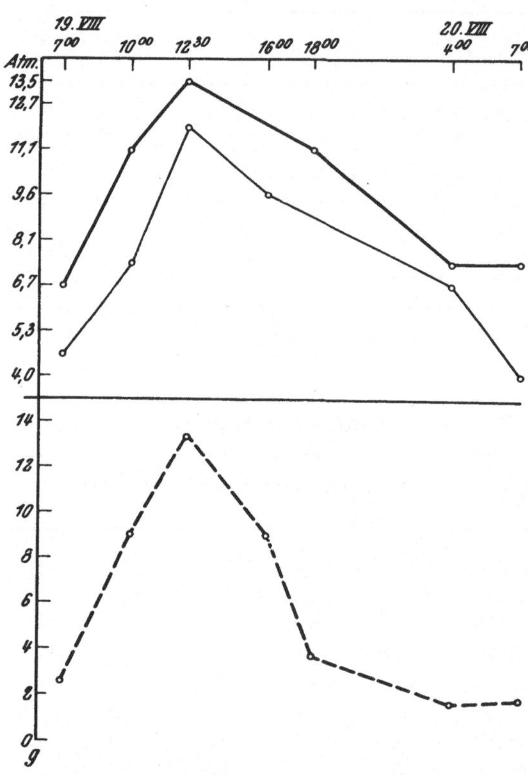

Abb. 8. Tägliche Periodizität von Sz_n in Blatt (——) und Krone (——) von *Wormia suffruticosa* in den feuchten Tropen. (- - -) Sättigungsdefizit.

keine 50%. Ältere Blätter hingegen, die im Sommer oder Herbst noch meßbar sind, hatten ebenfalls ein tiefes Minimum zwischen 9 und 12 Atm.: ihr Maximum stieg bei einer Art bis 20, bei anderen aber bis 35 Atm. und sie zeigten eine starke Schwankung. Die Zeit des Tagesmaximums lag bei allen zwischen 14 und 17 Uhr, ihr Minimum zwischen 4 und 7 Uhr, nur bei dreien um Mitternacht. Die tägliche Schwankung wird auch bei Bäumen zur Hauptsache von Sd bzw. R. F. beeinflußt. Daß naturgemäß vor der Messung fallender Regen die Saugkraft des Blattes herunterdrückt, bei verschiedenen Arten ungleich stark, wurde oft beobachtet. So fiel Sz_n bei *Syringa* nach Regen um 2,3 oder um 2,6 Atm., ein anderes Mal aber um 10 Atm.; in letzterem Fall deshalb so stark, weil vorher der Boden stärker ausgetrocknet war. Bei *Salix*, aber auch bei *Rosa*, verändert Regen Sz_n nur wenig.

Von der Regel der täglichen und periodischen Schwankungen von Sz_n gibt es zahlreiche Abweichungen. So wurde mehrfach im Perigon von

Crocus und in Kronblättern mancher anderer Alpenpflanzen im Frühjahr das höchste Sz_n um 6^{00} morgens gefunden. Das war dann der Fall, wenn der Messung ein Regentag vorausging, die Nacht aber klar und kühl blieb. Bei Bodenkräutern des feuchten Urwaldes, in deren Umgebung R. F. kaum je unter 97% fällt, ist zwar Sz_n nicht konstant, steigt aber gegen Mittag höchstens um 0,7 Atm. Sehr wenig scheint sich Sz_n während des Tages bei total ausgetrocknetem Boden zu ändern. So zeigt das Blatt von *Ruellia tuberosa* auf offenem Platz gegen Ende der Trockenzeit während des Tages eine Schwankung von nicht einmal 1 Atm.; die Krone ergab überhaupt keinen Sz_n-Unterschied, trotzdem Sd von morgens bis mittags von 9,0 auf 20,6 anstieg und am Abend auf 14,7 g fiel.

Von solchen extremen Fällen abgesehen, ergeben Blätter, Kronen und andere oberirdische Organe die erwähnte periodische Schwankung von Sz_n, in unserem Klima bei Ebenenpflanzen auf mineralischen und torfigen Böden (BLUM 1926), bei Alpenpflanzen an sonnigen und schattigen Standorten (BLUM 1926, PISEK und CARTELLIERI) und nicht nur bei Kräutern (GEHLER), sondern auch bei Sträuchern und Laubbäumen (REGLI) sowie bei Nadelhölzern (MALIN). Auch Wasserpflanzen verhalten sich ähnlich wie Landpflanzen, wobei die Schwankung von Sz_n hauptsächlich von der Temperatur und der Beleuchtung abhängt (GAMMA).

Bei der Erklärung dieser Saugkraftschwankung ist zunächst auf den vielfach konstatierten gleichsinnigen Verlauf der Transpirationskurve sowie auf das entgegengesetzte Verhalten der Dickenänderung des Blattes hinzuweisen (BACHMANN); schon dies weist auf Beziehungen zwischen Wasserbilanz und Saugkraft hin. Im gleichen Sinne wie die Saugkraft verläuft auch die Kurve des osmotischen Wertes mit einem Maximum am Mittag und einem Minimum am frühen Morgen, aber mit weniger starken Ausschlägen. Da Schwellungskurve und Kurve von O_g entgegengesetzt verlaufen, müssen sie sich gegenseitig unterstützen, so daß die auf Volumänderung beruhende Sz_n-Schwankung durch die O_g-Änderung noch verstärkt wird. Die Hauptrolle scheint aber die Volumänderung zu spielen, da die tägliche Amplitude von Sz_n bis 100 und mehr Prozent des niedersten Wertes sein kann. Die Tageskurve verläuft ferner parallel zur Kurve des Sättigungsdefizits (Abb. 5) bzw. der Temperatur, aber entgegengesetzt der Kurve von R. F. Da mit steigendem T die Saugkraft sinkt, mit sinkendem R. F. aber steigt, ist die Saugkraftkurve auf die Veränderung der Luftfeuchtigkeit zurückzuführen, wenn die Bodenfeuchtigkeit sich nur unwesentlich ändert. Abweichungen in unserem Klima erklären sich ohne Schwierigkeit aus dem Wechsel der Bodenfeuchtigkeit im Sommer, aus Schneedecke, gefrorenem Boden im Winter sowie Herabsetzung der Transpiration durch Nebel und ähnliche Faktoren. Dazu kommen noch Verschiedenheiten des Bodens und auch der Struktur der Pflanze sowie Abweichungen im Verhalten ihrer Organe. So fand GEHLER bei *Sedum Telephium* keine Änderungen von Sz_n während des Tages, auch nicht bei schönem Wetter, gleichzeitig in der Fahne von *Robinia Pseudacacia* aber Tagesschwankungen von 100%. Im allgemeinen folgt die Änderung von Sz_n während des Tages der R. F., je stärker sich diese ändert, um so größer

sind auch die Sz_n-Differenzen, wie die Gegenüberstellung von Saugkraft-
und Feuchtigkeitsamplitude an einer *Bellis*-Krone zeigt:

Tägliche Ampli- tude der	13. X.	4. X.	26. IX.	27. IX.	26. VII.	18. IX.	10. VIII.	13. VIII.
Rel. Luftfeuchtigk.	6,0	24,0	24,0	40,0	42	52	64	48
Saugkraft der *Bellis*-Krone	0,6	1,4	3,8	4,3	5,8	8,0	9,6	4,2

Aber es besteht keine Proportionalität zwischen R. F. und Sz_n, da den
Feuchtigkeitsamplituden verschiedene Saugkraftamplituden gegenüber-
stehen (z. B. Vergleich 13. August und 18. September). Die Erklärung ist
in der Veränderung der Bodenfeuchtigkeit zu suchen, da in der Nacht zum
4. Oktober 12,2 mm Regen fiel. Schon früher (S. 36) führte uns die Analyse
zum Schluß, daß die R. F. der Hauptsache nach Sz_n indirekt ändere durch
die Änderung des Bodenwassergehaltes.

b) Die jährliche Periodizität

Eine solche liefert nur dann zuverlässige Vergleiche, wenn Sz_n zu
gleicher Tageszeit und an demselben Standort untersucht wird, am besten
morgens oder abends bei nicht zu extremen Außenfaktoren. Eine solche ein-
gehende Messung liegt vor für den Monat Juli (Abb. 9) und für ein
ganzes Jahr (Abb. 10) von Kandija für *Bellis*.

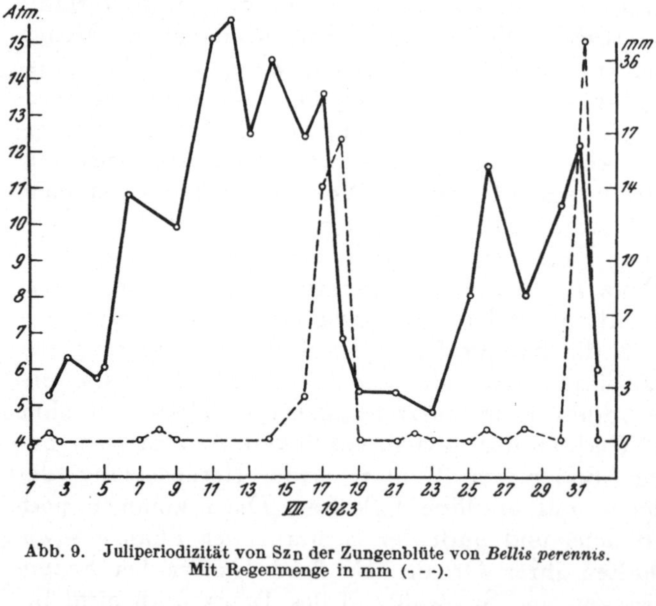

Abb. 9 zeigt das Verhalten der *Bellis*-Zunge, die jeden Morgen um
8 Uhr untersucht wurde: außerdem ist die Regenmenge aufgezeichnet.
Wie man sieht, wird die Saugkraftkurve in erster Linie vom Regen beeinflußt, während die Einwirkung von R. F. stark zurücktritt und nur noch
bei austrocknendem Boden bei stärkeren Schwankungen deutlich

Abb. 9. Juliperiodizität von Sz_n der Zungenblüte von *Bellis perennis*.
Mit Regenmenge in mm (- - -).

wird (siehe Abb. 10). Nach einem schwachen Regen am Anfang des Monats
steigt Sz_n mit austrocknendem Boden beständig an, um beim starken Regen
in der Mitte des Monats stark zu fallen. Nach dem Einsetzen einer neuen

Schönwetterperiode mit gelegentlichem leichtem Regen steigt Sz_n erneut an, bis ein weiterer starker Regen die Saugkraft wiederum zum Fallen bringt. Das schwache Absinken am 13. August ist zurückzuführen auf das Begießen durch den Gärtner.

Stöcke der gleichen *Bellis*-Gruppe im Garten wurden während des ganzen Jahres hindurch um 8 Uhr gemessen, während der Vegetationszeit die Zunge der Blüte, während des Winters die Blattspreite.

Ein erstes Sz_n-Maximum zeigt sich im August, ein zweites stärkeres im Februar. Die Erklärung liefert teilweise die Regenkurve, die für jeden Monat die mittlere Regenmenge angibt. Das Saugkraftminimum fällt im Oktober mit der größten Regenmenge zusammen, das Augustmaximum mit dem geringsten Regen. Das hohe Wintermaximum koinzidiert mit wenig Niederschlag, aber tiefer Temperatur, und diese dürfte die Ursache des Ansteigens von Sz_n sein, weil sie die Wasseraufnahme aus dem gefrorenen Boden erschwert und damit eine Störung des Wasserhaushaltes herbeiführt; auch die Temperatur der Luft dürfte auf die Saugkraft der oberirdischen Organe nicht ohne Bedeutung sein.

Eine vorläufige Orientierung über das Verhalten der Koniferennadeln während eines Jahres führte MALIN durch. Auch er fand ein Sz_n-Maximum im Winter, ein Minimum in den Frühjahrsmonaten. Die Extreme, zwischen denen Sz_n schwankt, sind bei den einzelnen Koniferen verschieden, am kleinsten sind sie bei *Taxus* und *Abies alba* in der Größenordnung von etwa 50%, bei *Picea* und *Pinus silvestris* erreichen sie 100%, wobei die Schwankungen bei diesjährigen Nadeln bedeutend größer sind als bei letztjährigen.

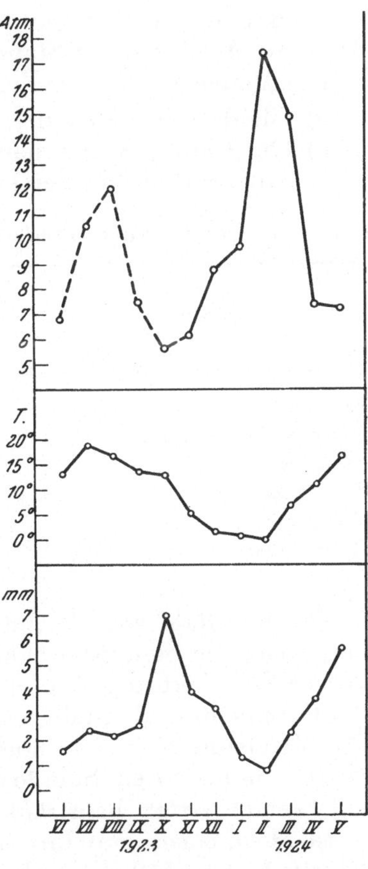

Abb. 10. Jahresverlauf von Sz_n der Blüten (- - -) und Blätter (—) von *Bellis perennis*.

Mit Temperatur- und Regenkurve.

Über das Verhalten von Sz_n in den Blättern unserer Laubbäume während der Vegetationszeit liegen keine Angaben vor, weil die Blätter mit den bis jetzt bekannten Methoden nur gemessen werden können, solange sie noch jünger sind; mit zunehmender Steifheit der Blätter, etwa von Anfang Juli an (bei einigen auch noch später), sind Dicken- oder Längenänderungen kaum mehr nachzuweisen. An ihre Stelle mußte die Messung junger Blätter treten, die nach den bisherigen Erfahrungen im Herbst etwa dasselbe Sz_n haben wie im Frühjahr (REGLI).

4. Saugkraft und Standort

Schwerer noch als beim osmotischen Wert ist der Einfluß des Standortes auf die Saugkraft nachzuweisen, weil verschiedene Arten auch an demselben Standort in ihrer Saugkraft stark differieren und Sz_n während des Tages schwankt. Dazu kommt, worauf Ursprung 1925 aufmerksam machte, daß die gleiche Species an differenten Standorten vielfach einen anderen Bau aufweist, so daß eventuelle Saugkraftdifferenzen nicht als der reine Ausdruck der Standortdifferenzen betrachtet werden dürfen.

Die Methoden, die Standorte zu vergleichen, sind die folgenden:

a) Gleichzeitige Messung derselben Art an verschiedenen Standorten.

b) Durchschnittswerte derselben Species an verschiedenen Standorten.

c) Saugkraftmittel aller an einem Standort gemessenen Pflanzen.

Tab. 28. *Vergleich der Standortsmittel in bezug auf die Spreite von Taraxacum*

Standorte	Mittel aller Pflanzen Atm.	*Taraxacum* Alpenwiese Atm.	Vergleich in %
Feuchte Senke	8,3	9,5	− 13
Feuchter Geröllrasen . . .	12,2	10,9	+ 13
Alpenwiese	11,2	9,7	+ 15
Felsspalten	14,8	12,7	+ 17
Kalkgeröll	13,0	9,5	+ 37
Humusband	15,8	11,0	+ 44

Die Resultate von a) sind die zuverlässigsten, aber nur dann ausführbar, wenn die Standorte nahe beieinander liegen und die Messung innert kurzer Zeit, höchstens innert 2—3 Stunden, durchgeführt werden können. Bei Gruppe b) sind mindestens die Morgen-, Mittag- und Abendwerte nötig. Die Vergleiche a) und b) sind nur auf Pflanzen anwendbar, die auf allen gerade untersuchten Standorten vorkommen; sie müssen daher vielfach auf wenige Arten beschränkt bleiben und schließen gerade die charakteristischen, einem Standort eigentümlichen Arten aus. Diese Lücke soll der Vergleich c) ausfüllen, bei dem die Werte aller untersuchten Arten auf eine Vergleichspflanze bezogen wird, von der möglichst viele Tagesmessungen vorliegen. Als solche wurde in der Ebene die Krone von *Bellis* gewählt, für die eine ganze Jahresmessung vorliegt, für die Alpen und auch einige Ebenenstandorte das Blatt von *Taraxacum*. Man setzt dann zu der gefundenen Saugkraft irgendeiner Pflanze den aus der Tageskurve abgelesenen Wert der Vergleichspflanze oder bei der Berechnung der Sz_n aller Pflanzen des Standortes den Mittelwert der auf dieselbe Zeit bezogenen Saugkraft der Vergleichspflanze. Zwei Beispiele mögen den Vergleich näher erläutern: Blätter von *Anemone nemorosa* und *Anthyllis Vulneraria* hatten ein Sz_n von 9,5 bzw. 12,5 Atm., die entsprechenden Werte der Vergleichspflanze *Taraxacum* waren 7,5 und 14,5 Atm. *Anemone* hatte also eine um 27 % höhere Sz_n als die Vergleichspflanze, *Anthyllis* aber eine 14 % tiefere

Saugkraft als *Taraxacum*. Daraus schließen wir, daß *Anemone* eine höhere Saugkraft habe als *Anthyllis*, trotzdem *Anthyllis* eine von Sz_n 14,5, *Anemone* aber nur ein solches von 7,5 Atm. aufweist. In diesem Fall wurden einzelne Arten mit der Vergleichspflanze verglichen. Die Tab. 28 gibt die Mittelwerte aller an den einzelnen Standorten der Alpen in bezug auf eine Vergleichspflanze an. Man sieht, wie die Saugkraft auch der Mittelwerte um so höher liegt, je trockener der Boden ist, und wie die Pflanzen im Kalkgeröll ein bedeutend höheres Sz_n haben als auf feuchtem Geröllrasen, trotzdem die Mittelwerte beider Standorte beinahe gleich sind.

a) Alpine Standorte

Eine hinreichend große Zahl von Messungen liegen von der Südseite der Gastlosen vor. Am ausgeprägtesten zeigt die Fahne von *Lotus corniculatus* am Ende einer längeren Trockenperiode die Verschiedenheit des Standortes an (Tab. 29).

Tab. 29. *Fahne von Lotus corniculatus an alpinen Standorten*

	Atm.		Atm.
Feuchter Rasen	9,5	Felsritze	26,5
Alpenwiese	14,5	Humusband	29,5
Felsspalten	21,5	Trockener Geröllrasen	29,5

Auch hier steigt die Saugkraft, soweit sich der Wassergehalt des Bodens ohne spezielle Messung beurteilen läßt, mit zunehmender Trockenheit des Substrates an. Auch etwa ein Dutzend andere Krautpflanzen ergaben in Blättern und Kronen auf trockenem Boden höhere Werte. So zeigten die Pflanzen trockener Standorte im Sommer in ihren Spreiten ein Sz_n zwischen 14,5 und 39,5 Atm., jene feuchter Standorte zwischen 4,5 und 11,0 Atm.; im Juni schwankten die entsprechenden Werte zwischen 5,5 und 25,5 bzw. 5,5 und 11 Atm. und im April bei der Schneeschmelze überstieg keine Pflanze 8 Atm. Auf dieselbe Ursache dürften auch die tiefen Saugkräfte der Alpenpflanzen zurückzuführen sein, die PISEK über der Baumgrenze in größeren Höhen gemessen hat.

Die Änderung der Saugkraft an verschiedenen Standorten kommt zunächst meist durch Änderung der Wasserversorgung und damit des Volumens zustande; diese wird aber gewöhnlich unterstützt durch eine Änderung des osmotischen Wertes bei Grenzplasmolyse. Die Hauptbedeutung scheint dabei der Volumänderung zuzufallen, da bei *Lotus* Saugkraftdifferenzen von 20 Atm. vorkommen, während MEIER an demselben Standort, allerdings in einem anderen Jahr, O_g-Schwankungen von nur 5 Atm. fand.

b) Ebenenstandorte

Wir vergleichen, soweit zuverlässige Vergleiche vorliegen, Pflanzen auf moorigen und mineralischen Böden.

1. Hochmoorpflanzen. Es ist nicht leicht, auf Hochmooren an verschiedenen Standorten dieselbe Art zu finden, da gerade die typischen

Hochmoorpflanzen nur die ihnen zusagenden Standorte besiedeln; wir müssen unsere Messungen daher an zufälligen Eindringlingen aus benachbarten Pflanzengesellschaften ausführen. Die vier untersuchten Arten *Taraxacum officinale, Bellis perennis, Epilobium angustifolium* und *Ranunculus repens* hatten alle, in Blatt und Krone, auf altem, höher liegendem Torf größeres Sz_n als auf neuem Torfboden oder im Schlamm. So zeigte *Ranunculus repens* auf feuchtem Torf eine Blattsaugkraft von 8,3 Atm., die um 6% kleiner war als die Vergleichspflanze, und auf trockenerem Torf eine solche von 9,9 Atm., 10% höher als die Vergleichspflanze. Gleiche Arten an verschiedenen Standorten ergeben demnach dasselbe wie die an diesen Standorten gemessenen Mittelwerte aller Pflanzen, verglichen mit der Standard-*Bellis* (Tab. 30): Zunahme der Blattsaugkraft mit steigender phy-

Tab. 30. *Verschiedene Standorte des Hochmoores. Blattsaugkraft*

Standort	Moorpflanzen		Standard-*Bellis* Atm.	Vergleich mit *Bellis* in %
	Zahl der Messungen	Mittel Atm.		
In Torfwasser (submers)	6	6,4	16,5	− 64
In Torfwasser, mit Stengelbasis .	5	8,2	9,2	− 11
Auf relativ feuchtem Torf . . .	30	9,5	8,7	+ 9
Auf relativ trockenem Torf. . .	35	11,1	9,2	+ 21

sikalischer Trockenheit des Bodens. Ob die gefundenen Unterschiede auf Wassergehaltsschwankungen oder, was wahrscheinlicher ist, auf den Gehalt an osmotischer Substanz beruhen, können wir z. Z. nicht sagen, da die zugehörigen osmotischen Werte fehlen.

Firbas fand als besonders typisch für Hochmoorpflanzen die geringe Schwankung von O_n. — Die Wurzeln, gemessen unmittelbar hinter der Wurzelspitze, ergaben positive Saugkräfte in der Höhe von etwa 4—5 Atm., die in feuchtem und trockenem Boden sowie im Schlamm gleich hoch gefunden wurden, wobei nicht zu vergessen ist, daß im Schlamm wurzelnde Arten, wie *Typha, Alisma,* große, weit in die Luft ragende Blätter haben, die eine relativ hohe Saugkraft nicht bloß des Blattes, sondern auch der Wurzel verständlich machen.

2. Mineralische Böden. Zum Vergleich verschiedener Standorte maß Molz die Saugkraft der Kronblätter, Blum Laub- und Kronblätter, die fast durchweg in demselben Sinne reagierten, und Tramèr ebenfalls Laubblätter, bei einigen Arten auch Kronblätter. Auch hier wurden dieselbe Art an verschiedenen Standorten sowie die Durchschnittswerte aller an den Standorten gemessenen Pflanzen, verglichen mit der Vergleichspflanze, zur Beurteilung der Standorte herangezogen. Ein Beispiel des Vergleichs letzterer Art sei in Tab. 31 dargestellt. Auch auf mineralischem Boden wächst Sz_n mit der Zunahme der Trockenheit des Bodens. Die tiefsten (aber positiven) Saugkräfte haben die untergetauchten Wasserpflanzen, dann folgen die Pflanzen feuchter Standorte des geschlossenen Waldes und der Wasserpflanzen, deren Stengel in Wasser stehen. Daß die Pflanzen einer Waldlichtung die relativ höchsten Werte ergeben, zeigt deutlich, daß Sz_n allein vom Standort abhängt. Es handelt sich hier um Pflanzen mit Wurzeln, die wenig tief in den sandigen Boden eindringen. Auch die anderen Standorte mit hohem Sz_n, wie Mauer, Felsblock, Molassefels, hatten neben wenig Humus Pflanzen mit schwachem Wurzelsystem.

Eine größere Zahl verschiedener Standortsmessungen unternahm TRAMÈR im Maggiadelta und am Ufer des Langensees, wobei er dieselben Pflanzen verglich und mehrmals während des Tages untersuchte. Die

Tab. 31. *Saugkraft (Blätter) von Standorten des Mineralbodens*

Standort	Saugkraftmittel	Vergleich mit *Bellis* in %
Frisches Wasser	4,0	— 53
Pflanze (exklusiv Blüte) untergetaucht	6,9	
Feuchter Wald	6,1	— 35
Stengelbasis in fließendem Wasser	6,1	— 31
Stengelbasis in stehendem Wasser	5,9	— 35
Waldrand in Pérolles	8,3	— 20
Waldrand in Garmiswil	10,5	— 10
Wegrand und Bahndamm	11,3	— 10
Mauer und Felsblock	12,0	— 6
Molassefels	9,9	+ 11
Trockener Flußsand	8,6	+ 13
Waldlichtung (sandiger Boden)	14,6	+ 44

Tab. 32 gibt einen Auszug für die Blätter von *Trifolium repens* und *Plantago major*. Die mit Klammern zusammengefaßten Zahlen sind miteinander direkt vergleichbar, da sie von gleichzeitigen Messungen stammen. Bei diesen und einigen anderen Arten wurde auch die tagesperiodische Schwankung verfolgt; sie zeigen, von ganz seltenen Ausnahmen abgesehen, die auf die Abendmessung fallen, an den einzelnen Standorten dasselbe Verhältnis, wobei verständlicherweise die Differenzen etwas schwanken. Die relative Größe von Sz_n richtet sich auch hier vor allem nach dem Wassergehalt des Bodens, besonders ausgeprägt am Mittag, während die Abendwerte ausgeglichener sind.

Über Acker- und Wiesenpflanzen fehlen vergleichende und vor allem auch Messungen während der ganzen Vegetationszeit, so daß gerade über so wichtige Pflanzengesellschaften keine Angaben gemacht werden können.

Hingegen besitzen wir einige Angaben von HEILIG über die Blattsaugkräfte von Krautpflanzen des Buchen- und Föhrenwaldes und eines offenen trockenen Standortes im Gebiet des Zentralkaiserstuhls. Die Pflanzen des Buchenwaldes zeigten im Hochsommer ein Sz_n von 8—11 Atm., im trockenen Föhrenwald bis gegen 20 Atm., im offenen Gelände zwischen 20 und 30 Atm. im Herbst und 30 bis über 40 Atm. im Juli. — Einige Arten, wie

Euphorbia Gerardiana, Vincetoxicum, Helianthemum, Hieracium Pilosella, ergaben Schwankungen vom Sommer zum Herbst von 15 bis 20 Atm.

Was den Vergleich von Moor- und Mineralböden anbetrifft, so liegen auch hier nur wenig Messungen vor; wie etwa von *Taraxacum* auf Moor und Wiese oder ein Vergleich von *Hieracium Pilosella* auf Moorboden und Waldrand am Übergang zu Wiesboden und von einigen anderen Pflanzen. Sie zeigen nur geringe Differenzen; einmal ist Sz_n auf Moorboden, ein anderes Mal auf Mineralboden etwas höher; jedenfalls kann aus diesen wenigen Angaben der Schluß gezogen werden, daß die Hochmoorpflanzen

Tab. 32. *Sz_n von Trifolium repens und Plantago major an verschiedenen Standorten*

Standort	Sz_n in Atm.		
	Trifolium repens		*Plantago major*
	14.^{00}	20.^{00}	
Gartenweg, windexponiert	14,0	11,8	—
Gartenweg, windgeschützt	11,8	11,2	—
Gartenweg, sonnig	16,2	17,4	
Gartenweg, schattig	11,2	16,2	
Gartenweg	8,8	8,8	8,2
Straßenwand	16,2	11,2	10,6
Wiesen	8,5	7,7	—
Ufer des Langensees			
Strandwiese	10,7	—	—
Sandiger Boden	12,2	11,2	11,2
Lehmboden	10,4 [1]	13,8 [2]	13,8

[1] Boden feucht.

[2] Boden ausgetrocknet.

nicht mit besonders erschwerter Wasserversorgung zu kämpfen haben, was auch in der Saugkraft der Blüten zum Ausdruck kommt, da die Kronen benachbarter Wiesenpflanzen im allgemeinen höhere Saugkräfte zeigten als die Blüten derselben Arten, die als Eindringlinge auf Moorboden wuchsen.

Wenn wir schließlich noch einen Vergleich zwischen Alpen- und Ebenenpflanzen wagen, so muß folgendes berücksichtigt werden: Es fehlen Werte, die an derselben Art zu gleicher Zeit gemessen wurden, und bei den Alpenpflanzen fehlen die typischen Vertreter der Fels-, Spalten-, Trocken- und Naßböden sowie anderer Bodenarten wie auch die für Alpenstandorte so typischen Polster-, Rosetten- und Spalierpflanzen. Beim Vergleich Ebene — Alpen sind wir deshalb auf Ebenenpflanzen angewiesen, die bis in die alpine Stufe vordringen, dort an ähnlichen Standorten vorkommen, oder auf herabgeschwemmte Alpenpflanzen und auf die wenigen zuverlässigen Durchschnittswerte der untersuchten Ebenen- und Alpenpflanzen, weil sie wohl im gleichen Monat, aber zu verschiedener Zeit untersucht werden mußten. Vergleiche derselben Arten besitzen wir von *Geranium Robertianum, Lotus corniculatus* und *Saxifraga aizoides.* Erstere schwankte in der Ebene zwischen 5,5 und 9,0 Atm. mit einem Mittelwert von 6,8 Atm., in den Alpen wurden am schattigen Standort am Rande eines Gerölles 7,5 und 6,0 Atm. gemessen. Nun ist aber gerade diese Art eine ungünstige Vergleichspflanze, weil sie ihre Saugkraft nur wenig und langsam schwanken läßt, im Gegensatz zur Fahne von *Lotus,* die Sz_n rasch und sehr stark ändern kann. Diese hatte in der Ebene (Wegrand) ein Sz_n von 19,5 Atm.; in den Alpen bei etwa gleichen Wasserverhältnissen zeigte sie in der Alpenwiese 19,5, an sehr trockenem Standort 29,5 Atm. *Saxifraga aizoides* zeigte in der Ebene eine etwas höhere Saugkraft als an ähnlichem Alpenstandort.

Den Durchschnitt aller Pflanzen der Ebenen- und Alpenpflanzen, die miteinander vergleichbar sind und zu ähnlichen Tageszeiten gemessen wurden, zeigt die folgende Tab. 33. Sie ergibt das schon früher erwähnte auf-

Tab. 33. *Vergleich des Sz_n von Ebenen- und Alpenpflanzen*

Standort	Frühjahr		Sommer	
	Spreite	Krone	Spreite	Krone
Ebene (98)	10,6	10,7	16,4	13,4
Alpen (132)				
Alpenwiese	13,0	8,7	16,2	10,0
Schutt	11,5	11,7	20,8	12,6
Felsspalten und Humusband .	13,5	6,4	22,3	6,8

fällige Resultat, daß die Kronen meistens niedrigere Saugkräfte haben als die Blätter, trotzdem die Leitbahn in die Blüten eine längere ist.

Dabei zeigen die Kronblätter der Ebenenpflanzen eine etwas höhere Saugkraft als bei den Alpenpflanzen, bei den Blättern scheint es umgekehrt zu sein, besonders bei Pflanzen extremer Standorte. Die Ergebnisse sind auch hier nicht eindeutig genug, um dem einen oder anderen Standort eine höhere Saugkraft zuzuweisen, um so mehr, als die Sommermessungen der Alpenpflanzen in eine ausgesprochene Trockenperiode fielen.

c) Standorte feuchter Tropengebiete

Im feuchten Westjava unterscheiden wir die Standorte der offenen Kulturgebiete, in denen, wenn wir absehen von der wenige Monate dauernden Regenperiode, vom sehr frühen Morgen bis Mittag kein Regen fällt und die Pflanzen der verdunstenden Kraft der Sonne ausgesetzt sind, und dem immerfeuchten Tropenwald der Bergstufe Tjibodas, der unmittelbar unter der ständig feuchten Nebelstufe JUNGHUHNS liegt. In der Kulturlandschaft kann man die Standorte weiter, wie bei uns, in horizontaler Richtung einteilen, im Urwald aber in vertikaler mit den übereinanderliegenden Stockwerken der Pflanzengesellschaften. In diesen Gebieten ist es nicht so leicht, vergleichende Standortsmessungen auszuführen, da es wenige Arten gibt, die an mehreren Standorten wachsen, so daß man auf den Vergleich entweder sämtlicher oder wenigstens einiger typischer Standortsarten angewiesen ist.

Immerhin gelang es, im Urwald von Tjibodas einige Epiphyten zu finden, die auch im Erdboden wuchsen. Der Standort der Epiphyten war nahe dem Rand des Urwaldes, einige Meter über dem Erdboden; gemessen

Tab. 34. *Blattsaugkraft am Epiphyten- und Erdstandort*

	Standort	Sz_n	Sz_g		T	Sd
			Ob. Epid.	U. Epid.		
Rhododendron javanicum .	Erde	12,7	17,8	17,8	15,5	0,26
	Epiphyt	23,4	23,4	19,6	16,0	1,0
Vaccinium laurifolium . .	Erde	14,3	16,0	17,8	18	0,3
	Epiphyt	16,9	23,4	21,5	21	1,6
Schefflera rigida	Erde	8,9	11,1	11,1	19,5	0,9
	Epiphyt	17,8	17,8	17,8	19	1,2

wurde am Morgen bei klarem Himmel; die Sonnenstrahlen erreichten aber keinen der Standorte. Obwohl die Standortsbedingungen sehr wenig zu differieren scheinen, ist doch das Sättigungsdefizit deutlich verschieden, ob-

Tab. 35. *Blattsaugkraft im Urwald und an offenen Standorten*

	Mittel Atm.	Minimum Atm.	Maximum Atm.
Urwald			
Niedere Kräuter	5,4	2,6	7,4
Höhere Kräuter und niedere Holzpflanzen .	6,0	4,0	13,5
Kleinere Bäume	13,0	2,6	25,5
Größere Bäume	15,1	8,1	30,9
Lianen	12,4	8,9	19,6
Epiphyten			
mit Wassergewebe	8,4	2,6	14,3
ohne Wassergewebe	16,4	9,6	23,4
Offener Standort			
Kräuter	7,7	5,3	11,1
Holzpflanzen	17,7	4,0	39,6
Liliaceenbäume			
mit sukkulenten Blättern.	9,6	—	—
mit Flächenblättern	17,9	6,0	23,4
mit vierkantigen Blättern	30,0	25,5	34,6

wohl die Temperatur beinahe gleich ist, da eben die Luftfeuchtigkeit mit dem Abstand vom Erdboden rasch zunimmt. Trotz sehr ähnlichen Standortsbedingungen ist aber die Saugkraft von Erd- und Epiphytenstandort deutlich verschieden, wohl deshalb, weil die Blätter des letzteren durch die Vermehrung der Palisaden- und Schwammparenchymzellen dicker sind, aber ihre Zellen auch höhere Grenzplasmolysewerte ergaben. Ferner konnten zwei Pflanzen innerhalb und außerhalb des Urwaldes, also an einem offenen Standort, verglichen werden. Die eine, *Impatiens platycephala*, hatte außerhalb des Urwaldes ein um 50% höheres Sz_n, und zwar in Blatt und Krone, und *Saurauja pendula* zeigte im Innern des Urwaldes eine Blattsaugkraft, die nach mehreren Messungen zwischen 16 und 22,5 Atm. schwankte, am offenen Standort aber bis 28,9 Atm. anstieg.

Weniger zuverlässig sind die Mittelwerte von größeren Gruppen innerhalb und außerhalb des Urwaldes in Tab. 35, in der außerdem die Minimum- und Maximumwerte angegeben sind.

Unter kleineren Bäumen verstehen wir diejenigen, die im allgemeinen etwa 10 m hoch sind, unter größeren Bäumen diejenigen, die das Dach des Urwaldes erreichen. Von beiden wurden die Blätter in deren Krone, nicht aber an der Spitze der Baumkrone gemessen; ebenso stammen die Blätter der Lianen und Epiphyten aus dem Innern des Waldes. Aus Tab. 35 geht zunächst hervor, daß die Mittelwerte sämtlicher Pflanzen gleicher Gruppen für den Vergleich sehr wohl brauchbar sind, während die Einzelwerte bestimmter Arten für die Beurteilung des Standortes in diesem Fall weniger zu empfehlen sind, weil ihre Werte zu stark von den Klimafaktoren, wie Feuchtigkeit und Temperatur, beeinflußt werden, die den Einfluß des Bodens verwischen. Bei den Pflanzen des Urwaldes bemerkt man eine sehr deutliche Zunahme von Sz_n mit zunehmender Höhe über Boden. Die am offenen Standort untersuchten Liliaceenbäume sind angepflanzt; sie stammen aus verschiedenen Klimagebieten. Trotzdem sie unter gleichen Klima- und Bodenbedingungen leben, sind ihre Werte doch außerordentlich verschieden, wobei die sukkulenten Blätter sehr tiefe, die vierkantigen (z. B. *Xanthorrhoea*) außergewöhnlich hohe Werte haben und damit alle anderen Pflanzen des Gebietes übersteigen. Die inner- und außerhalb des Urwaldes vergleichbaren Kräuter und Holzpflanzen zeigen in Blättern und Kronen am offenen, trockeneren Standort größere Saugkraft als im Innern des feuchten Urwaldes. Daß aber die Boden- oder Luftfeuchtigkeit allein die Höhe von Sz_n nicht bedingen, zeigen die Epiphyten mit und ohne Wassergewebe, indem letztere ohne Wasserspeicher höhere Werte ergeben. — Wenn wir auch noch einen Vergleich ziehen mit dem Ebenenstandort Buitenzorg, an dem andere Arten vorkommen, so zeigen die Bodenkräuter etwas tiefere, die Holzpflanzen durchschnittlich die gleichen, die Lianen höhere Werte als in Tjibodas; auch sind wohl infolge lockeren Bestandes zwischen Erd- und epiphytischen Orchideen geringe Unterschiede; hier macht sich bei Erdorchideen die erniedrigte L. F. während des Vormittags geltend, die Sz_n erhöht.

d) Ostjava gegen Ende der Trockenzeit

Auch in Ostjava mit einer halbjährigen Trockenheit ist es schwer, an verschiedenen Standorten dieselbe Art zu finden, wenn man absieht von eingeführten Pflanzen, wie *Calotropis gigantea,* die sich an offenen Plätzen mit trockenem Boden verbreitet hat und am Ende der Trockenzeit anscheinend ihre beste Entwicklung zeigt. Ihre 7-Uhr-Morgenwerte steigen von 14,3 Atm. auf trockenem Platz auf 16,0 Atm. im Dünensand in Meeresnähe und auf 19,6 Atm. im trockensten Teil Ostjavas auf dem alten Lavaboden des Baluruan. Trotz trockenen Bodens zeigt sie starke Tagesschwan-

kungen, die das Doppelte des Morgenwertes weit übersteigen. In etwa
ähnlichen Grenzen hält sich das Blatt von *Ipomoea Pes caprae,* das auf niederen Sandböden mit feuchtem Untergrund Saugkräfte von 8,1 bis 17,1,
auf trockenem Sandboden von 14,3 bis 34,5 Atm. schwankt. In den noch
meßbaren Kräutern liegt Sz_n der Blätter zwischen 14 und 20 Atm., diejenige der Krone zwischen 14 und 17 Atm. Bei den Bäumen mit jüngeren
Blättern, die sich in der Trockenperiode an günstigen Stellen entwickelt
haben, ist Sz_n bei *Tectona* etwa 25, bei *Tamarindus indica* etwa 30 Atm. Im
trockenen Gebiet des Baluruan zeigten die Bäume des halboffenen Monsun-
waldes Werte von 30 (*Ficus* spec.) bis 50 Atm. (*Erioglossum*) und im offenen
Gebiet die alleinstehende *Acacia leucophloea* Blattsaugkräfte zwischen 50
und 70 Atm.

e) Wüsten- und Steppengebiete

Aus diesen Gebieten sind nur vereinzelte Messungen bekannt. So ermittelte Stocker in der ungarischen Steppe in der Absorptionszone der
Wurzeln nach Trockenperioden Grenzplasmolysewerte von 30 und mehr
Atmosphären, die wohl in der Nähe der Saugkraft der Zelle liegen dürften
und die nach Regen auf 15 Atm. herunterfielen; in Blättern lagen die
Saugkräfte ebenfalls zwischen 30 und 35 Atm. Im ägyptischen Wüsten-
boden fand Stocker Wurzelsaugkräfte von über 40 Atm. in der Felswüste
bei *Zygophyllum coccineum,* ferner in der Sandwüste und bei Salzsumpf-
pflanzen solche von ähnlicher Größenordnung, während in Blättern meistens etwas tiefere Saugkräfte gemessen wurden. Diese Werte stimmen mit
denen von Harder bei Beni Unif in Algerien bei Limoniastrum *Faei* und
Zollikoferia arborescens gefundenen sehr gut überein.

f) Salzige Böden

Von solchen Böden sind sehr viele O_n-Messungen auf kryoskopischem
Wege bekannt geworden, während Grenzplasmolysewerte oder Saugkraftmessungen, die gerade hier interessant wären, nur in geringer Zahl vorliegen. Am Ostseestrand verglich Hüser typische Halophyten mit Nichthalophyten desselben Standortes sowie letztere an salzigen und nicht-
salzigen Standorten. Bei den Nichthalophyten *Matricaria inodora* und *Senecio vulgaris* ergaben die Ackerformen in den Palisadenzellen ein Sz_n von
8,4 bzw. 9,8 Atm., die Formen auf salzigen Böden 15 bis 16 Atm., wobei
die Zellen der Salzformen sich durch eine große Dehnbarkeit $V_g : V_s$ aus-
zeichneten. An demselben Standort zeigten die sukkulenten Halophyten
Cakile maritima 10,8, *Honkenya peploides* 16,1 und *Aster maritima* 18 bis
22 Atm., deren Zellen ebenfalls stark dehnbar sind, also voraussichtlich
große Sz_n-Schwankungen auszuführen vermögen, während die Zellen der
Ackerformen der Nichthalophyten sehr geringe Volumschwankungen aufweisen, weil sie nur wenig dehnbar sind. In etwa ähnlichen Verhältnissen
variiert auch die Saugkraft des Zellinhalts in normalen und im grenzplasmolytischen Zustand. Daraus geht hervor, daß Sz_n außer vom Wasser-
sättigungsdefizit auch stark abhängt von der Zusammensetzung des Zellsaftes.

Sehr deutliche Unterschiede konnten an verschiedenen Standorten der Mangrovepflanzen in Java nachgewiesen werden (BLUM 1941). Es gibt bekanntlich Vertreter der Mangroveformation, die auch im Brack- und Süßwasser gedeihen, wie etwa *Sonneratia*; so werden im Buitenzorger Garten einige Mangrovearten im Süßwasser gehalten, wo sie sehr gut gedeihen. Es wurden verglichen Pflanzen an ihrem natürlichen Standort unter dem Einfluß des Meer- oder Brackwassers und am Süßwasser, wobei außer der

Tab. 36. *Saugkraft von Substrat und Blatt bei Mangrove- und Nichtmangrovepflanzen*

	Substrat	Blatt	Differenz Blatt — Substrat
a) Mangrove			
Sonneratia, natürlicher Standort			
bei Flut unter Einfluß des Meerwassers . .	20	29,5—42,5	9,5—22,5
bei Ebbe und austrocknendem Boden . .	23	40	17
bei Flut und Verdünnung des Meerwassers	5,5	27	21,5
bei Brackwasser	3,3	23	ca. 20
bei Süßwasser	0,3	20	ca. 20
Avicennia officinalis, natürlicher Standort			
unter alleinigem Einfluß des Meerwassers .	23	45	22
bei Ebbe unter Einfluß des Süßwassers . .	18	40	22
Rhizophora, natürlicher Standort.	23	31	8
Bruguiera, in Süßwasser	0,3	25	ca. 25
Acanthus ilicifolius, natürlicher Standort . .	10	30	20
b) Nichtmangroven auf benachbartem Festland			
Excoecaria Agallocha	3—5	27	ca. 20
		25	
Hibiscus tiliaceus	18	20	12

Blattsaugkraft auch diejenige des Substrats gemessen werden konnte. Die Resultate sind in Tab. 36 zusammengestellt, in der auch die Sz_n-Differenz Blatt — Substrat angegeben ist. Vorausgeschickt sei, daß Blatt und Substrat bei derselben Pflanze gleichzeitig, die verschiedenen Arten aber nicht an den gleichen Tagen gemessen wurden, ferner daß auch die Mangroven Tagesschwankungen ausführen, die mit Sd parallel verlaufen, deren Grenzwerte im Verlauf eines Tages bei *Sonneratia* angegeben sind. Ferner sind die Nichtmangrovepflanzen mit *Avicennia* direkt vergleichbar, weil sie zu gleicher Zeit und in der Nähe des *Avicennia*-Standortes gemessen wurden. Bei den Mangroven selbst ist auch die einzige Krautpflanze dieses Standortes *Acanthus* angegeben, und bei den anderen Vertretern handelt es sich mit Ausnahme von *Rhizophora* um größere Bäume, deren Wasserleitungsbahnen, Bodenoberfläche — Blatt zwischen 10 und 20 m liegen.

Aus dieser Zusammenstellung geht hervor, daß die Saugkraft der Arten an vergleichbaren Standorten wohl verschieden ist, aber im Durchschnitt

doch sehr hoch liegt, jedenfalls höher als die der benachbarten Festland-
pflanzen, die an ganz trockenen Standorten wuchsen, und daß Sz_n um so
mehr fällt, je tiefer die Saugkraft des Substrates ist. Die Differenz Boden —
Blatt ist bei allen, mit Ausnahme der kleinwüchsigen *Rhizophora*, etwa
20 Atm., die sich auch im Verlaufe des Tages nicht stark zu ändern scheint
(*Sonneratia*). Die Höhe der Blattsaugkraft hängt demnach in erster Linie
von der Bodensaugkraft ab; da diese aber im Meerwasser bei etwa 20 Atm.
liegt, ist es begreiflich, daß die Blattsaugkraft bei etwa 40 sein muß. Damit gehören die Mangrovenwerte zu den höchsten, die bis jetzt in Java
gemessen wurden, wenn man von extrem trockenen Standorten absieht.
Aber auch die im Süßwasser stehenden Vertreter der Mangroven zeigen

Tab. 37. *Vergleich der Blattsaugkraft von Mangroven und Nichtmangroven*

	Mittlere	Minimale	Maximale	Saugkraft des
		Blattsaugkraft		Bodens
Mangroven unter dem Einfluß des Meerwassers	39,3	27,6	51,6	20
Mangroven unter dem Einfluß des Brackwassers	23,5	21,5	27,6	4
Mangroven am Süßwasser . . .	21,8	16,9	29,7	0,3
Kleine Bäume des Urwaldes . .	13,0	2,6	25,5	0,3
Hohe Bäume des Urwaldes . . .	15,1	8,1	30,9	0,3
Hohe Bäume d. offenen Standortes	17,7	4,0	34,6	3 — 6

ebenso hohe Saugkräfte wie die Bäume des offenen Standortes und sind
viel höher als die der Holzpflanzen des Urwaldes, wohl eine Folge des
hohen Salzgehaltes der Blätter. Unter den in der Tabelle angegebenen
Arten ist *Avicennia* im feuchten Westjava, die anderen in Ostjava am
Ende der Trockenperiode untersucht worden; trotzdem ist Sz_n bei *Avicennia* höher, da auch das Sz_n des Substrats höher liegt, ein weiterer Beweis, daß die Saugkraft des Substrats ausschlaggebend ist. Aber die täglichen Schwankungen zeigen doch auch den Einfluß der Klimafaktoren,
da Sz_n der Blätter mit Sd sinkt und fällt. Die hohen Saugkräfte und das
starke Regulationsvermögen scheinen die Mangroven mit anderen Halophyten gemein zu haben, wie Benecke an einigen Beispielen der Nordsee-
küste zeigte. Bei *Aster Tripolium* (Kulturversuche) verglich er Sz_n der
Wurzeln und Blätter; in ersteren fand er ein Sz_n von 30 bzw. 45, in letzteren 58,5 Atm.; also Differenzen von mehr als 20 Atm., und *Agropyron
junceum* ertrug einen Salzgehalt des Bodens bis zu 7 % (= 45 Atm.), *Elymus
arenarius* aber bis zu 10—12 %, während *Ammophila arenaria* schon bei
einem Salzgehalt von 2 % zugrunde ging.

Einen weiteren Einblick in das Verhalten der Mangroven gewinnen wir
durch den Vergleich mit Bäumen des mineralischen Bodens im feuchten
Westjava in Tab. 37. Gemeinsam sind beiden die Tagesschwankungen von
ungefähr gleichem Ausmaß. Verschieden hingegen ist die Höhe von Sz_n,

die bei den Mangroven herrührt von der großen Saugkraft des Substrats und der kleinen Differenz Blatt — Substrat bei den Festlandbäumen, die selbst bei den hohen Bäumen des Festlandes nur etwa 12 Atm. ausmacht, bei den Mangroven aber 20 Atm., wohl ein Hinweis auf die größeren Widerstände im Wasserleitungssystem, sei es in Wurzel, Stamm oder Blatt oder in allen drei Organen.

Über die Saugkraft bei Meeresalgen finden wir einige wertvolle Angaben von Hoffmann, wobei als Saugkraft der Beginn der Quellung in der angewandten Lösung (Meerwasser und Plasmolytikum) bezeichnet werden kann. Bezeichnend ist zunächst die Beobachtung, daß von Zweigstücken von *Chaetomorpha aerea* die Spitzenzellen größere Werte ergeben als die Basalzellen, obgleich sie von demselben Meerwasser umgeben waren. Außerdem ist Sz_n von Art zu Art sehr verschieden und dementsprechend verschieden hoch (zwischen 2—14 Atm.) über der Saugkraft des Meerwassers.

g) Süßwasserpflanzen

Die Auffassung ist weit verbreitet, daß in Süßwasser getauchte Pflanzen oder auch Pflanzenteile, die lange genug in einen wasserdampfgesättigten Raum gestellt werden, nach einiger Zeit gesättigt, ihre Zellen demnach die Saugkraft Null annehmen, also dauernd vollturgeszent sein müßten, und dies, obwohl submerse Zellen, die völlig vom Wasser umgeben sind, wie etwa *Spirogyra*, Saugkräfte des Zellinhalts von 11 Atm. oder, wie schon Bächer zeigte, Blattzellen von *Elodea* von eben dieser Größe, von *Cladophora* aber solche von 30 Atm. ergaben.

Die ersten Versuche über die Saugkraft von in Wasser getauchten Zellen wurden an Landpflanzen ausgeführt. Junge *Vicia-Faba*-Pflänzchen, die in Sägespänen kultiviert waren, wurden mit ihren Wurzeln in Wasser gestellt und die Saugkraft der Epidermis in der Wurzelabsorptionszone verfolgt (Ursprung und Blum 1921). In Sägespänen war Sz_n 1,1 Atm., in Wasser fiel sie nach etwa 20 Stunden auf Null. Ähnlich verhielten sich Sägespänekulturen von *Phaseolus vulgaris*, bei denen Sz von 1,6 Atm. nach 24stündigem Aufenthalt in Wasser auf Null herabging, während gleichzeitig O_g bei 0,33 Mol R. Z. lag und noch nach einem Tag den gleichen Wert zeigte, nach 3 Tagen aber auf 0,28, nach 4 Tagen auf 0,26 fiel. In ähnlicher Weise nahmen die besagten Epidermen nach einem Tag die Saugkraft der Lösung an, wenn die Wurzeln in 0,02 oder 0,04 Mol R. Z. getaucht wurden; in 0,20 Mol R. Z. aber war das Sz der Lösung in der Epidermis erst nach 5 Tagen erreicht, wobei in gleicher Zeit O_g von 0,33 auf 0,48 stieg, den Saugkraftunterschied demnach durch das Ansteigen von O_g wettmachte. An dieser Stelle mag noch ein anderer Versuch von Interesse sein. Bei einer älteren *Vicia Faba* mit mehreren Seitenwurzeln wurden einige in Wasser, andere in Rohrzuckerlösungen niederer Konzentration getaucht und nach einiger Zeit die Saugkraft der Epidermis der Absorptionszone gemessen. Noch nach 4 Tagen war bei den in Wasser befindlichen Wurzeln Sz nicht auf Null, sondern auf 0,3 Atm. gefallen, während dieselben Zellen in 0,20 Mol R. Z. nur auf 4,8 statt auf 5,3 Atm. angestiegen waren, trotzdem im letzteren Fall O_g sich auf 0,50 Mol erhöht hatte, also die Möglichkeit der Wasserabgabe an die umgebende Lösung bestand. Es scheinen demnach Fälle nicht unmöglich zu sein, in denen das Wurzelsystem Wasser aus einem feuchten in einen trockenen Boden leiten kann. Außerdem deutet dieses Verhalten darauf hin, daß Epidermiszellen, wenigstens von Landpflanzen, nicht unbedingt die Saugkraft der umgebenden Lösungen anzunehmen brauchen. Und erst recht gilt das für ganz untergetauchte Organe bei Wasserpflanzen an natürlichen Standorten (Molz, Blum 1926). So ergaben ganz in Wasser eingetauchte Wurzelstücke aus der Absorptionszone der Adventivwurzeln von *Veronica Anagallis* einen Durchschnittswert von 4 Atm., von *Typha* 4,5 Atm. (ohne Einlegen in Paraffinöl gemessen). Organe von Wasserpflanzen, in denen die weitaus größte Zahl von Zellen nicht unmittelbar an Wasser grenzen, zeigen somit eine positive Saugkraft, deren Ursache möglicherweise die bei der Assimilation bzw. anderen Umwandlungen entstehenden Zucker sein dürfte.

Wie steht es nun in Submersen, bei denen die meisten Zellen dauernd an Wasser grenzen? Die eingehendsten Versuche hat Gamma bei einheimischen Wasserpflanzen durchgeführt, in denen er in allen untersuchten Organen stets positive Saugkräfte fand, die niedersten von 0,7 Atm. in der Wurzelspitze von *Lemna minor*, die höchsten von ca. 9 Atm. in den Sprossen derselben Pflanze, bei *Elodea canadensis*, *Potamogeton crispus* und einigen anderen meistens zwischen etwa 1,5 und 4 Atm. Ferner fand er eine Zunahme von Sz von unten nach oben (bei *Utricularia* aber in umgekehrter Richtung) mit steigendem T und im Gegensatz zu O_g ein Steigen der Saugkraft bis zu einem prämortalen Wendepunkt, bei dem Sz wieder sinkt, sowie eine deutliche Tagesperiode wie bei Landpflanzen. Was in den Versuchen Gammas auffällt, ist nicht etwa die stets positive Saugkraft, sondern deren Größe, denn es ist ja kaum wahrscheinlich, daß in Wasser getauchte Organe ständig die Saugkraft Null haben müßten, um so mehr als auch O_g selbst während eines Tages nicht konstant bleibt. Zu ganz anderen Ergebnissen kam Bauer, nachdem schon früher Hertel mit seiner Massenaustauschmethode an guttierenden Maisblättchen aus feuchtem Raum Saugkräfte in der Nähe von Null gefunden hatte. Bauer operierte mit der gleichen, aber verfeinerten Methode wie Gamma. Mit ihr fand er die Saugkraft Null, wenn er die Blattstücke von *Elodea densa* ohne Zwischenschaltung in Paraffinöl direkt in Wasser untersuchte, während sich die Blattstreifen in Paraffinöl verkürzten. Die Ursache dieser Verkürzung sieht der Autor im Luftabschluß mit nachfolgendem Sauerstoffmangel der Zellen in Paraffinöl, der durch Wasseraustritt eine Verkürzung des Blattstreifens bewirke und damit den Nullpunkt der Messung herabsetzte. Um diesen Betrag müßten die Saugkraftwerte Gammas zu hoch ausgefallen sein. Trotzdem sieht Bauer die Werte Gammas als reale Werte der elektroosmotischen Komponente Brauners und Hasmans an, die allerdings in diesem Spezialfalle sehr hoch wären, während Studener sie bei *Elodea canadensis* in der Höhe von etwa 0,1 mol KNO_3 fand, jedenfalls viel kleiner als die Differenz der Werte Gamma und Bauer. Auch nach Bogen wäre der Anteil dieser elektroosmotischen Komponente am Gesamtwert (allerdings bei anderen Pflanzen) im allgemeinen nicht höher etwa als ein Drittel. Ferner sei an dieser Stelle auch auf SEGMÜLLER hingewiesen, der die Einwirkung des Paraffinöls auf Sz_n und Sz_g untersuchte. Er fand bei *Elodea densa* eine geringe Erhöhung von Sz_g um nicht einmal 1 Atm. erst nach über achtstündigem Liegen in Paraffinöl.

h) Wirt und Parasit

Wenn irgendwo, so sollte man in den Zellen vom Wirt zum Parasiten einen Anstieg der Saugkraft erwarten, wenn nicht andere Mechanismen (z. B. Guttation), von denen wir bis heute keine Kenntnis haben, den Wasseraufstieg bewirken. Wenn bis jetzt über die Saugkraftverteilung in den Zellen vom Wirt und Parasiten nur sehr wenig bekannt ist, so hängt das mit der Schwierigkeit des Objektes, aber auch mit der Meßmethode zusammen. Bei niederen Parasiten sollte Sz der Wirts- und angrenzenden Haustorialzelle bekannt sein, bei höheren Pflanzen die einander entsprechenden Zellen der wasserleitenden Gewebe, vor allem im Haustorium und den angrenzenden Wirtszellen. Mit den bis jetzt bekannten Methoden dürfte es aber sehr schwer sein, diese Messungen durchzuführen; am ehesten könnte noch die Refraktometermethode bei pilzlichen Parasiten wenigstens beim Parasiten zum Ziele führen.

Bei dieser Sachlage ist es nicht zu verwundern, daß über das Saugkraftverhältnis Wirt-Parasit nur der einzige Versuch von BERGDOLT vorliegt, der mit der Streifenmethode einige brauchbare Werte zu erhalten trachtete. So fand er in den Schuppen eines 20 cm tief liegenden Rhizoms von *Lathraea squamaria* ein Sz von 14,3 Atm., in der anliegenden Wurzelrinde von *Prunus Padus* 3,7 Atm., gleichzeitig in den Blättern des Wirts 19,6 Atm., in den Rhizomschuppen von *Lathraea clandestina* 11,7 Atm., im Rindenparenchym des Wirtes, *Salix cinerea*, 4,2 Atm., während in dessen Blättern 16 Atm., im Kelch des Parasiten 14,6 Atm. gefunden wurden. In anderen Fällen waren die Differenzen weniger groß. Es scheint also doch, daß die Saugkraft des Parasiten höher liegt als die des Wirtes, falls vergleichende Partien zur gleichen Zeit untersucht werden. Daß man aber vorsichtig sein muß, zeigte das Haustorium von *Lathraea squamaria*, in dessen wasseraufnehmendem Haustorialfortsatz 22,7 Atm., im höher gelegenen Haustorialknopf aber nur 17 Atm. gefunden wurden, was offenbar damit erklärt werden kann, daß die Untersuchung sich auf nicht vergleichbare Gewebe bezog. Jedenfalls zeigen aber schon die früheren Untersuchungen von SENN, die O_g betreffen, und von HARRIS und LAWRENCE für O_n, daß die Bedingungen für eine größere Saugkraft bei Parasiten gegeben sind, nämlich eine höhere Saugkraft des Zellinhalts.

VII. Der Wand- (W_n) und der Turgordruck (T_n)

Da die Bestimmung dieser Größen zu den schwierigsten Aufgaben gehört, muß man sich nicht wundern, wenn nur wenige sichere Zahlen vorliegen. Zwar ist seit DE VRIES 1877 immer wieder, allerdings mit unzulänglichen Methoden, versucht worden, wenigstens eine Vorstellung von der Größenordnung des Turgordruckes zu gewinnnen, sei es an Einzelzellen oder an ganzen Geweben. So gibt schon 1873 Pfeffer an reizbaren *Cynareen*-Staubfäden einen hydrostatischen Druck von 1—2 Atm. an; deVries 1877 mußte junge Sprosse von *Cephalaria leutantha* und anderer Pflanzen in eine 20%ige Salpeterlösung legen, bis sie sich nicht mehr verkürzten (entspricht einem Druck von über 8 Atm.), und in Detmer finden sich Berechnungen des Turgordruckes in Hypokotylen von *Lupinus* in der Größenordnung von 3—6 Atm. Diese Zahlen geben aber in Wirklichkeit nicht T_n, sondern die Saugkraft des Zellsaftes der Zelle im normalen Zustand oder bei Grenzplasmolyse an. Auch Schwendener berechnete unter der Voraussetzung, daß die tangentiale Wandspannung der Schließzelle von *Amaryllis* derjenigen der Zellen junger Rindenzellen von Dikotylen entspreche, d. h. einem ungefähren Turgordruck von 5 Atm. Auch heute noch müssen wir den Turgordruck in den meisten Fällen berechnen (siehe Methode S. 23) und nur in wenigen Fällen gelingt es, T direkt zu messen.

1. W_n (T_n) in Zellen ohne besondere Leistung

An gewöhnlichen Parenchymzellen, die sich nicht an ausgesprochenen Turgorbewegungen beteiligen, sind nur wenig Messungen ausgeführt worden. In den Blattpalisaden von *Matricaria inodora* fand Hüser einen Wanddruck zwischen 0,7 bis 2,3 Atm. bei einem Si_n von 11—16 Atm., wobei die Ackerform, die unter anscheinend günstigeren Wasserverhältnissen lebte, einen kleineren Wert ergab als die Landform. Die Palisaden von *Senecio vulgaris* ergaben ähnliche Zahlen. Bei den sukkulenten Halophyten war W_n etwas höher, zwischen 1,4 und 3,4 Atm.; in den unteren Blättern von *Artemisia maritima* war W_n gleich 2,8, in den oberen Blättern 1,4 Atm. bei einem Si_n von 21 bzw. 28 Atm. Der Wanddruck ist demnach in den Palisaden dieser Ostseepflanzen gering, während die Saugkraft des Zellsaftes hoch ist; damit muß Sz automatisch hoch werden. In parenchymatischen Zellen einheimischer Krautpflanzen liegt nach bisherigen Erfahrungen W_n bei derselben Größenordnung: Rindenzellen von *Cyclanthera* 3,6, bei *Impatiens* 5,4 Atm.

Bei gestreckten Staubfäden an *Anthoxanthum odoratum* errechnete Schoch-Bodmer aus einem Si_n von 17—18 Atm. und einem Sz von 6—8 Atm. einen Turgordruck von ca. 10 Atm.; hingegen ist es bis jetzt nicht gelungen, den Turgordruck keimender Pollenkörner zu bestimmen.

Da zur Ermittlung vom Turgordruck an Einzelzellen oder an homogenen Geweben die Kenntnis anderer Zustandsgrößen nötig ist, bringen die folgenden Abschnitte neben T_n auch die dazugehörigen und zur Berechnung nötigen Saugkraftwerte.

2. W_n (T_n) in jungen wachsenden Organen

Aus der geraden Spitze einer Wurzel von *Vicia Faba* seien zwei Messungen von Ursprung und Blum 1924 in Tab. 38 und Abb. 11 an Epidermis oder angrenzenden Rindenzellen dargestellt. Tabelle und Kurve stellen zwei verschiedene Versuche dar an jungen Pflänzchen in Sägespänen in bestimmten Abständen von der Wurzelspitze, unmittelbar hinter der Kalyptra, vor, in und hinter der Streckungszone, in der Absorptionszone und in einer etwas älteren Wurzelpartie. Beide zeigen dasselbe gegensätz-

Tab. 38. *Osmotische Zustandsgrößen der geraden Wurzel von Vicia Faba*

Entfernung vom Vegetationspunkt in mm	T_n in Atm.	Sz_n in Atm.	Si_n in Atm.	Si_g in Atm.
1,5	3,9	7,4	11,3	14,3
3,0	4,0	7,3	11,7	14,0
5,0	2,7	10,0	12,7	13,3
8,0	9,4	0,4	9,8	12,7
12,0	7,0	3,4	10,0	12,5
20,0	5,5	4,0	9,3	11,1

liche Verhalten von Turgordruck und Zellsaugkraft in der Streckungszone, in der T_n am niedersten, Sz am höchsten ist, während die osmotischen Werte keinerlei Beziehungen zur Zone des Streckungsmaximums aufweisen, die

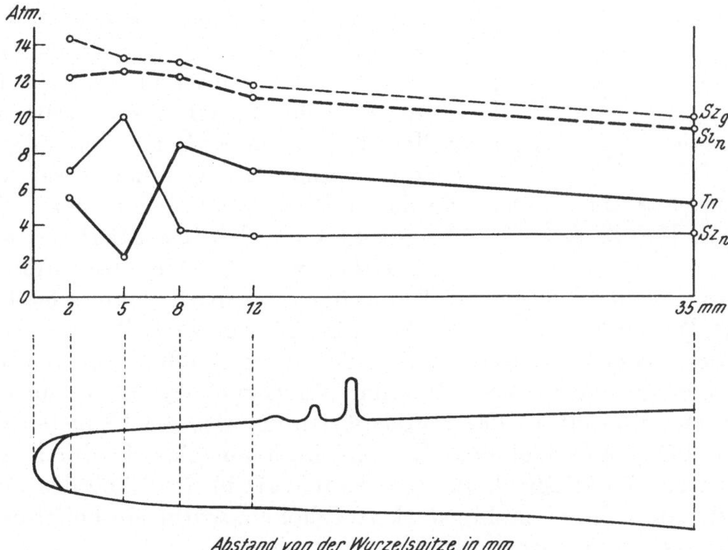

Abb. 11. Osmotische Zustandsgrößen in den Wurzeln von *Vicia Faba*.

etwa 5 mm hinter der Wurzelspitze liegt, sondern von der Wurzelspitze an langsam abnehmen. Daraus geht hervor, daß die Saugkraft der Zelle in der Streckungszone nicht durch die Erhöhung der Saugkraft des Zellsaftes, sondern von der Herabsetzung dse Wanddruckes zustande kommt. Da der Turgordruck in der Streckungszone am kleinsten ist, kommt ihm offenbar für das Wachstum nicht jene Bedeutung zu, die ihm DE VRIES und SACHS zuschrieben. Dagegen braucht es einen Turgordruck, um das Plasma in innige Verbindung mit der Wand zu bringen und der dünnwandigen Zelle die notwendige Festigkeit zu verleihen. Außerdem dürfte der Turgordruck bei der Dehnung der wachsenden Membran keineswegs bedeutungslos sein (HEYN, SÖDING, OVERBECK). Das Längenwachstum aber ist von einer Volumvergrößerung begleitet; dazu braucht es eine vermehrte Zuströmung von Wasser, die durch die erhöhte Saugkraft gewährleistet ist. Hier ist der Vollständigkeit halber beizufügen, daß auch MILDEBRATH in anderem Zusammenhang in der Absorptionszone junger Maiswurzeln ein T von etwas unter 1 Atm. ermittelt hat.

Das Verhalten von T_n bzw. der osmotischen Zustandsgrößen in jungen Organen untersuchte RUGE am 4 cm langen Hypokotyl von *Helianthus annuus*, das er von oben nach unten in fünf Zonen einteilte, in zwei obere von je ½ cm und drei untere von je 1 cm Länge. Die oberste Zone enthielt nur meristematische Zellen, der stärkste Zuwachs erfolgte in den Zonen 2 und 3. Abb. 12 gibt nach RUGE die Verteilung von T_n und der Saugkräfte von Zelle und Zellinhalt in den aufeinanderfolgenden Zonen an. Auch hier fällt der niedrigere Turgordruck wieder mit der Zone stärksten Wachstums zusammen, aber die Saugkraft der Zelle zeigt, obwohl sie in der wachsenden Zone noch sehr hoch ist, in den anliegenden meristematischen Zellen doch größere Werte, was mit der Wasserversorgung dieser Zone zusammenhängt, da damit die Wurzel auch in deren Spitze die Möglichkeit der Wasseraufnahme sowohl aus dem Boden wie von der Absorptionszone her

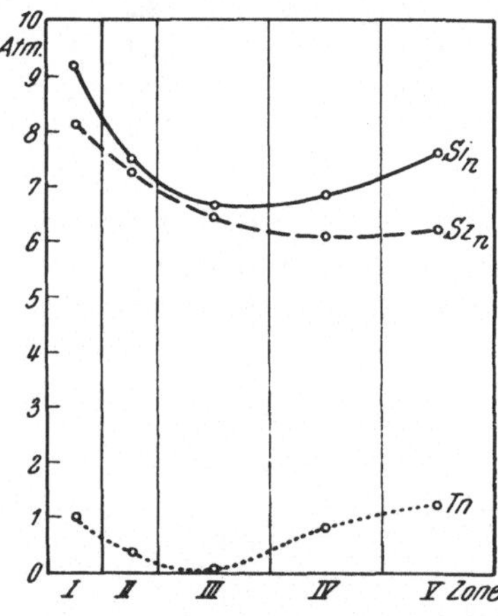

Abb. 12. Osmotische Zustandsgrößen im Hypokotyl von *Helianthus annuus* nach RUGE, leicht verändert.

hat (URSPRUNG und BLUM 1928). Ein anderer wichtiger Unterschied zwischen der *Vicia*-Wurzel und dem Hypokotyl besteht im Verhalten des osmotischen Wertes bei Grenzplasmolyse, der in den Wurzelzellen von der Spitze zur Absorptionszone eher etwas abnimmt, im Hypokotyl aber von oben nach unten stark zunimmt, in der Hypokotylspitze also am kleinsten ist (Fig. 5 bei RUGE 1938) und trotzdem Sz sehr hoch ansteigt. Dadurch erhält der junge Stengel die Möglichkeit, seine Saugkraft in der Nähe des viel Wasser verbrauchenden Teils beliebig stark zu erhöhen, wofür ein hoher osmotischer Wert die erste Voraussetzung ist.

3. W_n (T_n) in geotropisch gekrümmten Wurzeln von *Vicia Faba*

Eine Übersicht der osmotischen Zustandsgrößen in einer geotropisch gekrümmten Wurzel gibt an der Stelle der stärksten Krümmung Tab. 38. Sie stammen von eigenen Messungen (1924) und wurden an denselben Objekten von OVERBECK nachgeprüft. Die Übereinstimmung beider ist frappant, nur fallen die beiden letzten Wurzeln von OVERBECK etwas aus dem Rahmen, weil, wie der Autor bemerkt, die Zone stärkster Krümmung etwa

1 mm hinter der Meßstelle liegt, und es hatten auf der Konkavseite Sz_n und T_n noch nicht ganz jene Werte erreicht, die ihnen bei stärkerer Krümmung zukommen würden.

Was vorerst den osmotischen Wert bei Grenzplasmolyse (hier des besseren Vergleiches wegen als Saugkraft des Zellinhalts in Atmosphären angeben) anbetrifft, der von älteren Autoren allein angegeben wurde, wenn sie den „Turgor" suchten (z. B. WORTMANN, NOLL, KARSTAN, bis TRÖNDLE u. a.), ist er auf beiden Seiten wenig verschieden, ebenso O_n. Anders ist es mit dem Turgordruck und der Saugkraft der Zelle. Ersterer gibt in unserem Fall die Summe von Wanddruck und Außendruck an; er ist auf der Außen-

Tab. 39. *Geotropisch sich krümmende Keimwurzel von Vicia Faba*

	Flanke	T_n in Atm.	Sz_n in Atm.	Si_n in Atm.	Si_g in Atm.	
	konkav	8,9	0,5	8,5	11,1	URSPRUNG und
	konvex	1,3	8,2	9,5	10,5	BLUM 1924
	konkav	10,2	0,9	11,1	12,1	
	konvex	3,0	7,0	10,3	12,7	
Krümmung 55°	konkav	7,4	0,7	8,2	12,2	
	konvex	0,6	9,4	10,0	11,2	
45°	konkav	5,8	3,3	9,1	11,1	OVERBECK 1926
	konvex	0,1	10,0	10,1	10,6	
50°	konkav	4,6	6,1	10,7	12,5	
	konvex	0,2	9,3	9,5	11,2	

seite sehr tief, oft nicht weit von Null, auf der Innenseite sehr hoch. Wie er in der geraden Wurzel im Streckungsmaximum immer am kleinsten war, so weist er auch in der Krümmungszone auf der stärker wachsenden Konvexseite die niedrigsten Werte auf. Damit wird es auch hier, wie bei der geraden Wurzel, sehr unwahrscheinlich, daß der Turgordruck die Energie zur Vergrößerung der Wandfläche liefert, denn es ist kaum anzunehmen, daß die dehnende Kraft dort am kleinsten ist, wo sie am stärksten wirken soll. Die Wachstumsänderung besteht nun bei der geotropischen Krümmung darin, daß das Wachstum der konvexen Seite zunimmt, auf der konkaven Seite sich verlangsamt. Dementsprechend wird, wie ein Vergleich der Tab. 38 und 39 zeigt, die Saugkraft der Zelle auf der Konkavseite herabgesetzt und der Turgordruck entsprechend erhöht, das Si_n sich aber nur wenig ändert. Hingegen ist die Saugkraft der Zelle auf der Konvexseite angestiegen, während sie auf der Konkavseite nur mehr wenig über Null liegt. Die notwendige Folge ist, daß die Konkavseite kein Wasser mehr aufnimmt, also auch nicht mehr wachsen kann, während die Konvexseite zur Vergrößerung der Vakuole eine genügend hohe Saugkraft zur Verfügung steht. Wie bei der geraden Wurzel, so beruht auch hier die hohe Saugkraft der Zelle nicht auf einem hohen Si_n, sondern auf einem kleinen $W_n + A_n$;

sie wird also wiederum auf dem Wege erreicht, der keine Neubildung osmotisch wirksamer Substanz erfordert.

Ähnlich, aber etwas weniger stark ausgeprägt, liegen die Verhältnisse im negativ geotropisch gekrümmten

4. Gelenk von *Tradescantia*

wie aus der Zusammenstellung der Tab. 40 hervorgeht. Die angegebenen Zahlen stellen z. T. Durchschnittswerte mehrerer Messungen an verschiedenen Zellen dar, wobei neben Rinden- auch die Markzellen berücksichtigt wurden, weil nach Kohl Epidermis und Kollenchym für die Krümmung

Tab. 40. *Osmotische Zustandsgrößen im geraden und gekrümmten Gelenk von Tradescantia fluminensis*

Krümmungswinkel		T_n in Atm.	Sz_n in Atm.	Si_n in Atm.	Sz_g in Atm.
gerade		3,5 — 5,2	2,4 — 3,7	5,9 — 7,8	8,1 — 8,7
55°	konkav	3,9	4,2	8,1	9,9
	konvex	0,1 — 1,9	5,6 — 7,9	7,0 — 8,1	8,1 — 8,7
61°	konkav	6,6	1,2	7,8	9,0
	konvex	1,0 — 1,9	ca. 6,7	8,4	9,6
38°	konkav	5,7	1,8	7,5	8,7
	konvex	0,7	7,0	7,5	9,0

entbehrlich sind, das Mark allein imstande sei, die Reizkrümmung zu vollziehen. Untersucht wurde das dritte Gelenk von oben an der Stelle stärkster Krümmung.

Bei der Saugkraft der Zelle im grenzplasmolytischen Zustand sind die Differenzen an den opponierten Seiten sehr gering; meistens sind die Werte der Konkavseite etwas größer, aber für die Krümmung wohl kaum von Bedeutung. Ganz anders verhält es sich mit dem Turgordruck und der Saugkraft. Der Turgordruck zeigt auf der Konvexseite wieder sehr kleine Werte, große auf der Konkavseite, die sich ungefähr mit dem Turgordruck des geraden Knotens decken. Die Saugkraft der Zelle dagegen ist auf der Konvexseite größer als auf der Konkavseite. Also auch im sich krümmenden Gelenk hat, wie in der geotropisch gekrümmten Wurzel, die stärker wachsende Konvexseite die höhere Saugkraft und den kleineren Turgordruck.

Rentschler, der nicht mit Einzelzellen, sondern mit Zellkomplexen von Rinden- und Markzellen arbeitete, konstatierte in den Gelenken von *Dioscorea macroura* und *Tradescantia viridis* eine ähnliche Verteilung der Zustandgrößen, insbesondere auch wieder ein kleines T_n auf der Konvex-, ein großes T_n auf der Konkavseite, während er Sz_n auf der Konvexseite annähernd gleich oder etwas kleiner, Si_n aber immer kleiner fand. Daraus schloß er, daß das einseitige Wachstum auf der Konvexseite nicht durch Turgorerhöhung bedingt sei.

Wenn der Turgor beim Wachstum nicht jene Bedeutung hat, die ihm seinerzeit von SACHS und DE VRIES zugeschrieben worden sind, so sollte dies ganz anders sein bei den

5. Variationsbewegungen

deren Ursache seit jeher in Änderung der Turgoreszenz gesucht wurde. Besonders bemühte man sich um die Zusammenhänge des „Turgors" auf den antagonistischen Seiten bei den Bewegungen in Blattgelenken. Aber man maß seit HILBURG bis TRÖNDLE und oft auch noch darüber hinaus mit unterschiedlichem Erfolg nur den osmotischen Wert bei Grenzplasmolyse, wobei die Autoren keineswegs zu einheitlichen Resultaten gelangten. Nicht

Tab. 41. *Saugkraft und Turgordruck in Atmosphären in den Gelenkzellen von Phaseolus*
(nach WEIDLICH und V. GUTTENBERG)

	Sz_n	T_n	T_n	Sz_n	
Morgens Oberseite	8,8	1,8	3,9	11,4	Abends Oberseite
Morgens Unterseite	10,5	4,2	1,9	11,4	Abends Unterseite

viel weiter führten die Versuche mit dem osmotischen Wert im normalen Zustand der Zelle O_n (MOSEBACH) bzw. Si_n (WEIDLICH, BÜNNING, V. GUTTENBERG). Während MOSEBACH während der Bewegung kaum Änderungen von O_n konstatierte, wobei die Gelenkoberseite durchwegs ein tieferes O_n ergab, fanden andere Autoren oft sehr starke Schwankungen, nicht bloß an Ober- und Unterseite, sondern auch am Tag und in der Nacht und oft mit entgegengesetzten Ergebnissen. Das dürfte zur Hauptsache zurückzuführen sein auf verschiedene Methoden und Plasmolytika, aber auch auf die Zeit der Messung; merkwürdig aber bleiben trotzdem die abweichenden Werte, da es sich immerhin um dasselbe Gelenk von *Phaseolus* handelt.

Ist schon die Ermittlung von Si_n bei Gelenkzellen schwer, weil es bei der Anwendung der plasmolytischen Methode die Kenntnis der Zellvolumina voraussetzt, so bestehen dieselben Schwierigkeiten beim Messen der Saugkraft und des Turgordruckes an Einzelzellen eines Gelenkes, da sich bei diesem nicht bloß die Größe, sondern auch die Form (M. BRAUNER) ändert; ferner ist auf die Permeabilität, auf den Außendruck, Art der Plasmolyse und Reizeinwirkungen Rücksicht zu nehmen. Trotz all dieser Nachteile sind Messungen von Saugkraft und Turgordruck an Gelenken von *Phaseolus* versucht worden, zuerst von WEIDLICH, dann von V. GUTTENBERG, die beide nicht nur in Normalstellung zu denselben, sondern auch bei Tag- und Nachtstellung zu den gleichsinnigen Resultaten gelangten (Tab. 41).

Aus diesen gefundenen Werten zog WEIDLICH den Schluß, daß die nyktinastische Bewegung tatsächlich auf Turgorschwankungen beruhe.

Durch das Ansteigen des Turgordruckes auf der Oberseite und das gleichzeitige Sinken derselben auf der Unterseite werde abends das Senken des Blattes verursacht, wobei das Ansteigen von T_n auf der Zunahme der osmotisch wirksamen Substanz beruhe (Si_n morgens 10,5, abends 15,2 Atm.). Das Heben des Blattes am Morgen erklärt sich aus dem Steigen von T_n auf der Unterseite und seinem Sinken auf der Oberseite; weil aber die Zellen der Unterseite wenig elastisch sind, müsse die Bewegung im wesentlichen auf der Kontraktion der Zellen der Oberseite beruhen. Sowohl WEIDLICH wie v. GUTTENBERG bestimmten ihre Werte an Schnitten, wobei auf den Außendruck kaum Rücksicht genommen wurde. Zu wesentlich anderen Resultaten gelangte BÜNNING, der mit indirekter Methode versuchte, an intakten Gelenken die Saugkraft zu ermitteln. Er fand nachts die Saugkraft der Unterseite, am Tage diejenige der Oberseite größer; während des Überganges zu Tag- bzw. zur Nachtstellung sei die Saugkraft vorübergehend in beiden Gelenkhälften gleich groß.

Prinzipiell dieselbe Verteilung wie in nyktinastischen Gelenken fand v. GUTTENBERG bei der seismonastischen Bewegung im Gelenk von *Mimosa pudica* (Tab. 42). Im ungereizten Gelenk ist die Verteilung von T_n dieselbe

Tab. 42. *Verteilung der osmotischen Zustandsgrößen in Atmosphären im Gelenk von Mimosa pudica*

Ungereiztes Gelenk	Si_n	Sz_n	T_n	T_n	Sz_n	Si_n	Oberseite
Oberseite	19,3	17,5	1,8	3,7	14,0	17,7	Oberseite
Unterseite	15,8	15,8	3,1	2,5	17,5	20,0	Unterseite

wie im *Phaseolus*-Gelenk am Tag. Doch beruhe bei *Phaseolus* der hohe Druck der Unterseite im wesentlichen auf einer hohen Saugkraft des Zellinhalts (Si_n Oberseite 10,5, Unterseite 14,7 Atm.), während bei *Mimosa* die geringe Saugkraft der Zelle, bewirkt durch mangelnde Elastizität der Membran, dafür verantwortlich zu machen sei. Im ungereizten Gelenk steigen Si_n und Sz_n auf der Oberseite stark an, während sie in der Unterseite abnehmen, T_n verfällt sich umgekehrt. Daher der Schluß: „Die Reizbewegung von *Mimosa* wird also durch den Wechsel des Turgors beider Seiten, verbunden mit den verschiedenen Elastizitätsverhältnissen ihrer Zellen, bewirkt", wobei auch bei diesen Messungen der Außendruck nicht in Betracht gezogen wurde.

6. Der Turgordruck der Schließzellen von *Convallaria majalis*

Unter vereinfachenden Voraussetzungen wurde seinerzeit versucht (URSPRUNG und BLUM 1924), den Turgordruck der Schließzellen des *Convallaria*-Blattes nach der Formel $T_n = Si_n - Sz_n$ zu bestimmen, wobei in diesem Fall $T_n = W_n + A_n$ ist. Zur Berechnung von Si_n aber braucht es neben O_g die Volumina im Normalzustand der Zelle und bei Grenzplasmolyse. Da z. Z. eine genaue Berechnung des Zellumens einer Schließzelle wegen ihrer unregelmäßigen Form sowie der Tatsache, daß selbst Zellen des gleichen Paares sehr oft ganz verschiedene Zellformen zeigen, nicht möglich ist, wurde an Stelle des Volumens Zellfläche $\times$ Zelltiefe, also an Stelle des Volumquotienten, die die Formel verlangt, Flächenquotient $\times$ Tiefe gesetzt. Die so erhaltenen Werte waren bei einzelnen Schließzellenpaaren z. T. recht gut übereinstimmend, bei anderen unregelmäßig und oft auch gegensätzlich. Werden nur die ersteren berücksichtigt, so zeigt sich eine brauchbare Übereinstimmung von Turgordruck und Spaltweite (Tab. 43), wenn man Schließzellen wählt, die normal reagieren, d. h. sich bei Grenzplasmolyse schließen. Es ergab sich mit zunehmender Spaltweite eine Steigerung des Turgordruckes, wobei die Volumina mit größeren Turgordrucken ebenfalls zunehmen. Sind diese Turgorwerte vielleicht aus den oben angegebenen und anderen Gründen auch nicht ganz genau, so geben sie doch eine Vorstellung von der Größenordnung von T in den verschiedenen Öffnungszuständen der Spalten.

Tab 43. *Spaltweite und T_n in den Schließzellen von Convallaria*

Spaltweite in μ	T_n in Atm.
0,0	0,5—0,8
0,5	1,5
0,7	2,8
0,8	3,1
1,4	3,4
2,6	5,4
3,8	8,3
7,0	11,0

7. Andere, durch Turgordruck bewirkte Bewegungen

Osmotisch am besten bekannt ist der Spritzmechanismus von *Ecballium Elaterium,* dessen Voraussetzung die Vergrößerung der Zellen des wasserreichen Innengewebes ist, in dem die Samen eingebettet sind, die schließlich mit dem parenchymatischen Inhalt ausgespritzt werden. Hier gelang OVERBECK zum erstenmal mittels Manometer- und anderen Methoden die direkte Messung des Turgordruckes in der Größe von etwa 3 Atm. Si_n nimmt mit zunehmender Reife der Frucht zu von etwa 5, im unreifen Zustand bis 7 Atm. vor der Reife, um schließlich wieder etwas abzunehmen (MOSEBACH), eine Größe, die kryoskopisch und plasmolytisch von OVERBECK sichergestellt wurde. W selbst läßt sich direkt nicht bestimmen, liegt aber in der Nähe von Null, so daß wir hier den Fall haben, daß der ganze Turgordruck auf die umliegenden Zellen übertragen wird. Von Interesse ist bei den Zellen des sich vergrößernden Innengewebes auch die Saugkraft, da die Volumvergrößerung nur durch Wasseraufnahme vor sich gehen kann, und es wird

$$Si_n - (W_n + A_n) = Sz_n$$
$$6,25 - (0 + 3) = 3,25$$

die Saugkraft der Zelle etwa 3 Atm. Dies aber ist die Bedingung für T_n, der in Verbindung mit der elastischen Spannung der Zellwände des Widerstandsgewebes den Fruchtstiel vom Trennungsgewebe ruckartig löst und damit den Inhalt der Frucht zum Ausspritzen bringt.

In anderen Zellen, die nach demselben Prinzip arbeiten, ist der Turgordruck nicht bekannt, da er direkt nicht gemessen werden kann und dessen Bestimmung auf indirektem Wege durch Berechnung noch nie versucht worden ist. Hingegen kennt man annähernd die Saugkraft des Zellinhalts bei Grenzplasmolyse in Asci, die bei *Pilobolus* vor dem Springen in der Nähe bei 5, bei *Ascobolus* zwischen 10 und 13 Atm. liegen soll (Ingold). Auch in Früchten, die sich durch Schleudern öffnen, kennt man nur die Saugkraft des Zellinhalts der Schwellgewebe. All diese aktiven Gewebe haben das Gemeinsame, daß in ihnen Si_n vom unreifen bis zum reifen Zustand stark ansteigt, wobei die Zellen sich vergrößern. So steigt nach Overbeck Si_n des Schwellgewebes in der Frucht von *Cyclanthera explodens* während des Reifens von 8,5 bis gegen 14 Atm., bei *Impatiens Balsamina* von 5,5 auf 6,5, bei *Impatiens parviflora* von 9 auf 14, bei *Impatiens Roylei* von 8,4 auf 13,7 Atm., also um über 60%, wobei die Vergrößerung von Si_n fast ausschließlich durch Erhöhung des Zuckergehaltes zustande kommt. In den explodierenden Staubgefäßen und Staminodien von Urticaceen konnte im Mittelpunkt der Filamente, das die Auslösung der Pollenausschleuderung veranlaßt, nur Si_g gemessen werden (Mosebach); Si_g ist in Zellen entspannter Staubfäden von *Laportea meroides* 13, von *Pilea Spruceana* 10, von *Pellionia Daveauana* aber 21 Atm., wobei im letzteren Falle Werte erreicht werden, die diejenigen anderer Zellen dieser Pflanze bedeutend übersteigen.

Literatur

Arcichovsky, V., und Mitarbeiter, 1931: Untersuchungen über die Saugkraft der Pflanzen. Planta **14**, 517, 528, 533, 545, 552.
Asai, T., 1932 und 1937: Untersuchungen über die Bedeutung des Mannits im Stoffwechsel einiger höherer Pflanzen. Jap. J. Bot. **6** und **8**.
Ashby, E., and R. Wolf, 1947: A critical examination of the gravimetric method of determining suction force. Ann. Bot. **11**, 261.
Bachmann, 1922: Studien über Dickenänderungen von Laubblättern. Jb. wiss. Bot. **61**, 372.
Bächer, J., 1920: Über die Abhängigkeit des osmotischen Wertes von einigen Außenfaktoren. Beih. Bot. Cbl. **37**, 63.
Bauer, L., 1952: Über den Wasserhaushalt der Submersen. I. Zur Frage der Saugkräfte der Submersen. Protoplasma **41**, 178.
Beck, W. A., 1927: Cane sugar and potassium nitrate as plasmolysing agents. Protoplasma **1**, 15.
— 1930: The effect of drought on the osmotic value of plant tissues. Protoplasma **8**, 70.
— 1931: Variations in the Og plant tissues. Plant Physiol. **6**, 315.
— 1935: The effect of light in the Og of plant tissues. I. Protoplasma **23**, 203.
— 1938: Osmotic pressure, osmotic value, and suction tension. Plant Physiol. **3**.
Benecke, W., 1930: Kulturversuche mit *Aster Tripolium* L. Z. Bot. **23**, 745.
— 1930: Zur Biologie der Strand- und Dünenflora I. Ber. dtsch. bot. Ges. **48**, 127.
— 1931: Kulturversuche mit Keimlingen von Mangroven. Planta **14**, 436.
— und A. Arnold 1931: II. Ber. dtsch. bot. Ges. **49**, 363.
Bergdolt, E., 1927: Über die Saugkräfte einiger Parasiten. Ber. dtsch. bot. Ges. **45**, 293.
Biebl, R., 1939: Zellphysiologische Studien an *Antithamnium plumula*. Protoplasma **32**, 441.
— 1943: Wirkung der UV-Strahlen auf die Plasmapermeabilität. Protoplasma **37**, 1.
— 1956: Zellphysiologisch-ökologische Untersuchungen an *Enteromorpha clathrata* Grav. Ber. dtsch. bot. Ges. **69**.

Binz, E., 1939: Untersuchungen über die Dürreresistenz verschiedener Getreidesorten bei Austrocknung des Bodens. Jb. wiss. Bot. **88**, 470.

Birand, H. A., 1938: Untersuchungen zur Wasserökologie der Steppenpflanzen bei **Ankara.** Jb. wiss. Bot. **65.**

Blagowestschenski, A. W., 1926: Der osmotische Wert bei den Gebirgspflanzen Mittelasiens. Jb. wiss. Bot. **65,** 279.

— 1929: Untersuchung über die osmotischen Werte bei Pflanzen Mittelasiens. Jb. wiss. Bot. **69,** 191.

Blum, G., 1917: Zur Kenntnis der Größe und Schwankung des osmotischen Wertes. Beih. Bot. Cbl. **33,** Abt. I, 339.

— 1926: Untersuchungen über die Saugkraft einiger Alpenpflanzen. Beih. Bot. Cbl. **43,** Abt. I, 1.

— 1926: Einige Ergebnisse der Saugkraftmessungen an Freilandpflanzen. Mitt. naturf. Ges. Freiburg (Schweiz) **4,** Heft 1.

— 1933: Osmotische Untersuchungen in Java I. Ber. schweiz. bot. Ges. **42,** 550.

— 1937: Osmotische Untersuchungen in Java II. Ber. schweiz. bot. Ges. **47,** 400.

— 1941: Über osmotische Untersuchungen in der Mangrove. Ber. schweiz. bot. Ges. **51,** 401.

— 1956: Beiträge zur Kenntnis der Saugkraft des Kambiums von Laubhölzern. Protoplasma **46,** 90.

Bonte, A., 1935: Vergleichende Permeabilitätsstudien an Pflanzenzellen. Protoplasma **22,** 209.

Braun-Blanquet und H. Walter, 1937: Zur Ökologie der Mediterranpflanzen. Jb. wiss. Bot. **74,** 697.

Brauner, M., 1932: Untersuchungen über die Lichtturgorreaktion der Primärgelenke von *Phaseolus multiflorus.* Planta **28,** 288.

Brauner, L., 1945: Experiments on anomalous Osmosis. Rev. Fac. Sci. Univ. Istanbul **10/B,** 1.

— und M. Hasman, 1946: Untersuchungen über die anomale Komponente des osmotischen Potentials lebender Pflanzenzellen. Rev. Fac. Sci. Univ. Istanbul **11/B,** 1.

— — 1947: Weitere Untersuchungen über die anomale Komponente des osmotischen Potentials lebender Pflanzenzellen. Rev. Fac. Sci. Istanbul *12/*B, 210.

Brewig, A., 1935: Die Regulationserscheinungen bei der Wasseraufnahme und die Wasserleitgeschwindigkeit in *Vicia Faba*-Wurzeln. Jb. wiss. Bot. **82,** 803.

Broyer, T. C., 1950: On the Theoretical Interpretation of Turgor pressure. Plant Physiol. **25.**

Bünning, E., 1923: Die Mechanik der tagesperiodischen Variationsbewegungen von *Phaseolus multiflorus.* Jb. wiss. Bot. **79,** 191.

Burström, H., 1942: Die osmotischen Verhältnisse während des Streckungswachstums der Wurzel. Ann. Landw. Hochschule Schwedens **10,** 1.

— 1948: A Theoretical Interpretation of the Turgor pressure. Physiol. Plant. **1,** 57.

Cartellieri, E., 1935: Jahresgang von osmotischem Wert, Transpiration und Assimilation einiger Ericaceen der alpinen Zwergstrauchheide und von *Pinus cembra.* Jb. wiss. Bot. **82,** 460.

Cavara, F., 1905: Risultati di une serie di ricerche crioscopiche sui vegetali. Centr. Biol. veget. **4,** 41.

Chien Ren Chu, 1936: Der Einfluß des Wassergehaltes der Blätter der Waldbäume auf ihre Lebensfähigkeit, ihre Saugkraft und ihren Turgor. Flora **130,** 385.

Collander, R., 1930: Permeabilitätsstudien an *Chara ceratophylla.* Acta Botanica Fennica **6,** 3.

Copeland, E. W., 1896: Über den Einfluß von Luft und Temperatur auf den Turgor. Diss. Halle a. d. S.

Crafts, A. S., 1932: Phloem anatomy, exsudation and transport of organic nutrients in cucurbits. Plant Physiol. **7,** 183.

— und Mitarbeiter, 1949: Water in the Physiologie of Plants. Chron. bot. I.

Detmer, W., 1912: Pflanzenphysiologisches Praktikum. 4. Aufl.

Dixon, H., and W. Atkins 1913: Osmotic pressure in plants. I und II. Bot. School, Trinity College, Dublin 154 und 156.

— — 1915: Osmotic pressure plants. V. Proc. Dublin. Joc. N. S. **14,** 445.

Döpp, W., 1927: Untersuchungen über die Entwicklung der Prothallien einheimischer Polypodien. Pflanzenforsch. **H. 8.**

Drabble, E., und Mitarbeiter, 1907: On the size of the cells of *Pleurococcus* and *Saccharomyces* in solutions of a neutral salt. Biochem. J. **2.**

Ekdahl, J., 1953: Studies on the growth and the osmotic conditions of root hairs. Symb. Bot. Upsal. XL, 6.

Ernest, E. C. M., 1931: Suction Pressure Gradients and the Measurements of Suction Pressure. Ann. Bot. **45**, 717.

— 1935: Factors rendering the plasmolytic method inapplicable in the estimation of osmotic values of plant cells. Plant Physiol. **10**, 553.

Firbas, F., 1931: Untersuchungen über den Wasserhaushalt der Hochmoorpflanzen. Jb. wiss. Bot. **74**, 459.

Fitting, H., 1911: Die Wasserversorgung und die osmotischen Druckverhältnisse der Wüstenpflanzen. Z. Bot. **3**, 209.

Gail, F. W., 1926: Osmotic pressure of cell sap and its possible relation to winter killing and leaf fall. Bot. Gaz. **81**, 434.

Gamma, H., 1932: Zur Kenntnis der Saugkraft und des Grenzplasmolyse-Wertes der Submersen. Protoplasma **16**, 489.

Gasser, R., 1942: Zur Kenntnis der Änderung der Saugkraft bei Grenzplasmolyse durch Wasserunter- und -überbilanz. Ber. schweiz. bot. Ges. **52**, 47.

Gehler, Sr. M. G., 1930: Über das gegenseitige Verhalten von Saugkraft und Grenzplasmolyse. Diss. Freiburg (Schweiz).

Gertrude, M. Th., 1937: Action du milieu exterieur sur le métabolisme végétal **49**, 328.

Gessner, F., 1940: Beiträge zur Biologie amphibischer Pflanzen. Ber. dtsch. bot. Ges. **58**, 2.

— 1940: Untersuchungen über die Osmoregulation der Wasserpflanzen. Protoplasma **34**, 593.

— 1951: Untersuchungen über den Wasserhaushalt der Nymphaeaceen. Biol. gen. **19**, 247.

Györfey, B., 1941: Untersuchungen über den osmotischen Wert polyploider Pflanzen. Planta **32**, 15.

Grable, A., 1931: Vergleichende Untersuchungen über strukturelle und osmotische Eigenschaften der Nadeln verschiedener *Pinus*-Arten. Jb. wiss. Bot. **78**, 203.

Gradmann, H., 1929: Untersuchungen über die Wasserverhältnisse des Bodens als Grundlage des Pflanzenwachstums I und II. Jb. wiss. Bot. **69 und 71.**

— 1933: Über die Messung vom Bodensaugwert. Jb. wiss. Bot. **80.**

Gratzy-Wardengg, E., 1929: Osmotische Untersuchungen an *Farnprothallien.* Planta **7**, 307.

Grünwald, W., 1952: Osmotische Zustandsgrößen isoliert gezogener Tabakwurzeln. Protoplasma **41**, 258.

Guttenberg, H. v., 1928: H. Weidlichs Versuche über die Bewegungsmechanik der Variationsgelenke. Planta **6**, 790.

Haneck, J., 1930: Untersuchungen über den Einfluß der Bodenfeuchtigkeit auf die Saugkraft der Pflanzen. Bot. Arch. **24**, 458.

Hannig, E., 1912: Untersuchungen über die Verteilung des osmotischen Druckes in der Pflanze in Hinsicht auf die Wasserleitung. Ber. dtsch. bot. Ges. **30**, 194.

Hansen, H. C., 1926: The water-retaining power of the soil. J. Ecology **14.**

Harder, R., 1930: Über den Wasser- und Salzgehalt und die Saugkraft einiger Wüstenpflanzen Beni-Ounifs (Algerien). Jb. wiss. Bot. **72**, 665.

Harris, I. A., and I. Lawrence, 1916: The cryoskopic constant of expressed vegetable saps as related to local environmental conditions in the Arizone deserts. Phys. Res. **2**, 1.

— 1916: On the osmotic pressure of tissue fluids of jamaicon Loranthaceae parasitic on various hosts. Amer. J. Bot. **3**, 438.

Härtel, O., 1936: Pflanzenökologische Untersuchungen an einem xerothermen Standort bei Wien. Jb. wiss. Bot. **83**, 1.

— 1937: Über den Wasserhaushalt von *Viscum album* L., Ber. dtsch. bot. Ges. **55**, 310.

— 1941: Über die Ökologie einiger Halbparasiten und ihrer Wirtspflanzen. Ber. dtsch. bot. Ges. **59**, 136.

Haues, F. M., 1951: The Dynamics of Cell Expansion by Turgor. Ann. Bot. N. S. **15**, 219.

Hayoz, C., 1922: Beiträge zur Kenntnis der Saugkraft der Efeublätter. Diss. Freiburg (Schweiz).

Heilig, H., 1930/31: Untersuchungen über Klima, Boden und Pflanzenleben des Zentral-Kaiserstuhls. Z. Bot. **24**, 225.

HERTEL, W., 1938: Beiträge zur Kenntnis maßhafter Beziehungen im Wasserhaushalt I: Untersuchungen über die Grundlagen der Meßmethodik und einiger Meßergebnisse. Flora 133, 143.

HEYN, A. N. J., 1931: Der Mechanismus der Zellstreckung. Rec. trav. bot. Néerl. 28.

HILBURG, C., 1881: Über Turgoränderungen in den Zellen der Bewegungsgewebe. Unters. Bot. Inst. Tübingen 1, 23.

HÖFLER, K., 1920: Ein Schema für die osmotische Leistung der Pflanzenzelle. Ber. dtsch. bot. Ges. 38, 288.

— 1940: Aus der Protoplasmatik der Diatomeen. Ber. dtsch. bot. Ges. 48.

HOFFMANN, C., 1932: Zur Bestimmung des osmotischen Druckes an Meeresalgen. Z. Bot. 16, 413.

— 1932: Zur Frage der osmotischen Zustandsgrößen bei Meeresalgen. Z. Bot. 17, 805.

HÜSER, W., 1930: Untersuchungen über die Anatomie und Wasserökologie einiger Ostseestrandpflanzen. Planta 11, 485.

ILJIN, W. S., 1915: Die Regulierung der Spaltöffnung im Zusammenhang mit der Veränderung des osmotischen Druckes. Beih. bot. Cbl. 32, Abt. I, 15.

— 1929: Der Einfluß der Standortsfeuchtigkeit auf den osmotischen Wert bei Pflanzen. Planta 7, 45.

— 1929: Standortsfeuchtigkeit und der Zuckergehalt in den Pflanzen. Planta 7, 59.

— 1930: Die Ursache der Resistenz von Pflanzenzellen gegen Austrocknung. Protoplasma 10, 378.

INGOLD, C. T., 1939: Spore discharge in land plants. Oxford Clarendon Press.

ITZEROTT, H., 1936: Untersuchungen zum Wasserhaushalt von *Prasiola crispa*. Jb. 84, 254.

KANDIJA, P. V., 1926: Über die periodischen Schwankungen der Saugkraft. Diss. Freiburg (Schweiz).

KERSTAN, K., 1909: Über den Einfluß des geotr. und heliotr. Reizes auf dem Turgordruck in den Geweben. Beitr. Biol. Pfl. 9, 163 und 168.

KNODEL, H., 1938: Eine Methodik zur Bestimmung der stofflichen Grundlagen des osmotischen Wertes von Pflanzensäften. Planta 28, 498.

KOHL, F. G., 1900: Die paratonischen Wachstumskrümmungen. Bot. Z. 58, 4.

KRASNOSSELSKY-MAXIMOW, T. A., 1925: Untersuchungen über die Elastizität der Zellmembran. Ber. dtsch. bot. Ges. 43, 527.

KUSIMOTO, T., H. TAKADA and S. NAGAI. 1954: Physiology of *Metasequoia glyptostroboides* and related species of Conifers I. Osmotic value on salt composition of leaf saps. J. Inst. of Polytechnic Osaka, City University 5, 55.

LAMBRECHT, E., 1929: Beitrag zur Kenntnis der osmotischen Zustandsgröße einiger Pflanzen des Flachlandes. Beitr. Biol. Pflanzen 17, 87.

LEMÉE, G., et G. LAISNÉ, 1951: La methode refractométrique de mesure de la suction. Rev. gén. Bot. 58, 336.

LEPESCHKIN, W. W., 1908: Über den Turgodruck der vakuolisierten Zellen. Ber. dtsch. bot. Ges. 26 a, 198.

— 1908: Über die osmotischen Eigenschaften und den Turgordruck der Blattgelenkzellen der Legumimosen. Ber. dtsch. bot. Ges. 26 a, 231.

— 1934: Zur Analyse des Turgordruckes der Gewebe, seiner Variationen und des Mechanismus der Variationsbewegungen. Ber. dtsch. bot. Ges. 52, 475.

LIDFORSS, 1907: Die wintergrüne Flora. Lund.

LEWIS, F. J., and G. M. TUTTLE, 1920: Osmotics properties of some plant cells at low temperatures. Ann. Bot. 34, 405.

LEVITT, J., 1947: The thermodynamics of active (non-osmotic) water absorption. Plant Physiol. 22, 514.

— 1951: Osmotic quantities in plant cells. Science 113, 328.

LOTHRING, H., 1942: Beiträge zur Biologie der Plasmolyse. Planta 32, 600.

LYON, CH. I., 1936: Analysis of osmotic relations by extending the simplified method. Plant Physiol. 11, 167.

MALIN, P. B., 1932: Zur Kenntnis der Saugkraft der Koniferennadeln. Protoplasma 14, 360.

MAYR, H., 1955: Zur Kenntnis des osmotischen Verhaltens von Getreidewurzeln. Protoplasma 54, 399.

MEYER, J., 1916: Zur Kenntnis des osmotischen Wertes der Alpenpflanzen. Diss. Freiburg (Schweiz). Mém. Soc. frib. Sci. nat., Série bot. 3, 101.

MEYER, B. S., 1928: Seasonal variations in the physical and chemical properties of the leaves of the pitch pine with special reference to cold resistance. Amer J. Bot. 15, 429.

Meyer, B. S., 1938: The water relations of plant cells. Bot. Rev. **4**, 531.
— 1945: A critical evaluation of the terminology of diffusion phenomena. Plant Physiol. **20**, 142.
Merkt, P. C., 1938: Zur Kenntnis des Grenzplasmolyse-Wertes einiger Koniferennadeln. Diss. Einsiedeln.
Mildebrath, D., 1932: Untersuchungen über die Beeinflussung der geotropischen Reaktion der Wurzeln von *Zea Mays* nach Vorbehandlung mit Fluoreszeinfarbstoffen und Salzen. Bot. Arch. **34**, 191.
Moder, A., 1932: Beiträge zur protoplasmatischen Anatomie des *Helodea*-Blattes. Protoplasma **10**, 1.
Molz, F. J., 1926: A study in suction force by the simplified method. Amer. J. Bot. **13**, 433.
Mosebach, G., 1932: Über die Schleuderbewegung der explodierenden Staubgefäße und Staminodien bei einigen Urticaceen. Planta **16**, 70.
— 1936: Kryoskopisch ermittelte osmotische Werte bei Meeresalgen. Beitr. Biol. Pfl. **24**, 113.
— 1938: Zur Bewegungsmechanik der Variationsgelenke. Ber. dtsch. bot. Ges. **56** (121).
— 1940: Untersuchungen über die tagesperiodische Bewegung der Blattgelenke von *Phaseolus*. Jb. wiss. Bot. **89**, 20.
— 1944: Zur Kenntnis der Stoffwechseländerungen in den Schwellgeweben einiger Turgeszenz-Schleudermechanismen. Beitr. Biol. Pfl. **27**, 268.
Müller-Stoll, W. R., 1935/36: Ökologische Untersuchungen an Xerothermpflanzen des Kraichgaus. Z. Bot. **29**, 161.
— 1938: Wasserhaushaltsfragen bei Sumpf- und emersen Wasserpflanzen. Ber. dtsch. bot. Ges. **56**.
Nägeli, C., 1855: Pflanzenphysiologische Untersuchungen, Zürich, H. 1.
Noll, F., 1888: Kenntnis der physikalischen Vorgänge, welche den Reizkrümmungen zugrunde liegen. Arbeiten a. d. Würzburger Inst. III, S. 510.
Oppenheimer, H. R., 1930: Dehnbarkeit und Turgordehnung der Zellmembran. Ber. dtsch. bot. Ges. **48**.
— 1932: Über Zuverlässigkeit und Anwendungsgrenzen der üblichsten Methoden zur Bestimmung der osmotischen Konzentration pflanzlicher Zellsäfte. Planta **16**.
Overbeck, F., 1926: Studien über die Mechanik der geotropischen Krümmung und des Wachstums der Keimwurzel von *Vicia Faba*. Z. Bot. **18**, 401.
— 1930: Mit welchen Druckkräften arbeitet der Schleudermechanismus der Spritzgurke? Planta **10**, 138.
— 1934: Beiträge zur Kenntnis der Zellenwirkung (Untersuchungen an *Pellia epiphylla*). Z. Bot. **27**.
Pfeffer, W., 1873: Physiologische Untersuchungen.
Pfeiffer, M., 1933: Der osmotische Wert im Baum. Planta **19**, 272.
— 1937: Die Verteilung der osmotischen Werte im Baum im Hinblick auf die Münchsche Druckstromtheorie. Flora **132**, 1.
Pfenniger, L., 1934: Vergleichende morphologische und physiologische Untersuchungen zweier Maisrassen. Diss. Freiburg (Schweiz).
Pirson, A., und F. Seidel, 1950: Untersuchungen an der Wurzel von *Lemna minor* L. Planta **38**, 431.
— und E. Gollner, 1953: Beobachtungen zur Entwicklungsphysiologie der *Lemna minor* L. Flora **140**, 485.
Pisek, A., und E. Cartellieri, 1931/32: Zur Kenntnis des Wasserhaushaltes der Pflanze I. Sonnenpflanzen. Jb. wiss. Bot. **75**, 195.
— II. Schattenpflanzen. Jb. wiss. Bot. **75**, 643.
— 1933: Alpine Zwergsträucher. Jb. wiss. Bot. **79**, 131.
— 1935: Untersuchungen über den osmotischen Wert und Wasserhaushalt von Pflanzen und Pflanzengesellschaft der alpinen Stufe. B. B. Z. **52**, 635,
— 1939: IV. Bäume und Sträucher. Jb. wiss. Bot. **88**, 22.
Pittius, G., 1935: Über die stofflichen Grundlagen des osmotischen Druckes bei *Hedera Helix* und *Ilex aquifolium*. Bot. Arch. **37**.
Pringsheim, E., 1906: Wasserbewegung und Turgorregulation in welkenden Pflanzen. Jb. wiss. Bot. **43**, 89.
Pringsheim, N., 1854: Untersuchungen über Bau und Bildung der Pflanzenzelle. I. Abt. Grundlinie einer Theorie der Pflanzenzelle. Berlin.
Rentschler, H., 1929: Beiträge zur Kenntnis der Wachstumskrümmungen von Blattpolstern und Stengelknoten. Bot. Arch. **25**, 472.

Repp, G., 1939: Ökologische Untersuchungen im Halophytengebiet am Neusiedlersee. Jb. wiss. Bot. 88, 554.

Regli, P. E., 1933: Zur Kenntnis der Saugkraft von Laubholzgewächsen. Beih. Bot. Cbl. LI, Abt. I, Heft 3.

Renner, O., 1915: Theoretisches und Experimentelles zur Kohäsionstheorie der Wasserbewegung. Jb. wiss. Bot. 56.

— 1918: Zur Methode der Messung der Saugkraft. Ber. dtsch. bot. Ges. 36.

— 1932: Zur Kenntnis des Wasserhaushaltes javanischer Kleinepiphyten. Planta 18.

Röckl, B., 1948: Nachweis eines Konzentrationshubs zwischen Palisadenzellen und Siebröhren. Planta 36, 530.

Rouchal, E., 1938/39: Zur Ökologie der Macchien. I. Der sommerliche Wasserhaushalt der Macchienpflanzen. Jb. wiss. Bot. 87, 436.

Ruckli, P.: Zur Kenntnis der Saugkraft und des Grenzplasmolysewertes von Blättern und Blüten bei *Clivia miniata* und anderen Monokotylen. Diss. Freiburg (Schweiz). Im Druck.

Ruge, G., 1937: Untersuchungen über den Einfluß des Heteroauxins auf das Wachstum des Hypokotyls von *Helianthus annuus*. Z. Bot. 31, 1.

— 1938: Untersuchungen über die Änderungen der osmotischen Zustandsgrößen und der Membraneigenschaften des Hypokotyls von *Helianthus annuus* beim normalen Streckungswachstum. Planta 27, 352.

— 1940: Kritische Zell- und entwicklungsgeschichtliche Untersuchungen an den Blattzähnen von *Helodea densa*. Flora 134, 376.

Sacchi, A., 1954: Saugkraftverhältnisse und Wasserversorgung der Hymenomyceten, insbesondere von *Psalliota campestris* L. var. *Praticola vitt*. Diss. Freiburg (Schweiz).

Sakamura, T., 1917: Eine schematische Darstellung der osmotischen Arbeitsleistung und Zustandsgrößen der Pflanzenzellen. Cytologia 1.

Schenk, K., und O. Härtel, 1937: Untersuchungen über den Wasserhaushalt von Alpenpflanzen am natürlichen Standort. Jb. wiss. Bot. 85, 592.

Schmidt, H., H. Dinold und O. Stocker, 1940/41: Plasmatische Untersuchungen an dürreresistenten und dürreempfindlichen Sorten landwirtschaftlicher Kulturpflanzen. Planta 31, 339.

Schoch-Bodmer, H., 1933: Osmotische Untersuchungen an Griffeln und Pollenkörnern von *Corylus Avellana* und *Betula pendula*. Verh. Schweiz. Naturf. Ges.

— 1936: Zur Physiologie der Pollenkeimung bei *Corylus Avellana*. Protoplasma 25, 337.

— 1936: Zur Kenntnis der Filamentstreckung bei den Gramineen. Planta 25, 600.

— 1937: Beobachtungen über die Filamentstreckung bei *Secale cereale*. Verb. Schweiz. Naturf. Ges. 150.

— 1939: Beiträge zur Kenntnis des Streckungswachstums der Gramineen-Filamente. Planta 30, 168.

Schönenberger, A., 1952: Les forces de succion de la zone cambial des arbres. Diss. Freiburg (Schweiz).

Schwendener, S., 1881: Über Bau und Mechanik der Spaltöffnungen. Monatsberichte. Berlin. Akad. 850.

Segmüller, J., 1949: Über die Eignung des Paraffinöls als Einschlußmittel bei osmotischen Messungen pflanzlicher Objekte. Diss. Freiburg (Schweiz).

Sen-Gupta, I., 1935: Die osmotischen Verhältnisse bei einigen Pflanzen in Bengal (Indien). Ber. dtsch. bot. Ges. 53, 783.

— 1938: Über die osmotischen Werte und den Chloridanteil in Pflanzen einiger Salzgebiete Bengals (Indien). Ber. dtsch. bot. Ges. 56, 474.

Senn, G., 1913: Der osmotische Druck einiger Epiphyten und Parasiten. Verf. der Naturf. Ges. Basel 24, 179.

Simonis, W., 1936: Untersuchungen über die Abhängigkeit des osmotischen Wertes vom Bodenwassergehalt bei Pflanzen verschiedener ökologischer Gruppen. Jb. wiss. Bot. 83, 191.

Sirp, H., und A. Brewig, 1936: Quantitative Untersuchungen über die Absorptionszone der Wurzeln. Jb. wiss. Bot. 82, 99.

Söding, H., 1934: Über die Wachstumsmechanik der Haferkoleoptile. Jb. wiss. Bot. 79.

Spanner, L., 1939: Untersuchungen über den Wärme- und Wasserhaushalt von *Myrmecodia* und *Hydrophytum*. Jb. wiss. Bot. 88, 243.

Spanner, D. C., 1951: The Peltier Effect and its use in the Mesurement of Suction Pressure. J. exper. Bot. 2.
— 1954: The thermodynamics of actively-maintened turgor pressure with a note on the idea of permeability. Physiol. Plant. 7, 278.
Steiner, M., 1933: Zum Chemismus der osmotischen Jahresschwankungen einiger immergrüner Holzgewächse. Jb. wiss. Bot. 78, 134.
— 1934: Zur Ökologie der Salzmarschen der nordöstlichen Vereinigten Staaten von Nordamerika. Jb. wiss. Bot. 81.
— 1939: Die Zusammensetzung des Zellsaftes bei höheren Pflanzen in ihrer ökologischen Bedeutung. Ergeb. Biol. 17.
Stocker, O., 1930: Über die Messung von Bodensaugkräften und ihr Verhalten zu den Wurzelsaugkräften. Z. Bot. 23, 27.
— 1938: Der Wasserhaushalt ägyptischer Wüsten- und Salzpflanzen. Bot. Abhandl. Herausgegeben v. K. Goebel, Heft 13. Jena. G. Fischer.
Strugger, S., 1937/38: Fluoreszenzmikroskopische Untersuchungen Speogeus' und Wanderung des Fluoreszeinkaliums in pflanzlichen Geweben. Flora 32, N. F.
Studener, O., 1948: Über die elektroosmotische Komponente des Turgors und über chemische und Konzentrationspotentiale pflanzlicher Zellen. Planta 35, 427.
Suessenguth, 1922: Untersuchungen über Variationsbewegungen von Blättern. Jena.
Suter, H., 1938: Über die Eignung der Schlierenmethode zur Messung osmotischer Zustandsgrößen. Protoplasma 31, 421.
Takada, H., 1951: Untersuchungen über den osmotischen Wert von einigen Strandpflanzen in Japan. J. Inst. Polytechnic. Osaka, City University 2, 45.
— 1951: Über Tagesschwankungen des osmotischen Wertes an den Blättern von Strandpflanzen in ihrem Zusammenhang mit dem Chloridgehalt. Ebenda 2, 9.
— 1954: Jon accumulation and osmotic value of plants, with special reference to strang plants. J. Inst. Polytechnic. Osaka, City University 5, 81.
Tamiya, H., 1938: Zur Theorie der Turgordehnung und über den funktionellen Zusammenhang zwischen den einzelnen osmotischen Zustandsgrößen. Cytologia 8.
Thatscher, F. S., 1939: Osmotic and permeability relations in the nutrition on fungus parentes. Amer. J. Bot. 28, 449.
— 1942: Further studies of the osmotic and permeability relations in parasitism. Cand. J. Res. 20, 283.
Thoday, D., 1918: On turgescence and the absorption of water by the cells of plants. Nen. Phyt. 17, 108.
— 1950: On the Water Relations of plant Cells. Amer. J. Bot. N. S. 14.
— 1952: Turgor Pressure and Wall Pressure. Amer. Bot. N. S. 16.
Thren, R., 1934: Jahreszeitliche Schwankungen der osmotischen Werte verschiedener ökologischer Typen in der Umgebung von Heidelberg. Z. Bot. 25. 444.
Tramèr, P. O., 1949: Zur Kenntnis der periodischen Schwankungen der Saugkraft. Diss. Freiburg (Schweiz).
Tröndle, 1917: Über die ersten Stadien der geotropischen Krümmung. Vjschr. naturforsch. Ges. Zürich 62, 376.
Turesson, G., 1927: Untersuchungen über Grenzplasmolyse- und Saugkraftwerte in verschiedenen Ökotypen derselben Art. Jb. wiss. Bot. 66, 723.
Ursprung, A., 1923: Zur Kenntnis der Saugkraft VII. Ber. dtsch. bot. Ges. 41, 338.
— 1923: Unsere gegenwärtigen Kenntnisse über die osmotischen Zustandsgrößen der Pflanzenzelle. Verh. Naturforsch. Ges. in Basel 35, I. Teil, 111.
— 1925: Einige Resultate der neuesten Saugkraftstudien. Flora N. F. 18—19, 566.
— 1926: Über die gegenseitigen Beziehungen der osmotischen Zustandsgrößen. Planta 2, 640.
— 1926: Der Wasserhaushalt der Alpenpflanzen: die osmotischen Verhältnisse. In C. Schroeter, „Pflanzenleben" 999.
— 1929: The osmotic quantities of the plant cell. Proced. of the intern. congress of plant sciences 2, 1081.
— 1932: Osmotische Zustandsgrößen. Handwörterbuch der Naturwissenschaften 7, 493. 2. Aufl. Jena.
— 1933: Über die Beziehungen zwischen der Wasserbilanz und einigen osmotischen Zustandsgrößen. Ber. schweiz. bot. Ges. 42, 225.
— 1935: Osmotic quantities of plant cells in given phases. Plant. Physiol. 10, 115.
— 1937: Die Messung der osmotischen Zustandsgrößen pflanzlicher Zellen und Gewebe. Handbuch der biol. Arbeitsmethoden. Abt. XI. Teil 4, 1109.

URSPRUNG, A., und G. BLUM. 1915: Über die Verteilung des osmotischen Wertes in der Pflanze. Ber. dtsch. bot. Ges. **34**, 88.
— 1916: Über die periodischen Schwankungen des osmotischen Wertes. Ebenda **34**, 105.
— Über den Einfluß der Außenbedingungen auf den osmotischen Wert. Ebenda **34**, 123.
— Zur Methode der Saugkraftmessung. Ebenda **34**. 525.
— Zur Kenntnis der Saugkraft I. Ebenda **34**. 539.
— 1917: Über die Schädlichkeit ultravioletter Strahlen. Ebenda **35**, 385.
— 1918: Zur Kenntnis der Saugkraft II. Ebenda **36**. 577.
— 1918: Besprechung unserer bisherigen Saugkraftmessungen. Ebenda **36**. 599.
— 1919: Zur Kenntnis der Saugkraft III. Ebenda **37**. 453.
— 1920: Dürfen wir die Ausdrücke osmotischer Wert, osmotischer Druck, Turgordruck. Saugkraft synonym gebrauchen? Biol. Cbl. **40**, 193.
— 1921: Zur Kenntnis der Saugkraft IV. Ber. dtsch. Ges. **34**. 70.
— 1921: Zur Kenntnis der Saugkraft V. Ebenda **39**. 139.
— 1924: Eine Methode zur Messung des Wand- und Turgordruckes der Zelle, nebst Anwendungen. Jb. wiss. Bot. **63**.
— 1925: Über die Saugkraft und die Wasserversorgung einiger Hutpilze. Zbl. Bakter. usw.. Abt. II, **64**, 443.
— 1925: Eine Methode zur Messung polarer Saugkraftdifferenzen. Jb. wiss. Bot. **65**, 1.
— und G. BLUM. 1927: Eine Methode zur Messung der Saugkraft von Hartlaub. Jb. wiss. Bot. **67**. 334.
— 1928: Über die Lage der Wasserabsorptionszone in der Wurzel. Festschrift Hans Schinz. Beibl. Nr. 15 zur Viert. Naturforsch. Ges. Zürich **73**, 162.
— 1930: Zwei neue Saugkraft-Meßmethoden. Jb. wiss. Bot. **72**. 254.
— 1942: Die osmotischen Zustandsgrößen des *Sempervivum*-Blattes. Pontif. Acad. Sci. **6**, 687.
— 1943: Über die Bedeutung der Wasserstoffionenkonzentration des Osmotikums für die Messung einiger osmotischen Zustandsgrößen. Boissiera **7**, 311.
— 1945: Über die Beteiligung der Kohäsion bei der Entstehung der Saugkraft in der *Pinus*-Nadel. Verh. Naturf. Ges. Basel **56**. 2. Teil, 315.
— Vergleichende Messung osmotischer Zustandsgrößen an *Pinus*-Nadeln verschiedenen Alters. Arch. Klaus-Stift., Zürich. Ergänzungsbd. zu Bd. **20**, 427. Ernst-Festschrift.
— 1946: Physiologische Untersuchungen an der *Pinus*-Nadel. Bull. Soc. frib. sci. nat. **37**. 177.
— 1947: Die osmotischen Zustandsgrößen der Nadel von *Pinus silvestris*. Pont. Acad. Sci. **11**, 465.
— 1948: Zum Nachweis einer nicht-osmotischen Saugkraft in lebenden Pflanzenzellen. Pont. Acad. Sci. **12**, 69.
— und C. HAYOZ. 1923: Zur Kenntnis der Saugkraft VI. Ber. dtsch. bot. Ges. **40**, 368.

VOLK. O. H., 1931: Beiträge zur Ökologie der Landvegetation der oberrheinischen Tiefebene. Z. Bot. **24**. 81.
— 1938: Untersuchungen über das Verhalten des osmotischen Wertes aus steppenartigen Gesellschaften und lichter Wälder des mainfränkischen Trockengebietes. Z. Bot. **32**, 65.

DE VRIES, H., 1877: Über die Ausdehnung wachsender Pflanzenzellen durch ihren Turgor. Z. Bot. **35**, 1.
— 1877: Untersuchungen über die mechanischen Ursachen der Zellstreckung, ausgehend von der Einwirkung von Salzlösungen auf den Turgor wachsender Pflanzenzellen. Leipzig, W. Engelmann. 357.
— 1879: Über die Bedeutung der Pflanzensäuren für den Turgor der Zellen. Z. Bot. **37**. 847.
— 1884: Zur plasmolytischen Methodik. Z. Bot. **42**. 289.
— 1884: Eine Methode zur Analyse der Turgorkraft. Jb. wiss. Bot. **14**, 427.

WALTER, H. und E.: Ökologische Untersuchungen des osmotischen Wertes bei Pflanzen aus der Umgebung des Balatons (Plattensees) in Ungarn während der Dürrezeit. Planta **8**, 571.
— 1931: Die Hydratur der Pflanze. Jena. G. Fischer.
— 1936: Die ökologischen Verhältnisse in der Nebelwüste Namib. Ber. dtsch. bot. Ges. **54**. 59.

Walter, H. und E., 1949: Einführung in die Phytologie III. Stuttgart.
— 1952: Kritisches zur Darstellung der osmotischen Zustandsgrößen in den verschiedenen Lehrbüchern der Botanik. Planta **40**, 550.
— und M. Steiner, 1936/37: Die Ökologie der ostafrikanischen Mangroven. Z. Bot. **30**, 65.
Weber, F., 1941: Kurzzellen-Schließzellen von *Iris japonica*. Protoplasma **40**, 550.
Weidlich, H., 1930: Die Bewegungsmechanik der Variationsgelenke. Bot. Arch. **28**, 214.
Wiggins, R. G., 1921: Variations in the osmotic concentration of the guard cells during the opening and closing of the stomate. Amer. J. Bot. **8**, 30.
Will-Richler, G., 1949: Der osmotische Wert der Lebermoose. S.ber. Akad. Wiss. Wien, math.-naturw. Kl. I, **188**, 431.
Winkler, A.: Über den Einfluß der Außenbedingungen auf die Kälteresistenz ausdauernder Gewächse. Jb. wiss. Bot. **52**, 467.
Yamaha, A., 1937: Zur Methodik und Theorie der Vitalfärbung pflanzlicher Protoplasten. Bot. Mag. **51**, 533 und 625.
Zeuch, L., 1934: Untersuchungen zum Wasserhaushalt von *Pleurococcus vulgaris*. Planta **22**, 614.

Plasmoptyse

Von

Ernst Küster †, Gießen

Mit 10 Textabbildungen

Inhaltsübersicht

Einleitung

Als Plasmoptysen werden die an lebendigen umhäuteten Pflanzenzellen sich abspielenden Vorgänge bezeichnet, bei welchen der Inhalt der Zellen die Membran sprengt und ein kleiner oder großer Anteil desselben (Protoplasma, auch Zellkern, Plastiden und Zellsaft) nach außen gespieen werden (Abb. 1).

Das Gleichgewicht, in welchem vor der Plasmoptyse die Teile einer Zelle sich befanden, wird dadurch gestört, daß aus irgendwelchen Gründen der auf die Membran wirkende Turgordruck sich so stark erhöht, daß die Membran ihm nicht mehr Widerstand leisten kann und zerrissen wird — oder dadurch, daß die Membran wenigstens stellenweise ihre bisherige Festigkeit verliert, so daß sie auch bei unverändert bleibendem Turgordruck reißt. Auf diese Vorgänge und ihre physikalische Erklärung hat Klemm (1895, 660) auf Grund seiner Untersuchungen über die schädigende Wirkung schwacher Säuren auf die Pflanzenzellen hingewiesen; später hat Holdheide (1932) ähnliche Erwägungen angestellt; er bezeichnet Plasmoptysen der ersten Art als osmotische — diejenigen, welche auf „einer Affektion der Membran, einer Herabsetzung der Festigkeit" (Klemm, a. a. O.) beruhen, als „Defektplasmoptysen". Wir werden von dieser Unterscheidung und dieser Bezeichnungsweise im folgenden Gebrauch machen, wenn wir uns auch nicht die Schwierigkeiten verhehlen, welche die Zuweisung der beobachteten Erscheinungen zu dieser oder jener Gruppe oftmals bereitet, und osmotische Kräfte selbstverständlich auch bei den „Defektplasmoptysen"

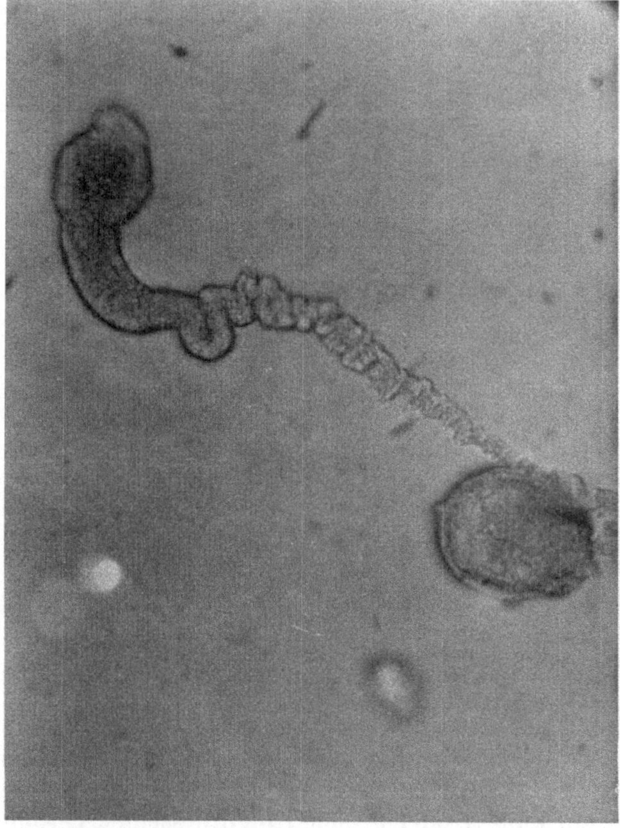
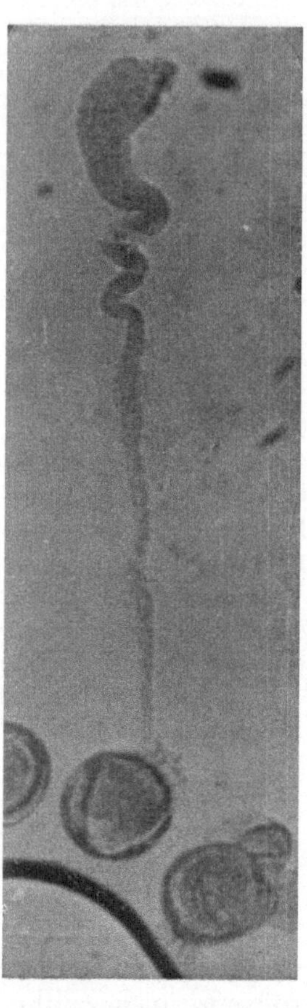

Abb. 1. Plasmoptyse der Pollenkörner (*Eranthis hiemalis*) nach Behandlung mit Methylalkohol, in welchem das Ejakulat fixiert wird. Zuerst wird eine dicke Masse Protoplasma ausgeworfen, später ein feiner Strahl, an dem man sehr oft zahlreiche Schraubenwindungen (20—30) wahrnehmen kann. Die Plasmastränge erreichen die Länge von 20 Pollenkornlängen und mehr. — Original; Photo Küster-Winkelmann.

im Spiele sind. In vielen Fällen hält es schwer, über den Austritt des Zellinhalts sich Klarheit zu verschaffen; es möge daher gestattet sein, auch dann von Plasmoptyse zu sprechen, wenn nur das Bersten der Membran feststellbar, über den Austritt von Zellinhalt, insbesondere von Protoplasma aber keine oder nur unvollkommene Auskunft zu gewinnen ist (vgl. Holdheide 1932).

Der Plasmoptyse lebender Zellen ähnlich sind diejenigen Vorgänge, bei welchen durch mechanischen Druck eine lebende oder eine tote Zelle zum Platzen gebracht, ihre Membran gesprengt und ein Teil des Zellinhaltes ausgeschüttet wird; wenn an einer lebendigen Zelle solche Vorgänge veranlaßt werden. spielen sich an ihr keine anderen Prozesse ab als unter gleichen oder ähnlichen Einwirkungen auch an totem Material.

Plasmoptyse läßt sich an Objekten der verschiedensten Art. an lebendigen Zellen der verschiedensten Herkunft und durch Mittel mannigfaltiger Art erreichen: sie tritt indessen auch ohne experimentelle Eingriffe im normalen Zellenleben als „physiologische Plasmoptyse" auf: die durch äußere Eingriffe des Beobachters erzielte ist die experimentelle.

Physikalisch mit denjenigen Fällen vergleichbar. in welchen durch mechanische Gewalt eine Zelle gesprengt und ein Teil des Inhaltes ausgeschüttet wird. sind diejenigen, in welchen durch Quellung der Membran der Inhalt einer Zelle herausgepreßt wird: das geschieht. wenn die wasseraufnehmende Membran den äußeren Umriß der Zelle im wesentlichen unverändert läßt und sich nach innen ausdehnt, so daß der für den Zellinhalt verfügbare Raum mehr oder weniger eingeengt wird. Namentlich für Algen sind derartige Vorgänge der Membranquellung an toten oder an den durch Plasmolyse um ihren Turgor gebrachten Zellen wiederholt beobachtet worden (KOTTE 1914: WALTER 1923: BIEBL 1937; vgl. auch FÖRSTER über „Nachquellung" — 1933). Vorausgesetzt. daß die Beschaffenheit der Membran und vornehmlich die ihrer Außenschichten einer Ausdehnung der quellenden Zellwandmasse hinreichend hohen Widerstand entgegenstellt. so daß die Ausdehnung der Membran nach außen gering bleibt. wird auch an lebendigen und turgeszenten Zellen die quellende Membran Wasser oder Lösungen aus dem Zellinhalt nach außen abpressen können: ob es dabei auch zur Ruptur der Membran kommen kann (Quellungsplasmoptyse). ohne daß ein „Defekt" der letzteren vorliegt oder sich einstellt. bedarf der Prüfung; Quellung des Inhalts spielt bei vakuolenfreien Zellen als plasmoptysebewirkender Faktor keine geringe Rolle (*Cyanophyceae, Porphyridium* — s. u.).

In vielen Fällen verhalten sich gleichartige Objekte auch unter den nämlichen Bedingungen hinsichtlich der plasmoptytischen Erscheinungen ungleich: wir haben in solchen Fällen. durch die wir auf irgendwelche ungleiche Qualitäten der Zellenindividuen aufmerksam gemacht werden. allen Anlaß. zur Kennzeichnung unseres Materials die Plasmoptysezahl festzustellen (HOLDHEIDE 1932). d. h. die Zahl. die uns darüber belehrt. ein wie großer Anteil. in Prozenten der vorliegenden Zellen ausgedrückt, der Plasmoptyse verfällt.

Die Ausschleuderung von Zellinhalts-Bestandteilen oder die Ejakulation großer oder kleiner Portionen derselben geht oftmals sehr schnell vor sich; in anderen Fällen spielt sich der Vorgang langsamer ab und nimmt eine beträchtliche Zeit in Anspruch (JOST 1929. LINSBAUER 1929). Das Ejakulat zerfließt schnell in dem das Untersuchungsobjekt umgebenden Wasser oder bleibt als körnige kompakte Masse. die man zutreffend mit Rauchfahnen oder Vesuvpinien verglichen hat. noch lange erhalten (Abb. 1). Der plasmoptytische Vorgang kann einmalig bleiben oder nach vorübergehendem Verschluß der Membranwunde und nach erneutem Aufbrechen derselben an gleicher Stelle. zuweilen auch an benachbarten Orten. sich einmal oder mehrfach wiederholen („rhythmische Plasmoptyse"). Wird die Plasmoptysewunde dem Objekt nicht von dem Untersucher an einer von ihm gewählten Stelle willkürlich beigebracht, sondern von den Qualitäten der Zelle, insbesondere den der Membran bestimmt, so beansprucht ihre Lage, d. h. die Stelle geringsten Widerstandes, an welcher die Membran von dem alle ihre Teile gleichermaßen angreifenden Druck gesprengt wird. die Aufmerksamkeit des Zytomorphologen.

Die Kraftleistung, die das Protoplasma aus den Zellen herausbefördert. läßt sich zuweilen nach dem Rückstoß beurteilen, der die ejakulierende Zelle verlagert (Lopriore 1895, 595: Stiehr 1903; Küster 1928). Die Bahn der Rückstoßbewegung wird von dem austretenden Protoplasma zuweilen als bogiger Streifen aufgezeichnet (Küster 1929, 85). Über die „ballistischen" Leistungen der *Pilobolus*-Plasmoptyse (s. u.) haben Pringsheim und Czurda (1927) Untersuchungen angestellt.

Nach einigen kurzen Mitteilungen über die Verbreitung der Plasmoptyse und einigen Angaben über diejenigen Objekte, an welchen Plasmoptyse besonders leicht zu beobachten und besonders oft studiert worden ist. wird zunächst von den beiden Formen der experimentellen Plasmoptyse, der osmotischen und der Defektplasmoptyse, die Rede sein, hiernach von den physiologischen Plasmoptysen; die Unterscheidung zwischen osmotischen und Defektplasmoptysen werden wir auch bei Behandlung der physiologischen Fälle im Auge behalten. Wir schildern weiterhin das Verhalten der Membran; insbesondere wird vom Plasmoptyseort zu sprechen sein, d. h. von der Stelle, an welcher die Membran bei der Plasmoptyse zerstört wird. Rhythmische Plasmoptyse kommt zustande, wenn die Zellinhaltsabgabe frühzeitig ihr Ende findet, aber früher oder später mehr oder minder reichlich wieder aufgenommen wird. Es werden Angaben über das Schicksal des Ejakulates folgen und über den in der Zelle verbleibenden plasmatischen Restkörper. Zellulare Vorgänge, die der Plasmoptyse in irgendwelcher Beziehung vergleichbar sind, werden als „verwandte Erscheinungen" in Kürze zu behandeln sein, vor allem einige Erscheinungen der durch Membranquellung bewirkten Entleerungen, der zur Vakuole hin gerichteten Ejakulationen, schließlich die Phänomene des Plasma- und Kerndurchtrittes (Diapedese) von einer Zelle zur nächsten.

Verbreitung der Plasmoptyse

Plasmoptyse ist an Vertretern aller Hauptpflanzengruppen untersucht worden, an niederen wie an höheren Pflanzen.

Bacteria. — Es waren bakteriologische Objekte und Untersuchungen, durch welche Fischer (1900, 1906) zur Erörterung des Begriffes der Plasmoptyse geführt worden ist; die von ihm beschriebenen Veränderungen der Bakterienzellen werden freilich wohl nicht im Sinne des genannten Autors gedeutet werden dürfen, da es sich bei dem von ihm am Pol der Zellen wahrgenommenen Kugeln offenbar nicht um kleine, aus der Zelle ausgetretene Anteile des Protoplasmas. sondern um kugelähnliche Erweiterungen oder Aufblähungen der Zelle handelt. die unter starker Dehnung der Membran sich bilden (A. Meyer 1903, 1906; Garbowsky 1906, 1907: Schuster

1910; RAICHEL 1928). Indessen tritt auch echte Plasmoptyse an Bakterienzellen auf (GARBOWSKY 1906, 1907), deren Untersuchung sich durch Anwendung der Dunkelfeldbeleuchtung fördern ließ (RAICHEL 1928): Diese Hilfsmittel gestatteten es, Plasmoptyse und Kugelschwellungen, d. h. membranlose Plasmaejakulate und umhäutete kugelige Anschwellungen der Zelle zuverlässig voneinander zu unterscheiden. Gelegentlich scheinen in der Literatur Gleichstellungen der Plasmoptyse, aber auch Aufblähung der Membran zu kugelähnlichen Gebilden oder abnormes Spitzenwachstum, das zu ähnlichen Bildungen führen kann, wie es die „vésicules" der Pilzhyphen

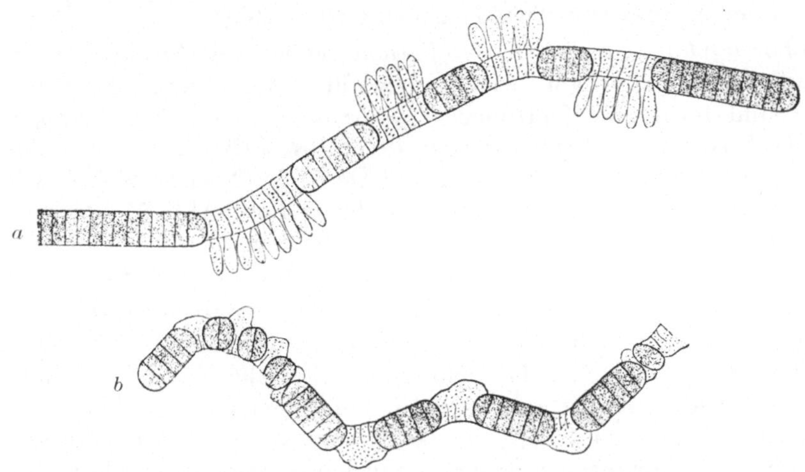

Abb. 2. Plasmoptyse an *Oscillatoria proboscidea*; — *a* gruppenweise stoßen die Zellen nach Sprengung der Außenwände geformte Protoplasmamassen aus; an den Entleerungsstellen erfahren die Fäden leichte Krümmung; die Ejakulate liegen auf der konvexen Flanke; — *b* die Querwände sind zerrissen, die Außenwände erhalten geblieben. — Nach STROH.

sind, eine klare Unterscheidung grundsätzlich verschiedener Dinge zu erschweren. An den von RAICHEL untersuchten Bakterien ist die Plasmoptysezahl gering.

Cyanophyceae. — Über die Plasmoptyse der Blaualgen ist bereits wiederholt berichtet worden; indessen sind die Angaben der Autoren nicht widerspruchsfrei (wie auch die über die Plasmolyse vorliegenden). Die Angaben der Autoren beziehen sich vorzugsweise auf Oscillatoriaceen, deren Zellen BRAND (1903) durch seine Glyzerinmethode (s. u.) zum Platzen bringen konnte (vgl. auch SCHMID 1923). STROH (1938) arbeitete mit einer marinen *Oscillatoria*: In Süßwasser platzen die Zellen und entlassen nach außen ihren Inhalt als geformte Massen (vgl. Abb. 2 a; vgl. auch LANZ 1938) — oder die Querwände werden zerrissen und die Außenwände blasig vorgewölbt, so daß der in Freiheit gesetzte Zellinhalt von der Membran bedeckt bleibt (Abb. 2 b); die Zellen sind vakuolenfrei — die beschriebenen Vorgänge Beispiele für Quellungsplasmoptyse. Weitere Mitteilungen bei LANZ (1938) und BRECKHEIMER-BEYRICH (1949, 109).

Diatomeae. — Auf Plasmoptyse haben KARSTEN (1899), BROCKMANN (1908), CHOLNOKY (1928), BAUER (1938), GEITLER (1941) u. a. die Diatomeen, insbesondere die großzelligen Vertreter, geprüft. BAUER u. a. beobachteten

Plasmoptysen in hypotonischen Lösungen und nach Behandlung mit Fixiermitteln (Alkohol, Osmiumsäure). Bei Behandlung vieler mariner Diatomeen mit Methylalkohol konnte ich keine Plasmoptysenreaktion wahrnehmen. Wir werden später hören, daß der Plasmoptyseort bei plasmoptytisch sich verändernden Diatomeenzellen verschiedene Lagen einnehmen kann.

Conjugatae. — Beliebte Objekte waren stets die fadenbildenden Gattungen (BENECKE 1898, 247; LEPESCHKIN 1928; KÜSTER 1936; HOLDHEIDE 1932, 287 u. a.). Von den Desmidiaceen ist *Closterium* wiederholt untersucht worden (ANDREESEN 1909; HOLDHEIDE 1932, 287).

Chlorophyceae. — *Hydrodictyon* gehört seit HOLDHEIDE (1932) zu den auf Plasmoptyse am besten erforschten Objekten; oft untersucht worden sind ferner die Gattungen *Cladophora* (LEIB 1935), *Oedogonium*, *Chara* (vgl. HOLDHEIDE 1932; LAPICQUE 1921; JOST 1929). Von den Siphoneen sind namentlich *Vaucheria, Bryopsis* und *Derbesia* (NOLL 1888 u. a.) wiederholt beobachtet worden, desgleichen *Caulerpa* (vgl. Abb. 3) (JANSE 1890). *Valonia macrophysa* erfährt nach LAIBACH (1932) in 20—70% Alkohol Plasmoptyse; an *V. utricularis* konnte derselbe Autor solche nicht erzielen.

Rhodophyceae. — Die marinen Rotalgen in Süßwasser zu legen und dabei ihr Verhalten in hypotonischen Medien zu erforschen, ist eine Aufgabe, die schon seit vielen Jahrzehnten die Forscher beschäftigt hat. Besonders lehrreiche Beispiele liefern die großen Zellen von *Bornetia* (vgl. z. B. ÚLEHLA 1926) und *Griffithsia* (z. B. HÖFLER 1933/1934); „die Gewalt, mit der hier die Membranen reißen, kann kaum noch übertroffen werden", sagt BIEBL (1937) mit Bezug auf die zuletzt Genannte.

Weitere Mitteilungen gelten den Gattungen *Spondylothamnion, Heterosiphonia, Polyneura* (BIEBL 1937) und den durch besonders hohe „Hypotonie-Empfindlichkeit" ausgezeichneten „Blasenzellen" von *Antithamnion* u. a. (NESTLER 1900; SAUVAGEAU 1926; BIEBL 1939 a; SCHIFFNER und BIEBL 1944; — SCHUSSNIG über *Trailliella* — 1927). Über die Quellungsplasmoptyse des *Porphyridium* hat GEITLER (1944) berichtet.

Die Zellen am Rande eines Thallusstückes von *Porphyra* quellen in Süßwasser zu großen Kugeln an, platzen alsbald und schütten die Plastiden aus, die sich sofort verfärben.

Fungi. Die Hyphen sehr vieler Pilze lassen sich leicht zur Plasmoptyse bringen. Über experimentelle Plasmoptyse sind z. B. die Arbeiten von ESCHENHAGEN (1889), REINHARDT (1892), LOPRIORE (1895), KIENITZ-GERLOFF (1902) einzusehen, ferner die eingehenden Angaben von ÚLEHLA und MORÁVEK (1922 — *Basidiobolus*). Über die eigenartige Plasmoptyse der Sporangienträger von *Pilobolus* haben PRINGSHEIM und CZURDA (1927) Untersuchungen angestellt; auf diese und andere Erscheinungen wird bei Behandlung der physiologischen Plasmoptysen zurückzukommen sein.

Höhere Pflanzen. Besonders gut zu Plasmoptysenversuchen geeignet sind namentlich die zartwandigen und durch lange fortgesetztes siphonales Längenwachstum ausgezeichneten Zellen; vor allem die Wurzelhaare und die Pollenschläuche haben viele Autoren beschäftigt.

Den Wurzelhaaren schenkten ihre Aufmerksamkeit ZACHARIAS (1891), SOKOLOWA (1898), REINHARDT (1899), STIEHR (1903), COUPIN (1909), SCHAEDE (1923), BRINLEY (1928), HOLDHEIDE (1932, 286, 290), STRUGGER (1949) u. v. a.

Die erste Mitteilung über die Plasmoptyse der Pollenkörner (Abb. 1) und Pollenschläuche stammt wohl von VAN TIEGHEM (1869); ferner nenne ich CORRENS (1889), PALLA (1890), LIDFORSS (1896, 1899), LOPRIORE (1895, 1905), PFEFFER (1904), JOST (1905), SANDSTEN (1909), TISCHLER (1917), BOBILIOFF-PREISSER (1917), LLOYD (1918), WALDERDORFF (1924), BRINK (1924), BUCHHOLZ and BLAKESLEE (1927), FARR (1928), KÜSTER (1928), HOLDHEIDE (1932, 246), TRANKOWSKY (1931), WULFF und RAGHAVAN (1938), P. F. SMITH (1942) u. v. a.

Wie die Pollenschläuche lassen auch Pollenkörner — unreife nach LIDFORSS (1896, 5) leichter als reife, mißgebildete leichter als normal entwickelte (LOPRIORE — *Araucaria*, 1930) — sich zur Plasmoptyse bringen; Zusatz von Diastase fördert nach TISCHLER (1917, 444) ihr Eintreten. Wie die in künstlichen Kulturen sich entwickelnden Pollenschläuche verhalten sich auch die Pollenkörner, wenn sie auf die Narben fremder Rassen aufgelegt werden (BUCHHOLZ and BLAKESLEE — 1927).

Beobachtungen über Plasmoptyse wurden auch an anders gearteten Zellen der höheren Pflanzen angestellt; die ersten stammen aus den neunziger Jahren des vorigen Jahrhunderts; KLEMM (1895, 660) sah, daß Haare (z. B. *Momordica, Urtica, Tradescantia* — sowie die Wurzelhaare von *Trianea*, Epidermiszellen von *Rhoeo discolor*, Zellen von *Vallisneria* usw.) in schwacher Säure platzen (WORTMANN 1889). Über die Explosionshaare und ihr Verhalten wird bei Behandlung der physiologischen Plasmoptysen zu sprechen sein.

Von dem Verhalten anderer Metaphytenzellen, namentlich auch solcher, welche mitten im Gewebeverband liegen, wird im letzten Kapitel („Verwandte Erscheinungen") die Rede sein.

Osmotische Plasmoptysen

Osmotische Plasmoptyse kann man an vielen Objekten dadurch hervorrufen, daß man lebende umhäutete Zellen in ein Medium legt, das, Membran und Protoplasma schnell durchwandernd, reichlich in die Zelle eindringt und ihren Turgordruck erheblich steigen läßt. Das geschieht am einfachsten, indem man geeignete Zellen in destilliertes Wasser bringt: die an Pollenkörnern erzielbare Plasmoptyse ist allen Zytologen wohlbekannt, — oder indem man einzellige oder vielzellige marine Organismen in süßes Wasser überträgt (OLTMANNS 1891; STROH 1938 u. a.); das Platzen der Zellen und die Plasmoptyse machen sich zuweilen durch lange anhaltendes Knistergeräusch leicht wahrnehmbar (*Bornetia* u. a. — vgl. z. B. ÚLEHLA 1926, BIEBL 1937 a, 410).

Man kann den osmotischen Druck und die Saugkraft der Zellen künstlich erhöhen, indem man leicht das Plasma durchwandernde osmotisch wirksame Stoffe allmählich in sie eindringen läßt; verwendet man hierzu Glycerin, so gelingt es z. B. an lebenden Cyanophyceen-Zellen, ihren Wassergehalt völlig durch Glycerin zu ersetzen (BRAND 1903 — „Glycerinsättigung“); werden solche Zellen in Wasser übertragen, so läßt das starke osmotische Gefälle oftmals Plasmoptyse zustande kommen (*Phormidium* — BRAND 1903).

Als ein zum Hervorrufen der Plasmoptyse besonders gut geeignetes Mittel ist seit HOLDHEIDE (1932) Methylalkohol bekannt. Ähnliche Wirkungen lassen sich mit anderen Alkoholen erzielen; Äthylalkohol, *n*-Propyl- und Isopropyl-Alkohol, tertiärer Butylalkohol und Allylalkohol führen zur Plasmoptyse, desgleichen Aceton, Acetol und Acetoxylaceton (über Alkoholpermeabilität siehe ZEHETNER 1934). Äther, Ester, Methane, Aldehyde, Chloralhydrat, Sulfonal, Coffein u. a. führen — obwohl ebenfalls leicht permëierend — zu keiner Plasmoptyse: zum Teil sind die genannten Stoffe allzu giftig, zum Teil zu wenig wasserlöslich, oder sie sind beides zugleich.

Plasmoptyseeintrittszeit nennen wir die Zeit, die vom Augenblick der Zugabe des wirksamen Mittels bis zum Platzen der ersten Zellen verstreicht (HOLDHEIDE 1932); sie ist um so kürzer, je kleiner die Zellen sind, d. h. je größer ihre relative Oberfläche ist.

Äthernarkose hemmt, Chloroform beschleunigt das Platzen der Zellen.

Der im Augenblick des Platzens in der Zelle herrschende Druck betrug bei HOLDHEIDEs Untersuchungen im extremen Falle 14, im allgemeinen 6—9 Atmosphären.

Je höher die Temperatur, um so größer wird die Geschwindigkeit der Reaktion (STILES und JØRGENSEN 1917; HOLDHEIDE 1930, 1932 u. a.); eine Erhöhung der ersteren um 10⁰ läßt die Geschwindigkeit des Plasmoptyseeintrittes um 43% zunehmen.

Die Geschwindigkeit, mit der das Platzen erfolgt, steigt ferner mit der Konzentration des angewandten Mittels — und zwar bei Verdoppelung der Konzentration um das Vierfache; „daher ist anzunehmen, daß es sich beim Eindringen der Stoffe in die Zellen nicht um reine Diffusion handelt“ (HOLDHEIDE 1932).

Bei künftigen Arbeiten auf die „Plasmoptysezahl“ zu achten, wird durch LOPRIORES Mitteilungen (1895), wie mir scheint, nahegelegt: In 3—5% Natriumnitratlösung sah der genannte Autor Plasmolyse in Pollenschläuchen eintreten; an anderen kam es zur Plasmoptyse und zur Ausschleuderung von Protoplasma.

Die Plasmoptysezahl nimmt bei steigender Konzentration des angewandten Mittels bis zu einem gewissen Grade zu, dann wieder ab; diese Abnahme beruht auf der Giftwirkung der angewandten Stoffe, die auch in einer Erhöhung der Wasserpermeabilität des Protoplasmas zum Ausdruck kommt (HOLDHEIDE 1932).

Die osmotische Plasmoptyse, welche Sauerstoffentzug an den Wurzelhaaren von *Triticum* zu bewirken vermag, unterbleibt, wenn man die Membran durch die Erhöhung des Außendruckes um 4 Atmosphären stützt oder die Zellen mit Ca (mehr als 0,04 mol/l) behandelt (KOPP 1948).

Die Erhöhung des Turgordruckes, welche zur Plasmoptyse der Pollenschläuche führt, ist nach PFEFFER (1904, 2, 138) auf die Hemmung ihres Wachstums zurückzuführen: die Zellen vergrößern sich nicht mehr, die

Produktion osmotisch wirksamer Substanz nimmt aber ihren Fortgang. Andererseits machte Stiehr (1903, 48) darauf aufmerksam, daß Wurzelhaare nur so lange plasmoptytisch platzen, als sie noch wachsen. Im polarisierten Lichte kommt es nach Semmens (1934) deswegen zu Steigerung des Turgordruckes und Plasmoptyse, weil die Stärke besonders stark hydrolysiert wird.

Leib (1935) verfuhr seinem Objekte gegenüber (*Cladophora*-Arten) derart, daß er einzelne Zellen mit Chromsäure, Kaliumpermanganat u. a. anätzte; die Nachbarzellen platzten hiernach.

Viele Beobachtungen lehren, daß auch da, wo osmotische Kräfte in leicht kontrollierbarer Weise wirksam werden, neben diesen noch andere das Eintreten und Ausbleiben der Plasmoptyse veranlassen. Eine physikalische Analyse des Plasmoptysevorganges hat Pantanelli (1905) versucht; er unterscheidet neben der osmotisch bedingten Form der Plasmoptyse diejenigen, welche durch Änderungen in der Kapillarspannung bedingt sind („Scoppio anosmotico"); möglicherweise macht uns das plasmoptytische Verhalten auf Wirkungen physikalischer und chemischer Agenzien auf den Turgor aufmerksam — Veränderungen, welche vielleicht nur sehr kurze Zeit andauern. „Spontane" Plasmoptyse, deren Gründe noch zu ermitteln sind, erfolgt z. B. bei *Caulerpa* (Janse 1890, 170; 1897). Jost (1905) verweist nach van Tieghem darauf, daß die Pollenschläuche von *Ricinus* in Wasser nicht platzen, wohl aber tun sie es in konzentrierter Gummilösung; Walderdorff (1924) sah, daß Pollenschläuche bei schwachen und starken Konzentrationen platzen können — in der Mitte zwischen den ermittelten wirksamen Werten liegt nach der genannten Autorin ein Optimum, bei dem die Zellen erhalten bleiben; Schmucker (1935) zeigte, daß Pollenschläuche platzen, wenn man ihnen die ihr Wachstum fördernde Borsäure entzieht.

Zu den osmotischen Formen der Plasmoptyse sind wohl auch die nach UV-Bestrahlung wahrgenommenen zu rechnen (*Spirogyra* — vgl. Gibbs 1926).

Nach Palla ruft schon eine geringe Erschütterung an Pollenschläuchen Plasmoptyse hervor (1890, 317; vgl. auch Lopriore 1895, 594), während Rittinghaus (1887) auch nach heftiger Erschütterung seiner Kulturen das Wachstum der Pollenschläuche seinen normalen Fortgang nehmen sah (*Antirrhinum* u. a.). In diesem Zusammenhange sei an die Expansionen erinnert, zu der die Fäden der *Oscillatoria jenensis* nach Schmid (1923) durch Erschütterung gebracht werden.

Defektplasmoptysen

In sehr vielen Fällen tritt Plasmoptyse auch dann ein, wenn auf eine Erhöhung des Turgordruckes nicht geschlossen werden darf. Mit Holdheide sprechen wir in solchen Fällen von Defektplasmoptyse und nehmen an, daß die Membran durch irgendwelche Faktoren lokale Veränderungen erfahren hat, welche ihre Widerstandsfähigkeit gegenüber dem unveränderten Turgordruck herabsetzen, so daß es zur Eruption kommt. Welcher Art diese Veränderungen sein mögen, ist nicht bekannt — am allerwenigsten für diejenigen Fälle, in welchen, wie es scheint, die Veränderungen der Membran sich außerordentlich schnell vollziehen. Namentlich für viele Fälle der physiologischen Plasmoptyse darf angenommen werden, daß eine fermentative Beeinflussung der Membran diese auflockert, stark quellen läßt oder sogar löst.

Die meisten Angaben der Autoren beziehen sich auf die in sauren Medien an Objekten verschiedenster Art erzielbaren Plasmoptysen: viele Zellen des siphonalen Habitus platzen nach Zusatz sehr geringer Säuremengen. Oft erprobte Objekte liefern die Wurzelhaare (KLEMM 1895 — 0,5—1‰ HNO$_3$ u. a.; SCHAEDE 1923, KERR 1933 u. v. a.). Bei Anwendung verschiedener pH-Stufen zeigt sich, daß nicht bei allen Plasmoptyse gleich häufig auftritt: „Es sind mindestens zwei Optima und zwei Minima feststellbar" (STRUGGER 1949, 45 und 1928; vgl. auch ÚLEHLA und MORÁVEK 1922 — *Pilobolus*). Über die Wirkung der Säuren und des Säuregrades auf das Wachstum der Wurzelhaare vgl. man z. B. CORMACK (1949, 599).

Pollenschläuche vertragen schwache Säuren oftmals sehr gut; MOLISCH (1893) empfiehlt die Anwendung von 1—0,05% apfelsaurem Calcium; auch freie Apfelsäure fördert das Wachstum, und wenn man gleiche Wirkung eines schwachen Gelatinzusatzes auf Pollenschlauchrupturen bemerkt, so wird nach MOLISCH dabei wohl der geringe Säuregehalt der Gelatine wirksam (vgl. auch BOBILIOFF-PREISSER 1917; IYENGAR 1938 u. a.). Andere Autoren machen auf die schädigende Wirkung auch schwacher Säuregrade aufmerksam; LIDFORSS (1896, 11) fand bereits Zitronensäure 1 : 50.000 sehr schädlich; das Platzen der Pollenkörner wird nach ihm aber verhindert, wenn man die gleiche Säuremenge in 35% Rohrzucker bietet. LLOYD and ÚLEHLA (1926) sahen ebenfalls Pollenschläuche in stark verdünnten Säuren platzen; sie nehmen an, daß ein „Defekt" der Membran sehr schnell zustande kommt. LOPRIORE (1895) beobachtete Plasmoptyse der Pollenschläuche nach Einwirkung von CO$_2$. Nach TRANKOWSKI (1931) u. a. platzen die Pollenschläuche mancher Pflanzen in Fixiermitteln (Chromsäure, Essigsäure, Formol) (um das Platzen der Pollenschläuche bei der Fixierung zu verhindern, narkotisierte sie SUITA [1938] vorher mit Chloroform); nach ADDICOTT (1943) geschieht dasselbe bei Behandlung mit Wuchsstoffen; vgl. auch P. F. SMITH (1942); RITTINGHAUS (1887) beobachtete Platzen der Pollenkörner nach Einwirkung hoher Temperaturen (60°), nach Darbietung von Zitronensäure (1 : 700) und Oxalsäure (1 : 8000), nach Abkühlung (0° oder wenige Grade darüber); es trat Plasmoptyse mit wurmähnlichen Ejakulaten ein. Derselbe Autor beobachtete die gleichen Phänomene nach Zusatz von Giften (Eisenchlorid, Schwefelwasserstoff, Salicylsäure, Sublimat).

Über die zweigipfelige Kurve der Keimprozentzahl der Pollenkörner bei verschiedenen Säuregraden vgl. BERG (1930).

Über Plasmoptysen, insbesondere Säureplasmoptysen der Pilzhyphen haben ebenfalls zahlreiche Autoren Bericht erstattet; viele der soeben Genannten äußern sich auch über diese Objekte; ich verweise weiterhin auf REINHARDT (1892), auf KIENITZ-GERLOFF (1902), der über TISCHUTKINS Befunde berichtet (1894), u. v. a. ÚLEHLA und MORÁVEK (1922) riefen Säureplasmoptysen an *Basidiobolus* hervor (Fixiermittel, Säuren, auch CO$_2$-

haltiges dest. Wasser) und machen Angaben über die Plasmoptysezahl ihres Objektes (bei 0,025—0,11 n HCl nahezu 100%, bei 0,00005 n HCl 35%, bei 0,00001 n kein Zerplatzen mehr); je schwächer die Säure, um so ruhiger wird der Plasmoptysevorgang und desto mehr Protoplasma bleibt in der Zelle zurück.

Säureplasmoptysen haben manche Autoren auch in dem Platzen der Mykorrhiza-Hyphen erkennen zu sollen geglaubt; ÚLEHLA und MORÁVEK (1922) bringen die natürliche Erscheinungsform des *Basidiobolus* im Eingeweide des Frosches mit der Säureempfindlichkeit des Pilzes in Zusammenhang.

Auch die Zellen vieler Algen zeigen Säureplasmoptyse (ÚLEHLAS Beobachtungen an *Griffithsia* — 1926; FÖRSTER — Behandlung der *Rhizoclonium*-Fäden mit Phosphorsäure — 1933; LAPICQUE — *Cladophora* in HCl — 1921; HOLDHEIDE — Beobachtungen an *Hydrodictyon* — 1932).

Die Vermutung, daß Defektplasmoptysen auf einen Defekt des Protoplasmas zurückgehen, der zuweilen schon vor der Plasmoptyse und der Zerstörung oder Veränderung der Membran wirksam ist und sich aus dem Formwechsel der Zellen erschließen läßt, legen die Erfahrungen nahe, nach welchen Plasmoptyse sich vorzugsweise an abnorm gewachsenen Zellen abspielt (z. B. an schraubig gewundenen Pollenschläuchen von *Nemophila* — vgl. WULFF und RAGHAVAN 1938; Blasenformen an Pilzhyphen — THREN 1940; kugelige Erweiterung an den Enden von Pollenschläuchen und anderen Objekten — vgl. z. B. LOPRIORE 1895).

Von den Defekten, welche durch physikalisch leicht verständliche mechanische Angriffe der Außenwelt den Membranen lebender Zellen beigebracht werden (mikrurgische Instrumente usw.), so daß diese einen Teil ihres Inhalts verlieren, hier zu sprechen, dürfte sich erübrigen; ich erwähne sie nur mit Rücksicht auf die für Ultraschall-Wirkungen in Anspruch genommenen Zellenzerstörungen (LOZA 1950; vgl. auch KÜSTER 1952).

Physiologische Plasmoptysen

Nicht nur in der pathologischen, sondern auch in der normalen Zytogenese spielt die Plasmoptyse ihre Rolle: nicht nur unter abnormen Bedingungen, wie sie im Experiment zur Wirkung gebracht werden, sondern auch unter denjenigen, die beim normalen Ablauf der Entwicklungsvorgänge aus „inneren" Gründen sich geltend machen, werden die Zellen vieler Gewächse gesprengt und gehen eines Teils ihres Plasmagehalts verlustig. Viele von solchen Sprengungen sind für den normalen Ablauf der Entwicklung unerläßlich und als zweckdienlich einzuschätzen. Wir werden feststellen können, daß an denselben Zellenformen, deren pathologische Plasmoptysen bereits zu erwähnen waren, auch physiologische sich vollziehen können; auf Zellen des siphonalen Typus wird auch bei Behandlung der letzteren oftmals Bezug zu nehmen sein. Die kausale Erforschung der inneren Bedingungen, durch welche im Verlauf der normalen Zytogenese solche zur Zerstörung der Zellen führende Prozesse veranlaßt wer-

den, macht freilich erhebliche Schwierigkeiten — namentlich denjenigen
Fällen gegenüber, mit welchen uns das Studium der Symbiose bekannt
macht und bei welchen wir zwei lebendige Organismen ihre Wirkungsweisen kombinieren sehen.

Folgende morphologisch gekennzeichnete Gruppen lassen sich bei den
physiologischen Plasmoptysen unterscheiden:

1. Spitzensprengung siphonal gebauter Zellen (Pollenschläuche, Hyphen
der Mykorrhiza-Pilze, *Geosiphon* u. a.);

2. Ejakulation endogener Sporen, Entleerung von Eiern und Spermazellen usw.;

3. plasmoptytische Sprengung der Zellen führt zur Isolierung ihrer
Nachbarinnen (Klebstoff- oder Explosionshaare von *Cucurbita* u. a., *Pilobolus*).

Zahlreiche mykorrhizabildende Pilze entleeren durch Plasmoptyse den
Inhalt ihrer Hyphenspitzen und „Arbuskeln" in das Lumen der Wirtszelle.
Demeter (1923) und Burgeff (1932) haben von Plasmoptysen-Mykorrhiza
gesprochen; vielleicht wird die Sprengung durch die saure Reaktion des
Wirtszelleninhalts veranlaßt oder gefördert. Eine dem Wirt dienliche Eigen-
tümlichkeit der Mykorrhiza-Hyphen scheint man darin gesehen zu haben,
daß ihre Wunde lange unverschlossen bleibt und ihr Inhalt lange in die
Wirtszelle abfließt (vgl. auch Francke, 1934 — *Monotropa*). Lihnell (1939)
lehnt die Lehre von der Plasmoptysen-Mykorrhiza ab.

Nach Burgeff (1932) streuen die platzenden Hyphen der Mykorrhiza-
Pilze kleine Portionen plasmatischer Substanz, die er Ptyosome nennt, in
das Lumen der Wirtszelle, deren Protoplasma diese Fremdkörper umhäutet und zu zellenähnlichen Gebilden werden läßt, die schließlich der
proteolytischen Auslaugung anheimfallen (*Gastrodia*). Wir kommen später
noch einmal auf das Schicksal dieser Ejakulate zurück (vgl. Abb. 7).

Verwickelte Wirkungsweisen scheinen bei der Symbiose des *Vaucheria-
ähnlichen* Pilzes *Geosiphon* vorzuliegen, dessen Hyphen (vgl. Wettstein
1915; Knapp 1933) bei Berührung mit einem *Nostoc* platzen; dieses wird
von dem ejakulierten Protoplasma umschlossen.

Die normale Plasmoptyse, die die Pollenschläuche bei ihrem normalen
Wachstum erfahren und durch welche die Abgabe der generativen Zellen
und der Befruchtungsvorgang möglich gemacht werden, wiederholen viele
von der experimentellen Plasmoptyse her bekannte Erscheinungen.

Die Öffnung der Pollenschläuche wird nach Haberlandt (1927) durch
Fermente, wie Zytase und Pektinase, vorbereitet, deren Produktion auf
die Tätigkeit der Synergiden zurückzuführen ist. Der Plasmoptyseort wechselt (Goebel 1923, 3, 1800) — bei den Cykadaceen und Ginkgoaceen platzt
der Pollenschlauch am basalen (Basigamie), bei den anderen Gymnospermen
am apikalen Ende (Akrogamie); bei den Coniferen platzt auch die Stielzelle des Prothalliums, bei den Podokarpaceen und Araucariaceen sogar
der ganze aus Prothallium-Zellen gebildete Komplex. Auch die Zellen des
weiblichen Gametophyten können Plasmoptyse erfahren; Lavialle (1912)
beschreibt solche für die Synergiden der *Knautia arvensis*, die ihren Inhalt
in den Embryosack schütten.

Die zweite Gruppe unserer Fälle umfaßt die Sprengungen und Entleerungen irgendwelcher im Dienste der Fortpflanzung und Verbreitung
der Gewächse stehenden Gebilde, der Sporangien vieler Algen und Pilze,
der Asci, der Oogonien, Antheridien u. a. Endogen entwickelte Zellen werden durch Plasmoptyse ausgeschüttet, die nach Verschleimung oder Quellung der Wand ihres Behälters erfolgt und zu den Defektplasmoptysen gerechnet werden darf. Den Fall, daß
männliche Gameten nach Umhäutung ihren Inhalt an das
Lumen der weiblichen Zelle abgeben, haben wir bei den Sper-
matien der Rotalgen vor uns: die
an der Trichogyne haftenden Sper-
matien umhäuten sich und geben
ihren Inhalt an jene ab.

Die „Dostálschen Papillen" der
Caulerpa schleudern spontan große
Mengen von Protoplasma aus (vgl.
z. B. Dostál 1928; Schwartz und
Schwartz 1930); die Ejakulation
erfolgt einmal oder in rhythmischer
Wiederholung — die Produkte der
ersten Explosionen erstarren und
halten die der späteren zusammen
oder werden von letzteren durchbrochen (Schwartz und Schwartz,
a. a. O.). Abb. 3 läßt den geschich-
teten Bau der Massen erkennen,
der an die Struktur der mit dege-
neriertem Protoplasma erfüllten,
noch von der Membran umkleide-
ten Blasen der *Caulerpa* erinnert
(Küster 1932 b).

Gleichartige Plasmaeruptionen

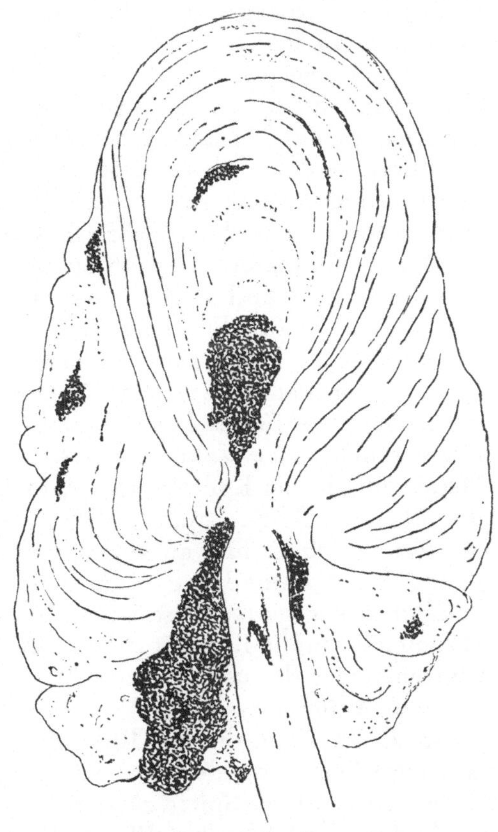

Abb. 3. Plasmoptyse an einer „Papille" von *Caulerpa*. — Nach Schwartz und Schwartz.

erfolgen an den Spitzen der Phyl-
lome derselben *Caulerpa* oder an geschädigten geknickten Stellen ihres
Thallus, so daß die hier zu den physiologischen gerechnete im Dienste der
Fortpflanzung stehende Plasmoptyse den pathologischen und experimentell
erzielbaren vergleichbar wird.

Morphologisch und physikalisch den pathologischen Plasmoptysen ähnlich sind namentlich diejenigen Organe der Pilze, welche nackte und geißel-
lose Fortpflanzungszellen abgeben.

Auch Zellen von anderer entwicklungsgeschichtlicher Bedeutung liefern
uns Beispiele für Zelleneröffnung und Zellenentleerung durch physiologische Plasmoptyse. Die umhäuteten Sporen von *Olpidiopsis* geben Protoplasma nebst Zellkern plasmoptytisch an die Wirtszelle (*Saprolegnia*) ab
(Barrett 1912); bei *Urophlyctis alfalfae* werden Protoplasma und Zellen-

8*

kern der sporogenen Zellen in die künftige Dauerspore befördert (Jones and Drechsler 1920).

Schließlich müssen wir auch noch den „Verjüngungsvorgang" erwähnen, den man z. B. in dem Ausschlüpfen der Zoosporen von *Saprolegnia* gesehen hat: bei vielen Arten umhäuten sich die vom Sporangium abgegebenen Zoosporen, wonach ihr Plasmainhalt erneut von der Membran sich freimacht; der Vorgang des Umhäutens und Ausschlüpfens kann sich mehrere Male wiederholen.

Die beschriebenen Entleerungsphänomene unterscheiden sich von den oben behandelten pathologischen und manchen physiologischen Plasmoptysen dadurch, daß bei ihnen zumeist der gesamte plasmatische Inhalt herausbefördert wird und daß osmotisch bedingte Turgorveränderungen bei ihm keine so große Rolle spielen dürften wie die Quellung der Membransubstanz oder irgendwelcher Inhaltsbestandteile der Zelle.

Der Eröffnungsort der sich spontan entleerenden Sporangien usw. hat oftmals dieselbe apikale Lage wie der Plasmolyseort siphonal wachsender, bei experimenteller Plasmoptyse sich öffnender Zellen.

Ein Plasmoptyseapparat besonderer Art wird von Hovasse (1948) für die Chrysomonadine *Cyclonexis annularis* beschrieben; in jeder ihrer Zellen liegen etwa 10 „Diskobolozysten", die aus einer Scheibe (1—2 μ Durchmesser) und einer Vakuole bestehen, die eine kegelförmige „explosive" Masse enthält; bei Kontakt oder nach Milieuveränderungen wird von dieser die Scheibe mehrere hundert Mikron weit geschleudert und die Zelle dabei zerstört. — Ob ich hier an dieser Stelle Hovasses „Organite lanceur de projectile" zur Sprache bringen darf, muß dahingestellt bleiben.

Nach Schussnig (1927) scheinen die Blasenzellen der Florideen, von deren Hypotonie-Empfindlichkeit oben (S. 6) die Rede war, auch spontan platzen und sich entleeren zu können — sie betätigen sich nach dem genannten Autor dabei als exkretorisch wirksame Organe.

An den Gallen, die das Rädertier *Notommata Werneckii* an *Vaucheria* erzeugt, scheinen bei der Entleerung nach Rothert (1896) keine plasmoptytischen Prozesse im Spiele zu sein.

Zu den physiologischen Plasmoptysen sind vielleicht auch die für *Cucurbita*-Haare beschriebenen Zellexplosionen zu rechnen; diese spielen sich an den Köpfen der mehrzelligen Haare ab, die die oberirdischen Teile von *Cucurbita pepo* und anderen Cucurbitaceen bedecken (vgl. A. Zimmermann 1922; Küster 1956, 140). Die Haare bekommen dadurch ein besonderes Merkmal, daß an ihrem kugeligen Ende eine segmentähnlich plankonvexe kleine Stelle entsteht (vgl. Abb. 4 a), die von der ihr benachbarten größeren, unter Plasmoptyseerscheinung sich entleerenden Zelle, nach Aufhebung des bisher von dieser Nachbarzelle aus ausgegangenen Turgordruckes sich zu einem bikonvexen Gebilde formt und weit hinweggeschleudert wird (vgl Abb. 4). Über das Schicksal der abgeschossenen Zellen ist nichts bekannt. Die den Versuchspflanzen benachbart stehenden, lebendigen oder leblosen Objekte sind oft von abgeschleuderten Segmentzellen dicht besät. Nach Zimmermann erfolgt die Explosion nach Benetzung unter dem Einfluß der Berührung.

Die Antherenhaare von *Cyclanthera* besitzen eine kleine Spitzenzelle, der eine große plasma- und elaioplastenreiche folgt (vgl. Riss 1918); bei Berührung (etwa durch pollensammelnde Insekten) platzt die große Zelle; die Spitzenzelle löst sich ab; die Membran der ersteren verkürzt sich stark, das von ihr entlassene Plasma wird an der Luft zäh und starr.

Der Spritzmechanismus, mit welchem die Früchte von *Ecballium* ihre Samen ausschleudern, hat namentlich Guttenberg (1915) untersucht: Die saftreichen hochturgeszenten Parenchymzellen bestimmter Schichten des Perikarps platzen zur Zeit der Fruchtreife und entleeren sich.

Aus der Reihe der Kryptogamen geben die wasserreichen Trägerzellen des *Pilobolus* Beispiele dafür, daß durch das Platzen stark geschwollener

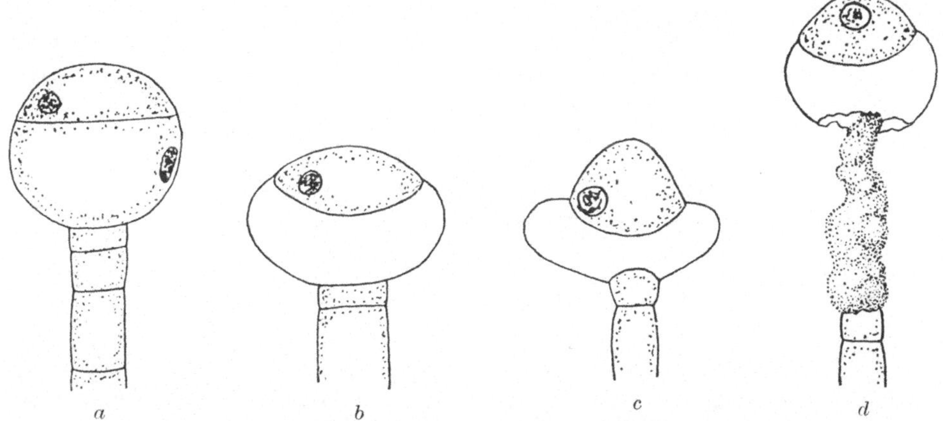

Abb. 4. Explosionshaare: *Cucurbita pepo.* — *a* Intaktes Haar mit zweizelligem Kopf; die oberste Zelle plankonvex; — *b* und *c* Haare nach der Explosion; die Segmentzelle ist bikonvex geworden, die Nachbarzelle ist entleert; — *d* bei der Explosion trennt sich die platzende Zelle unten von der Nachbarin, der Inhalt dringt als wurstförmiges Gebilde hervor. — Nach Küster.

turgeszenter Zellen die mit Sporen erfüllten Behälter zusammen mit einem Teil des Hypheninhaltes abgeschleudert werden können (Klein 1872) bis 2 m weit (Pringsheim und Czurda 1927). Bei *Basidiobolus ranarum* schleudert der Konidienträger die Spore ab (Eidam 1887; Barnes 1934; Ingold 1934). Die Asci mancher Ascomyceten entleeren sich auf plasmoptytischem Wege, die Zoosporangien von *Pythiogeton* stoßen ihren plasmatischen lebendigen Inhalt heraus, der in Zoosporangien zerfällt (von Minden, 1916).

Verhalten der Membran; Plasmoptyseort

Bei jeder Plasmoptyse wird der Membran der Zelle eine Lücke beigebracht: eine kleine Pore, deren Nachweis dem Mikroskopiker oftmals Schwierigkeiten macht, wird in die Membran gestoßen, oder ein langer Längsriß bringt sie zum Aufklaffen, oder die Membran zerfließt in streifenartige Fetzen von wechselnder Zahl und Länge; Beispiele für den Modus der letzten Art zeigen die schon wiederholt erwähnten Plasmoptysen, die sich mit Alkoholen an *Hydrodictyon*-Zellen hervorrufen lassen (HOLDHEIDE 1932 — vgl. die Abb. 5).

Dafür, daß die Membranen der Pflanzenzellen durch grob mechanische Angriffe zu Schraubenbändern zerrissen werden, sind viele Beispiele bekannt (vgl. z. B. KÜSTER 1956, 718); daß auch bei plasmoptytischer Membransprengung Ähnliches auftreten kann, zeigen SCHMIDS Beobachtungen an *Oscillatoria jenensis* (1923): Bringt man den Inhalt der Zellen durch Behandlung mit Schwefelsäure (2 Teile H_2SO_4 + 1 Teil H_2O) zum Quellen, so springt die Membran in Schraubenlinien auf: „Die violett gefärbten Zell-

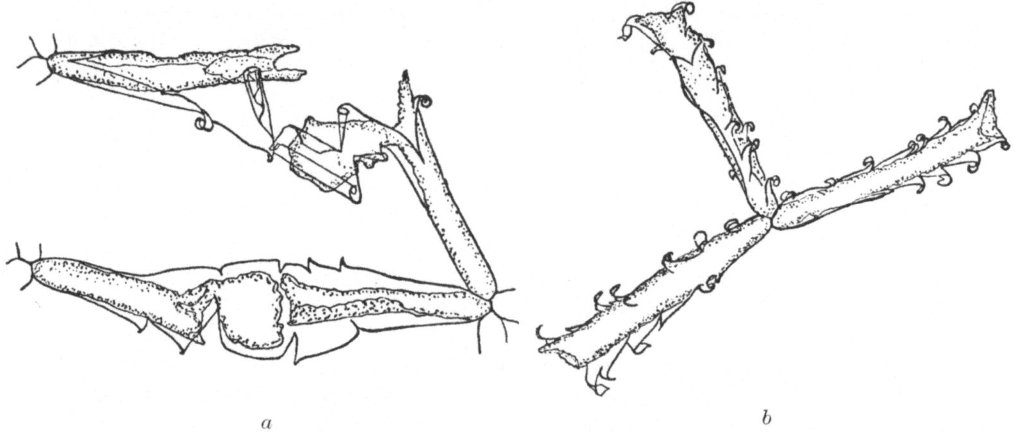

Abb. 5. Sprengung der Membran durch Plasmoptyse; *Hydrodictyon*. — *a* Behandlung mit 50%igem Äthylalkohol; die Zellen sind in ihrer Längsrichtung aufgerissen, die Membranen zerfetzt; — *b* Behandlung mit 100%igem Methylalkohol; die Membranen sind vielfach zerschlitzt, ihre Fetzen hobelspanähnlich gerollt. — Nach HOLDHEIDE.

inhalte werden herausgeschoben und liegen in einem fortlaufenden schraubenförmigen Bande (Neigungswinkel 57—70° gemessen) um den leeren Faden herum."

Bei Durchsicht zahlreicher Präparate kann es dem Beobachter nicht entgehen, daß bei vielen Objekten das an den Membranen plasmoptytisch veränderter Zellen wahrgenommene Bild der Zerstörung immer dasselbe bleibt, in anderen Fällen außerordentlich wechselt.

Es läßt sich annehmen, daß das Studium der Plasmoptyse und insbesondere des Schicksals der Membran uns über manche Eigentümlichkeiten der letzteren Aufschluß zu geben vermag, über welche auf anderem Wege nur schwer etwas zu ermitteln wäre. Durch die Streckung der Zellwand, die dem Zerreißen vorangeht, werden wir über ihre Dehnbarkeit und über ihre Reißfestigkeit belehrt, die Form des Risses, durch welchen das Plasma nach außen entweicht, gibt uns zuweilen Aufschluß über die Feinstruktur der Membran (vgl. z. B. SCHMID 1923; HOLDHEIDE 1932 u. a.). Es gibt viele Fälle, in welchen der Plasmoptyseort, d. h. die Stelle, an welcher der plasmoptytische Durchbruch erfolgt, einen bestimmten Platz an der Zelle einnimmt; es fehlt nicht an anderen Fällen, in welchen die Membranen auch in Zellen gleicher histiologischer Beschaffenheit unter gleichen äußeren Bedingungen, hinsichtlich der Plasmoptyseorte sich verschieden verhalten.

Bei den Zellen des siphonalen Typus liegt der Plasmoptyseort fast immer an der Spitze. Erhöhter Turgordruck bringt die Membranen an ihren jüngsten Stellen zum Zerreißen, und für die Erklärung der Defektplasmoptysen müssen wir annehmen, daß die Membran an der wachsenden Spitze der Zelle eine Beschaffenheit hat, durch welche sie z. B. nach Behandlung mit schwach sauren Lösungen brüchig wird und dem Turgordruck nicht mehr widerstehen kann. Bevor die Wurzelhaare plasmoptytisch platzen, kann man nach SEIDEL (1924) bemerken, daß die Membranen der äußersten Spitzen dünner werden, bis an der dünnsten Stelle die Sprengung vor sich geht; diese Vorgänge mit einer plastischen „teigähnlichen“ Beschaffenheit der wachsenden Zellenspitze mit SEIDEL in Beziehung zu bringen, liegt wohl kein Anlaß vor, da die von dem Genannten beobachteten Formwechselerscheinungen der auf einen Fremdkörper stoßenden Wurzelhaarspitzen auch durch Vergrößerung und Einschränkung des zum Flächenwachstum befähigten Kugelkalotten-Anteils der Membran sich erklären lassen (KÜSTER 1956, 629; auch REINHARDT 1899).

An Wurzelhaaren liegt nach STIEHR (1903) der Plasmoptyseort kaum jemals weiter von der Spitze entfernt als einen Haardurchmesser, — bei Pollenschläuchen nach LOPRIORE (1895, 596) an der Seite der Scheitelwölbung; doch ist auch der Fall bekannt, daß größere Abstände zwischen Plasmoptyseort und Scheitelpunkt bestehen (schnellwachsende Pollenschläuche von *Tradescantia* — KÜSTER 1928, 200); ja sogar am Körper des keimenden Pollenkorns sind nach Entwicklung beträchtlich langer Schläuche noch Plasmoptysen gesehen worden — also in beträchtlichem Abstande von der wachsenden Spitze (*Zea* — JOST 1905, 511).

Wegen der Mannigfaltigkeit ihres Verhaltens oft untersucht, aber noch keineswegs befriedigend erforscht ist das Plasmoptyseverhalten der Konjugaten und Grünalgen (SCHRÖTER 1905).

Die Zellen von *Closterium* brechen bei Plasmoptyse in der Mitte durch (Kultur in Erbsenwasser — ANDREESEN 1909, 395; Behandlung mit Methylalkohol — HOLDHEIDE 1932, 290). Die Zellen von *Mesocarpus* öffnen sich oftmals am Rande ihrer Querwände (BENECKE 1898, 468; KÜSTER 1956, Fig. 88); knieförmig gebogene nach BENECKE am Knie, in noch anderen Fällen an der Längswand (NOLL 1888). In Methylalkohol (50—100%) sah ich *Spirogyra*-Zellen bald an beliebigen Stellen der Längswände aufplatzen und außerordentlich voluminöse Ejakulate von sich geben, bald an den Querwänden, so daß das Ejakulat in die Nachbarzelle gelangte; dabei fällt auf, daß die Perforation oftmals genau zentriert erfolgt — wir wissen von vielen zytomorphologischen Erfahrungen her, daß bei den zentripetal sich entwickelnden Querwänden vieler Thalluspflanzen die Mitte und der Rand der Querwände ungleiche Eigenschaften haben. Von plasmoptytischen Durchbrechungen der Randteile wird sogleich noch zu sprechen sein.

Vor schwer angreifbare Fragen stellt uns die Mitteilung von GIBBS (1926), daß an der von ihm untersuchten *Spirogyra* nach UV-Bestrahlung die Plasmoptysen stets in einem Abstand von 30 μ von den Querwänden erfolgen.

Mit einer weiteren Gruppe bemerkenswerter Erscheinungen machen diejenigen Spirogyren uns bekannt, bei welchen die Querwände insofern nur unvollkommen durchbrochen werden, als nur eine Halbschicht durchstoßen wird; die andere bleibt erhalten und wird stark eingedellt und verlagert; das ejakulierte Protoplasma sammelt sich zwischen den beiden Lamellen in wechselnder Form und Reichlichkeit: die zurückgedrängte Lamelle kann sich mehr oder weniger weit von der Außenwand handschuhfingerartig ablösen und einstülpen. Erfolgt die Perforation an den Rändern der Querwände und dringt von diesen aus das ejakulierte Plasma zwischen die beiden Querwandhälften, so werden zwischen diesen bikonvexe mit Ejakulat erfüllte Räume sichtbar, und es entstehen zwischen zwei normal zylindrischen Zellen bikonvexe „Scheinzellen", wie sie Schlitt (1951) spontan an Spirogyren entstehen sah.

Auch *Cladophora* ist wiederholt Gegenstand der Untersuchung gewesen. Ihre Zellen platzen unter dem Einfluß mechanischen Druckes an den Spitzen wie an den Querwänden, bei stärkerem Drucke auch an der Seite (Brand 1908, 123, 126); nicht anders verhalten sich die Zellen bei typischer Plasmoptyse.

Nach Försters Abbildung zu schließen, kann das Protoplasma die Membranen von *Rhizoclonium* an allen Stellen — in der Mitte der Zellen wie an den Querwänden — durchbrechen (1933, 486); bei derselben Alge (Nordseematerial, Aquariumkultur) sah ich nach Behandlung mit Methylalkohol, daß alle Querwände langer Fadenreihen durchstoßen werden; die Außenwände blieben durchweg intakt.

Auffallende Erscheinungen entstehen an *Cladophora* bei unvollkommener Durchbrechung ihrer oftmals sehr dicken und schichtenreichen Membranen; nach Leib (1935) erfolgt eine solche Membranperforation vorzugsweise in der Nähe der Kanten der Zellenzylinder. Progressiv nennt Leib die Plasmoptyse dann, wenn nacheinander mehrere Zellen platzen — nach Ätzung mit Chromsäure (s. o.) bersten 5—6 Zellen in einem zeitlichen Abstande von 3 bis 12 Minuten; die Richtung, in der die Plasmoptysewirkung sich vollzieht, entspricht der Polarität des Fadens. Beobachtungen über andersgeartete Formen der Progression hat Benecke (1898, 464) an *Spirogyra* gesammelt.

Schon Brand (1908) hat beobachtet, daß das Protoplasma von *Cladophora* zwischen die Schichten der Membran sich zu drängen, aber nicht die Lamellen der Membran voneinander zu trennen vermag.

Ähnliche Aufspaltungen der Membranen und plasmatische Füllung der Lücken sind für manche Cyanophyceen bekannt (Lanz 1938 — „intravaginales Protoplasma" — vgl. Abb. 6). Ob derartige Plasmaexplantationen nur durch mechanische Gewalt verursacht werden oder auch als osmotische Plasmoptyse zustande kommen können, bedarf der Prüfung. Ich verweise ferner auf die Beobachtungen von Breckheimer-Beyrich (1944) an *Ulothrix* und von Úlehla an *Griffithsia* (1926 — Behandlung mit schwachen Säuren).

Bevorzugung der Kanten der Zellen bei plasmoptytischen Sprengungen ist (Biebl 1937 a, 408) auch an Rotalgen beobachtet worden (*Spondylothamnion*).

Auf die geringe Festigkeit derselben Stellen macht KOLKWITZ (1897) für *Oscillatoria maxima* aufmerksam (Verhalten der Zelle nach mechanischer Pressung).

Beachtung verdienen die Mitteilungen von HOLDHEIDE (1932, 289); er beobachtete an *Cladophora fracta*, daß das plasmoptytische Verhalten der im freien Land und in Aquariumkulturen herangewachsenen Zellen verschieden ist: Freilandexemplare waren nicht zur Plasmoptyse zu bringen, während bei Aquariummaterial entweder Zerreißung der Außenwände zu typischer Plasmoptyse führt oder die Querwände auf eine bestimmte

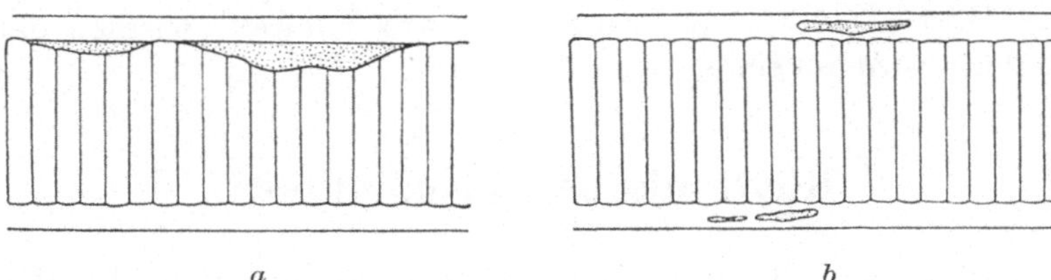

a   b

Abb. 6. Aufspaltung der Membran durch abgepreßtes Protoplasma: *Lyngbya Birgei*. — *a* Fadenstück mit zwei intravaginalen toten Plasmaeinschlüssen; — *b* die Plasmaeinschlüsse liegen zwischen den Schichten der Scheide. — Nach LANZ.

Fadenstrecke hin zerreißen; das Protoplasma staut sich dort, wo von den Querwänden ringähnliche Reste sich erhalten haben, während die Vakuolenflüssigkeit durchtritt.

´Ein ungewöhnliches Verhalten der Membranen ist bei der Plasmoptyse der bereits erwähnten *Griffithsia* überdies darin zu sehen, daß 30—40 sec. nach dem Einlegen der Fäden in Süßwasser sich an den Zellen „eine große Beule bilden kann, die zusehends von dem in den Zellsaftraum eindringenden Wasser aufgetrieben wird, bis sie schließlich mit einem plötzlichen Ruck explodiert und die Zelle oft direkt in zwei Stücke zerreißt" (BIEBL 1937 a, 410; 1939 b, 83); es handelt sich dabei vermutlich um eine ähnliche Abhebung kutikulaähnlicher Lamellen, wie sie bereits an anderen Algen (z. B. *Cladophora*) beobachtet worden ist.

Plasmoptysen besonderer Art würden wir dann vor uns haben, wenn die in der Zelle herrschenden Druckverhältnisse nicht an einem von den mechanischen Qualitäten der Membran bestimmten Orte das Protoplasma austreten lassen, sondern irgendwelche normalerweise die Membran durchsetzende Strukturen den Austrittsort bestimmen. A. FISCHER (1900) nahm an, daß das plasmoptytisch entweichende Protoplasma bei geißeltragenden Bakterien seinen Weg durch die Geißelporen nehmen kann; ähnliche Gedankengänge führten BRAND (1903) zu der Vermutung, daß das Protoplasma der Cyanophyceen durch plasmodesmenähnliche Membrandurchbrechungen den Weg nach außen findet. In beiden Fällen lagen wohl unzutreffende Vermutungen vor.

Der Membranbau der Plakophyten gibt vielleicht Anlaß, beim Studium der Plasmoptyseerscheinungen auf ähnliche Gedankengänge zurückzugreifen — insbesondere beim Studium der Diatomeen.

Die plasmoptytische Sprengung der Diatomeen erfolgt in verschiedener

Weise — durch Aufklappen der Theke (*Pleurosigma, Grammatophora, Synedra, Achnanthes* u. a. — nach BAUER 1938) oder durch Bruch der Schalen (wiederum *Pleurosigma, Achnanthes* u. a. — nach BAUER 1938), an den Ecken und Kanten der Diatomeenzellen sind die Schalen dem Bruche besonders stark ausgesetzt — nicht anders als die Membranen der vorhin erwähnten Konjugaten- und Grünalgenzellen (vgl. BAUER 1938) — oder ein Teil des Inhalts wird durch die natürlichen Öffnungen der Schalen, durch die Rhaphe, nach außen abgegeben (CHOLNOKY 1928; BAUER 1938), und GEITLER (1941) zieht aus der Form der abgegebenen Massen Schlüsse auf die Perforationsstruktur der Rhaphe. Bei *Amphiprora paludosa* sahen CHOLNOKY und HÖFLER (1944) das Protoplasma aus Spalten zwischen den Zwischenbändern vordringen.

Rhythmische Plasmoptysen

Von rhythmischer Plasmoptyse sprechen wir dann, wenn die Membranwunde, durch welche ein Teil des Zellinhalts nach außen abgegeben worden ist, sich bald wieder — oftmals vermutlich durch Gelierung des Protoplasmas — schließt, der Verschluß aber ansteigendem Turgordruck nicht widerstehen kann, so daß eine weitere Portion des Inhaltes das Lumen der Zelle verläßt. Ob der Plasmaauswurf ein einmaliger Vorgang bleibt oder sich rhythmisch wiederholt, hängt wohl von den Qualitäten des Protoplasmas ab, seiner Gelierfähigkeit u. a. und in nicht geringem Maß auch von „Zufälligkeiten" der Form und der Größe des Membranporus, dem Umfang der ihn vorübergehend verschließenden Granula des Protoplasmas und so fort; auf die bei Durchsicht zahlreicher Objekte dem Beobachter auffallende Verschiedenheit des Verhaltens histiologisch gleichartiger Zellen hat LOPRIORE (1895, 623) auf Grund seiner Pollenschlauch-Untersuchungen wohl als erster hingewiesen: „Einige, insbesondere die Pollenschläuche der Leguminosen, ließen den Plasmainhalt heftig und stoßweise austreten; andere dagegen platzten langsam und ruhig und ließen den Plasmainhalt fadenförmig ausfließen; andere endlich wurden nicht gleich zum Platzen gebracht, sondern schwollen vorher an der Spitze kugelig an."

Beispiele für rhythmische Plasmoptyse begegnen uns in den verschiedensten Zusammenhängen. Wir beobachteten sie z. B. an den großen Zellen der *Valonia*: die ihnen beigebrachten Wunden verheilen schnell, der Turgordruck der verletzten Zellen steigt aber bald wieder hinreichend an, um jene aufs neue aufbrechen zu lassen: „die rhythmischen Straffungen und Erschlaffungen wiederholen sich oft viele Male, und zwar jeweils unter Auftreten der Wirbel in der umgebenden Flüssigkeit, deren Stärke allerdings mehr und mehr nachläßt" (ULLRICH 1934, 150). Die plasmoptytischen Perforationen sind schwer nachzuweisen und unter dem Mikroskop nicht zu finden; indessen kann man feine Wasserstrahlen aus ihnen abpressen, so daß sie ihre Lage dem Beobachter verraten (ULLRICH, a. a. O.; vgl. auch LAIBACH 1932). Die bei der rhythmisch verlaufenden Plasmoptyse eintretenden Vorgänge sind vermutlich denjenigen ähnlich, die nach gewaltsamer

Perforation der Membran lebender Zellen sich abspielen; über die Wirkung einer solchen auf die Internodialzellen der *Chara* berichtet Linsbauer (1929, 578): „Ist die Öffnung entsprechend klein, so kann die Bewegung in der ganzen übrigen Zelle ganz normal vor sich gehen; in der Nähe der Wunde aber werden die Teilchen mit Gewalt aus ihrer Bahn gerissen und stürzen sich durch die Öffnung ins umgebende Wasser. Immer mehr Teilchen bleiben indessen in der Öffnung stecken und verengern diese mehr und mehr. ... Immer wieder aber wird der Pfropf zunächst durchrissen; neuerlich treten Teilchen in die Bresche, die sichtlich mit einer gewissen Gewalt in die noch vorhandenen Zwischenräume hineingepfercht werden."

Zum Verständnis der rhythmischen Plasmoptyse trägt de Vries mit seinen Eisenazetat-Versuchen bei (1885, 522): Plasmolysiert man *Spirogyra*-Zellen mit 10% KNO_3-Lösung, der eine geringe Menge Eisenazetat zugesetzt worden ist, und erwärmt man die Objekte, so sieht man die eine oder andere Vakuole platzen und einen dunkelblauen Niederschlag aus gerbsaurem Eisen entstehen, der den Riß der Vakuolenwand wie mit einer Niederschlagsmembran verstopft; einige Sekunden später sah de Vries dieselbe Vakuole nochmals, aber an anderer Stelle zerreißen, an welcher wiederum eine Niederschlagsmembran entstand (vgl. auch Küster 1910; 1929, 157); mit der Schilderung des Verhaltens kontrahierter Protoplasten haben wir bereits dem Stoffe vorgegriffen, der im letzten Kapitel („Verwandte Erscheinungen") ausführlicher behandelt werden soll.

Rhythmische Plasmoptysen sind namentlich an Pilzen, Pollenkörnern und Pollenschläuchen oft beobachtet worden. Über die an Wurzelhaaren auftretende rhythmische Plasmoptyse macht Strugger (1949, 45) einige Mitteilungen. Bei Diatomeen treten rhythmische Plasmoptysen nach Bauer (1938) dann ein, wenn an den Frusteln mehrere Brüche sich vollziehen; nach Vermutung der genannten Autorin schlägt jede Eruption eine neue Lücke in die Membran der Theken (*Pleurosigma*).

Sehr oft sich rhythmisch wiederholende oder eine lange währende kontinuierliche Abgabe von Plasma liegt vielleicht in manchen Fällen der ptyophagen Mykorrhiza vor: „Da die Stoffleitung bei den Pilzen ausschließlich durch Strömung erfolgt, braucht die höhere Pflanze nur durch Verquellung oder andersartige Zerstörung der Hyphenspitzen die Strömung in Gang zu bringen und durch Wegschaffung des Ergußmaterials die Hyphen offenzuhalten" (Burgeff 1932, 178). Falls die von Burgeff beschriebenen Ptyosome den unverdaulichen Rest ejakulierter Plasmamassen darstellen, so darf in der Tat ihre Reichlichkeit (vgl. Abb. 7) zu der Annahme führen, daß nicht nur viel Wasser, sondern auch beträchtliche Stoffmengen vom Pilz an die Wirtszelle abgelassen werden (Burgeff, a. a. O.; auch 189 ff.).

Aus der Reihe der physiologischen Plasmoptysen ist noch die Entleerung der Sporangien der auf *Zamioculcas* parasitisch lebenden *Phyllosiphon asteriforme* (vgl. Tobler 1919) zu erwähnen; sie öffnen sich spontan im Sinn einer osmotischen Plasmoptyse oder nach Berührung (s. o. S. 9 u. 18); der austretende Tropfen verschließt die Wunde — so dauerhaft, daß der Inhalt, wenn es zu erneuter Sprengung kommt, die Membran an einer anderen Stelle aufreißt.

Über rhythmische Ejakulationen an *Actinosphaerium* („alternating bands of compact and loose debries") berichten die Mitteilungen von Chambers and Howland (1930 — Tab. II).

Schicksal des Ejakulates und des Restkörpers

Bei den im Experiment erzielbaren Plasmoptysen geht das Ejakulat in vielen Fällen bald nach dem Austritt oder schon während desselben zugrunde: vor der eröffneten Zelle finden wir alsdann kein geformtes Protoplasma mehr, sondern oftmals nur eine grobkörnige Masse. Daß das ejakulierte Protoplasma spontan leicht erkennbare Veränderungen durchmacht, durch welche seine Form konserviert wird, ist nur für wenige Fälle bekannt. Gallertige Degeneration der ausgeschleuderten Plasmamassen ist für Siphoneen beobachtet und wiederholt beschrieben worden (*Valonia* [Küster 1925, 163], *Codium,* insbesondere für *Caulerpa* — vgl. oben S. 13 und Abb. 3); die Haare von *Cyclanthera* und ihr nach der Plasmoptyse erstarrendes Protoplasma haben uns oben bereits beschäftigt (S. 15). Bei Verwendung von Methylalkohol oder anderen ähnlich wirkenden Fällungsmitteln ergibt sich die für den Beobachter oft vorteilhafte Wirkung der Fixierung: bei vielen Objekten (z. B. Pollenkörnern — vgl. Abb. 1) bleiben die Ejakulate in ihrer ursprünglichen Form erhalten, so daß der Mikroskopiker noch lange nach Beendigung der Ejakulation die unterschiedlichen Fähigkeiten der Zelle auch dann noch beobachten kann, wenn die Ausschüttung des Protoplasmas nur Bruchteile einer Sekunde in Anspruch genommen hat und somit die Leistungen des Auswurfvorganges in dessen ersten und seinen folgenden Stadien noch zu beurteilen sind.

Über die physikalischen Eigenschaften des ausgeworfenen Protoplasmas hat L. Hofmeister (1950) Betrachtungen angestellt.

Die Ursache des schnell erfolgenden Plasmatodes liegt bei Verwendung ungiftiger Medien, in welche das ausgeschleuderte Plasma gerät, nicht ausschließlich in ihrer Hypotonie, sondern oftmals wohl auch in der Art und Weise des Plasmaaustrittes; wir hörten bereits, daß in vielen Fällen die in die Membran gerissenen Poren und Risse offenbar sehr klein sind (*Valonia* u. a.), so daß das lebendige Protoplasma bei der Eruption eine sehr enge Passage hinter sich bringen muß; wir wissen von den Versuchen Moores (1935), daß sich Plasmodien durch eine Gaze, deren Porenweite weniger als 20 μ beträgt, nicht ohne Schaden zu nehmen durchpressen lassen; wir müssen mit der Möglichkeit rechnen, daß ähnliche Schädigungsmöglichkeiten auch bei der Plasmoptyse gegeben sind und die dem Protoplasma drohenden Gefahren um so größer werden, je schneller der Durchtritt erfolgt; an Wurzelhaaren benötigt nach Stiehr (1903) der Zellkern zum Durchtritt 2—3 Sekunden.

Wenn bei der Plasmoptyse das Protoplasma die Membranpore ungeschädigt passiert und überdies dem Ejakulat dadurch günstige Bedingungen gewährleistet werden, daß mit ihm auch Kernsubstanz die Zelle verlassen hat, wenn weiterhin das Ejakulat außerhalb der Zelle in ein osmotisch und chemisch ihm zusagendes Medium gerät, so stehen vielleicht seiner weiteren Entwicklung keine größeren Schwierigkeiten im Wege als der eines durch Plasmolyse entstandenen Plasmaballens.

Plasmoptysen, deren Ejakulat am Leben bleibt und nichts von Schädigungen erkennen läßt, finden wir vor allem bei vielen physiologischen. Wir gedenken hier insbesondere der normalen Pollenschlauchplasmoptyse, bei der nicht nur Protoplasma, sondern vollständige Zellen abgegeben werden; vermutlich tut sich für die großen Spermazellen der Gymnospermen eine besonders umfangreiche Passage auf. Nach der von HABERLANDT vorgetragenen Vermutung (1927) wird die Öffnung der Pollenschläuche durch Fermente, wie Zytase und Pektinase, vorbereitet. Ein weiteres Beispiel liefert das Verhalten des *Geosiphon*: das ejakulierte Protoplasma umhäutet sich und setzt sein Wachstum fort — in Symbiose mit dem erworbenen *Nostoc* (s. o. S. 12).

Die im Experiment leicht erzielbaren Plasmoptysen künstlich kultivierter Pollenschläuche lassen meist nur totes Ejakulat sichtbar werden; es wäre eine lohnende Aufgabe, zu erforschen, ob sich den auf den Objektträgern liegenden Schläuchen und ihrem plasmatischen Inhalt der Austritt soweit erleichtern läßt, daß Protoplasma und vielleicht auch die Zellenkerne am Leben bleiben (KÜSTER 1924, 1024); in der Tat beobachtete PALLA (1890, 318 ff.), daß das Ejakulat weiter lebend ist, ja sogar sich umhäuten kann; LOPRIORE (1895) sah das von vielen Pollenschläuchen gelieferte Ejakulat noch lange geformt und am Leben bleiben und auch neue Explosionen durchmachen („rhythmische Plasmoptyse" — s. o. S. 20). — Wie es scheint, bringt der Genannte die Dauerfähigkeit der Pollenschlauchejakulate mit der Bildung einer derben Plasmahautschicht in Beziehung. BOBILIOFF-PREISSER (1917) sah nach Pollenschlauch-Plasmoptysen (*Aesculus*) lebende Ejakulate; er beschreibt ihre amöboiden Formwechsel und Protoplasmaströmung, die systrophische Anhäufung ihres Plasmas a. a. O. Abb. 10 *d*) und ihre Umhäutung; sogar zu Wachstum und der Bildung neuer Schläuche sollen die umhäuteten Ejakulate befähigt sein — selbst dann, wenn kein Kern in sie gelangt war; Nachprüfung wäre erwünscht.

Von den Phycomyceten wissen wir, daß das aus ihren Hyphen oder Sporangien gewaltsam ausgepreßte Protoplasma am Leben bleiben und seine Entwicklung fortsetzen kann (vgl. z. B. GÖTZE 1918; WEIDE 1939); es darf angenommen werden, daß auch auf plasmoptytischem Wege explantiertes Protoplasma ähnliche Widerstands- und Entwicklungsfähigkeit besitzen kann; HORN (1904) sah bei *Achlya polyandra*, daß das nach Behandlung mit metallhaltigen Lösungen aus den Hyphen austretende Protoplasma sich zu Sporen entwickeln kann. —

Über das Schicksal der Ejakulate, welche die Mykorrhiza-Pilze mancher Orchideen an die Wirtszelle abgeben, hat BURGEFF (1932) Mitteilungen gemacht. Bei Betrachtung der Abb. 7 (*Gastrodia*) überrascht die große Zahl der in einer Zelle vereinigten Ejakulate und ihr Gesamtvolumen.

Die Plasmamassen, die aus den Hyphen der mykorrhizabildenden Pilze stammen, können in den Orchideenwirtszellen sich umhäuten, sogar durch Wachstum sich vergrößern und zu „Vesikeln" werden (Gallaud 1905; Burgeff 1932, 166); schließlich fallen auch sie der Verdauung anheim.

Die Erscheinungen der rhythmischen Plasmoptyse haben uns bereits darüber aufgeklärt, daß ein Protoplast einen Aderlaß, wie ihn die Plasmoptyse darstellt, einmal und sogar mehrere Male überdauern kann; die

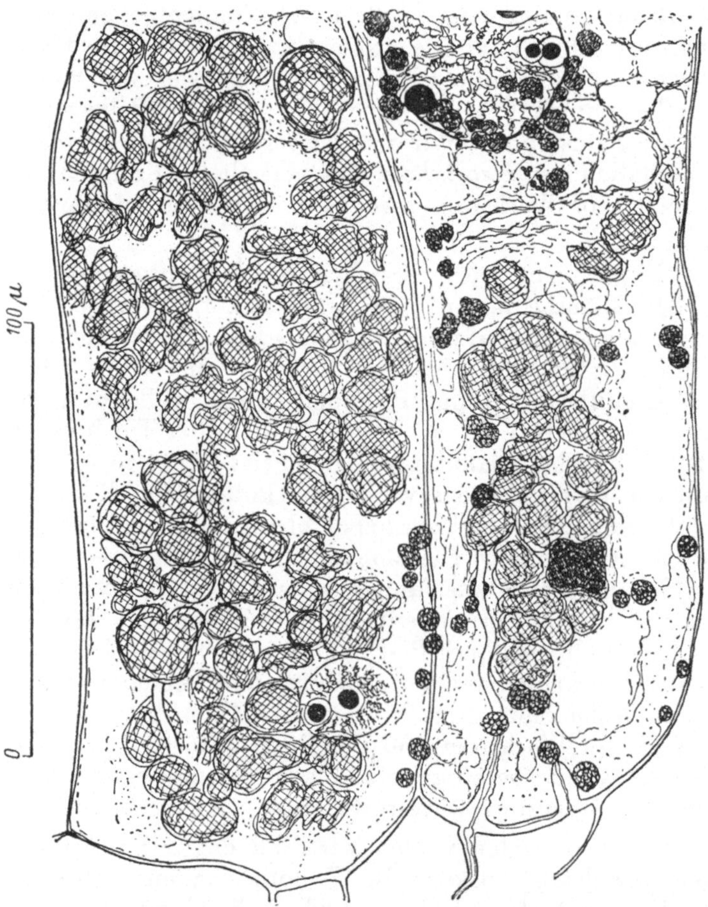

Abb. 7. Verdauungszellen von *Gastrodia javanica*. — In beiden Zellen liegen je ein Zellkern und zahlreiche „Ptyosome"; in der linken Zelle sind diese durchweg verdaut, in der anderen ist noch ein Ptyosom mit Glykogen erfüllt; die kleineren kugeligen Inhaltskörper derselben Zellen sind Stärkekörner. — Nach Burgeff.

künstliche Herabsetzung des Turgors (vgl. Kniep 1907) bedeutet also für die plasmoptytisch tätige Zelle keineswegs ein Todesurteil; je größer der in der Zelle verbleibende Anteil des Protoplasten ist, um so besser werden seine Aussichten für weiteres Leben und die Entwicklung sein. Über das Schicksal kleiner Restkörper sind wir erst unvollkommen informiert. Es ließ sich indessen zeigen, daß sogar in besonders plasmaarmen Zellen ein plasmatischer Restkörper von bescheidenem Umfange die Katastrophe überleben kann (Rhizoide des Prothalliums von *Equisetum*): Die Wunde kann verheilen, der Restkörper das Wachstum wieder aufnehmen. Zacharias (1891) sah dergleichen auch an Wurzelhaaren. Namentlich für solche, deren Kerne an der Spitze der Zelle liegen, läßt sich annehmen, daß die Plasmoptyse einen kernlosen Restkörper im Lumen der beschädigten Zelle hinterläßt; vielleicht gibt uns die Plasmoptyse ein Mittel zur Erzeugung von „kernlosen" Zellen an die Hand. An Pollenschläuchen gestattet vielleicht das Verhalten der um einen oder mehrere Zellenkerne gebrachten Zelle, neue Einsichten in die Wachstumsfähigkeit der Restkörper zu gewinnen. Dabei kommt vielleicht der Umstand dem Beobachter zu Hilfe, daß die Pollenschläuche vieler Arten außerordentlich lang werden und die in ihnen auftretenden Kallosepfropfen (vgl. z. B. Küster 1956, 128 ff.) der Konservierung plasmatischer Restkörper zustatten kommen können. Daß bei normalem Ablauf des Schicksals der Pollenschläuche diese noch lange nach der Befruchtung im Ovulum sichtbar bleiben und anscheinend noch die Ausbildung eines vielzelligen Embryos „erleben" können, lehren z. B. die Angaben von Popham (1938 — *Galinsoga*) und Shattuck (1905 — *Ulmus*) (vgl. Maheshwari 1949, 38).

Nach Cholnoky (1928) können bei Diatomeen die nach außen abgegebenen Protoplasmaanteile länger am Leben bleiben als die im Lumen verbliebenen; erneute Prüfung des Verhaltens der Zellen wäre erwünscht. Bauer (1938) hat an den von ihr untersuchten Diatomeen-Arten das Ejakulat zugrunde gehen sehen, während der plasmatische Restkörper durch Behandlung mit hypertonischen Medien zuweilen noch 2—5 Tage am Leben zu erhalten war (*Pleurosigma*, *Synedra* u. a.); die in hypertonischen Medien auftretenden Plasmolysebilder entsprachen dabei den von intakten Zellen her bekannten. Kamiya (1938) sah bei *Melosira Borreri* in hypotonischen Mitteln den Protoplasten als nackte Kugel entweichen, in anderen Fällen Plasma, Kern und Plastiden im Zellenlumen zugrunde gehen, den Tonoplasten aber als sphärisch gespannte, also noch semipermeable Hülle des Zellsaftes die Zelle verlassen; an ausgetretenen Plasmakugeln konnte der genannte Autor weder Wachstum noch Umhäutung feststellen; er beschreibt aber bemerkenswerte Einzelfunde, die auf Lebens- und Umhäutungsfähigkeit unvollkommen ausgetretenen Diatomeenplasmas schließen lassen und seine Objekte zu erneuter Untersuchung empfehlen.

Die Beobachtung, die Úlehla und Morávek (1922) an *Basidiobolus* anstellten, lassen annehmen, daß es gelingen wird, durch abgestuft dosierte Angriffe an denselben Objekten vollständige plasmoptytische oder unvollkommene Entleerung zu bewirken, bei der kleinere oder größere Restkörper erhalten bleiben, oder durch geeignete Bedingungen die Plasmoptyse zu kupieren, bevor die Zelle sich gänzlich verausgabt hat. Methoden solcher Art verhelfen uns vielleicht zu neuen Einsichten in das Schicksal des Plasmoptyserestkörpers.

Über den Restkörper, der in den Parenchymzellen der höheren Pflanzenzellen verbleibt, ist nicht viel bekannt. Klemm (1895) macht auf die Plasmaströmung aufmerksam, welche der Restkörper der von ihm behandelten Objekte (Haare von *Momordica* u. a.) nach der Ejakulation zunächst noch zeigt; vergleiche auch Jost (1929), Linsbauer (1929).

Verwandte Erscheinungen

In der plasmamorphologischen Literatur ist von Plasmoptyse wohl zumeist dann die Rede, wenn lebende Protoplasten umhäuteter Zellen ihre Membranen sprengen. Indessen können ganz ähnliche Erscheinungen sich auch an membranlosen Protoplasten abspielen.

Allgemein bekannt sind die Sprengungserscheinungen, die sich an plasmolytisch kontrahierten Protoplasten abspielen, wenn ihre von der Membran abgehobene Oberfläche hinreichend erstarrt ist und der sich neu entwickelnde Turgordruck diese Oberflächenschicht sprengt. Läßt man z. B. Schnitte der Zwiebelschuppenepidermen von *Allium cepa* (konvexe Seite) in n-KNO$_3$ 24 Stunden oder länger liegen, so schwillt nach osmotischer Aufnahme des dargebotenen Elektrolyts der Plasmakörper an, zerreißt seine Oberflächenschicht und läßt einen Teil des Inhalts in Form einzelner Blasen oder seifenschaumähnlicher Blasengruppen hervorsprudeln (Abb. 8). Die von dem kontrahierten Zellenleib abgegebene Masse besteht aus Zellsaft und Protoplasma — ersterer überwiegt; das zwischen diesem und jenem bestehende Massenverhältnis wechselt. Der Vorgang kann sich lange Zeit hindurch fortsetzen.

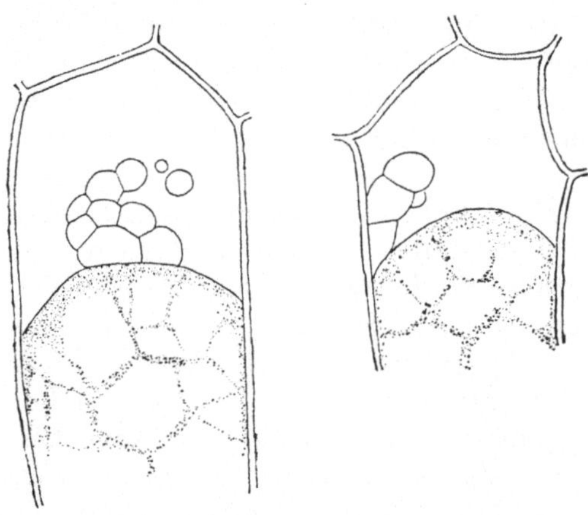

Abb. 8. Abgabe von Protoplasma und Zellsaft seitens eines in n-KNO$_3$ plasmolytisch kontrahierten Protoplasten: *Allium cepa.*

An vielen anderen Objekten ist unter gleichen Bedingungen Ähnliches zu beobachten.

Bringt man plasmolysierte Zellen nicht auf dem Weg der spontanen Anatonose, sondern durch Zusatz hypotonischer Lösungen oder reinen Wassers allzu schnell zur Schwellung, so werden die Zellen gesprengt und gehen zumeist daran zugrunde; zur Beobachtung eines geformten lebendigen Ejakulates findet sich im allgemeinen keine Gelegenheit. Wenn bei der spontan einsetzenden Anatonose die austretenden Plasmablasen am Leben bleiben, so verdanken sie diesen Umstand in erster Linie wohl der Langsamkeit, mit der die Schwellung des kontrahierten Plasmakörpers vor sich geht.

Der erste, der an langsam zur Deplasmolyse sich anschickenden Zellen die beschriebenen Sprengungen beobachtet zu haben scheint, war wohl NÄGELI (1855, Taf. 2, Fig 5, 6, 8). Aus dem Arbeitsbereich der folgenden Zytologengeneration kämen namentlich DE VRIES (1885, 501, tab. 23) und KLEBS (1888, 529 ff.) in Betracht; DE VRIES arbeitete mit *Rhoeo*, KLEBS schildert das Verhalten von Algenzellen; bei *Zygnema* waren aus den kontrahierten Zellenkörpern Plasmablasen hervorgetreten, die sich umhäuten konnten und bei weiterem Wachstum des Zellenleibes wie selbständige, umhäutete Kammern zur Seite gedrängt und deformiert wurden; derselbe Forscher beschreibt Ähnliches für *Oedogonium* und *Cladophora*.

Am Inhalt plasmolysierter Zellen plasmoptyseartige Plasmaeruptionen hervorzurufen, gelingt mit denselben Mitteln, welche an intakten Zellen von normaler Plasmakonfiguration typische Plasmoptyse bewirken; HOLD-HEIDE plasmolysierte *Nitella*-Zellen mit 0,4 mol Rohrzucker; nachfolgender Zusatz von Methylalkohol führt zu drei- bis viermal sich wiederholender plasmoptytischer Sprengung (1932, 248). Ähnliche Vorgänge haben, wie es scheint, noch vielen anderen Autoren vorgelegen. Wiederholt beschrieben haben sie das Anschwellen und das Platzen der Vakuolenhüllen plasmolysierter Zellen; der dabei wahrgenommene Erguß des Zellsaftes in das Protoplasma bedarf noch weiterer Erforschung — ich verweise z. B. auf HÖFLERS Beobachtungen an *Gentiana Sturmiana* (Sulfoharnstoff 1,0 bis 1,5 mol — 1938/39): Nach Einwanderung des plasmolysierenden Stoffes in die Vakuole platzt der Tonoplast, der Vakuolenfarbstoff breitet sich im Protoplasma bis zu dessen Außenschicht aus, die später ihrerseits zu platzen pflegt.

Eine und dieselbe Plasmoptyse kann außerordentlich lange anhalten, so daß die mehr und mehr heranschwellenden Plasmablasen schließlich das ganze Lumen der Zelle erfüllen und dadurch Bilder zustande kommen lassen, die gelegentlich von den Autoren mißverstanden und falsch gedeutet worden zu sein scheinen.

Die ausgetretenen plasmatischen Blasen können lange am Leben bleiben, ihr Plasma kann die verschiedensten vitalen Veränderungen durchmachen — im Sinne einer Protoplasma-Systrophe, einer Vakuolenfurchung oder anderer Änderungen der Plasmakonfiguration.

Die Lage der Plasmoptyseorte wechselt; der vakuolenreiche Inhalt kann an zwei oder mehr Stellen hervorsprudeln, auch an beiden Polen der Plasmamenisken nahezu gleichzeitig vordringen; oftmals sind diejenigen Stellen bevorzugt, an welchen der Protoplasmazylinder von der Wand sich abhebt und seine sphärische Wölbung einsetzt.

Spielt sich der Vorgang plasmoptytischer Stoffabgabe an Plasmatrümmern ab, die nicht irgendwo an der Membran haften (negative Plasmolyseorte!), sondern frei im Lumen liegen, so kann die Explosion zu Rückstoßreaktionen und Ortsveränderungen der Plasmakugeln führen, die sich an intravakuolärem Protoplasma (KÜSTER 1957, 8) manchmal in höchst auffälliger Form abspielen. Auf ähnliche Wirkung sind wohl auch die an isolierten Plasmakugeln zuweilen beobachteten Bewegungen zurückzuführen (*Bryopsis* — vgl. NOLL 1897, KÜSTER 1939 b). Es wäre von Interesse, Näheres darüber zu erfahren, wie Berührung oder mechanischer Stoß auf das Protoplasma wirken und ob ein solcher selbst bei sehr schwachen Einwirkungen die Kontinuität der Plasmahülle zerstören kann, so daß sie platzt — und unter welchen Umständen es zum Untergang der letzteren kommt oder ein schneller Verschluß und rhythmische Stoffabgabe möglich werden.

Ferner wäre hier an die Entleerungserscheinungen zu erinnern, welche die in umhäuteten Protoplasten nach Plasmolyse erkennbaren Vakuolen manchmal „kontraktil" und rhythmisch pulsierend (vgl. z. B. Lloyd and Scarth — Gameten von *Spirogyra*, 1926) und den hochdifferenzierten Vakuolenapparaten der Flagellaten usw. ähnlich werden lassen. Aus verletzten Sporangiumträgern von *Phycomyces* kann man zuweilen Vakuolen gewinnen, die im umgebenden Medium schwellen, schließlich platzen und sich wieder verschließen und von neuem platzen (Küster 1939 a); bei Protoplasmakugeln von *Bryopsis* erfolgen diese Vorgänge rhythmisch mit einer Taktlänge von 20 bis 60 Sek. (Küster 1939 a, 10; 1956, 543). Untersuchung plasmafreier rhythmisch explodierender Vakuolen verspricht Einsichten in die physikalischen Eigenschaften der semipermeablen Oberflächenschichten, die sich nach der Explanation an ihnen bilden.

Dieselben Phänomene wie an plasmolytisch kontrahierten Protoplasten lassen sich auch an membranlosen Organismen und Zellenformen wahrnehmen; wir vergleichen mit der Plasmoptyse die an Flagellaten beobachteten Sprengungserscheinungen, die an Myxomyceten oft wahrgenommene Kugelbildung (Balbach 1936), die an *Fucus*-Eiern sich abspielenden Blasenaustritte; über ähnliche Phänomene an *Vorticella* hat Schaede (1923 b, 351 — Behandlung mit Anilingelb) Mitteilung gemacht. Die an *Fucus*-Eiern beobachteten „Pseudorhizoide" sind wohl auf starke Quellung des Protoplasmas und lokale Zerreißung seiner Oberflächenschicht zurückzuführen (vgl. Fritz 1937; dort weitere Literaturangaben). Nach Behandlung mit hypotonischen Medien treten an eng umschriebenen Stellen der Eioberfläche walzenförmige Plasmamassen hervor, die sich sofort mit einer Membran bedecken — nur am Ende der Stränge bleiben diese unbedeckt.

Auch andere lebendige Bestandteile des Zelleninhalts als das Protoplasma und seine Trümmer können durch Schwellung oder Quellung ihr Volumen vergrößern, eine feste Oberflächenschicht dabei zerreißen und einen Teil ihres Inhalts ausschütten. An Zellkernen sind Vorgänge dieser Art wiederholt beobachtet worden; wenn jene nach Behandlung der Zellen mit hyper-, nachfolgend mit hypotonischen Mitteln quellen, so sieht man bei manchen Objekten (z. B. *Allium*) die Kernhülle zerreißen, eine anscheinend gallertige Masse aus der Rißstelle vordringen oder irgendwelche Kernbestandteile in die Vakuole der Zelle oder in den zwischen Membran und plasmolytisch kontrahiertem Plasma liegenden Raum geschleudert werden („K a r y o p t y s e — vgl. Küster 1921, 1932 a; Martens et Chambers 1932; Jungers 1934; Schorr 1937; Schindler 1944 u. a.; weitere Literatur über Zellkernquellung z. B. bei Küster 1956, 219 ff.). Die ersten Beobachtungen über die beschriebenen Kernveränderungen gehen auf Hanstein (1872) zurück. Über extranukleare Nukleolen und den Weg, den sie vom Zellkern in das Protoplasma oder in die Vakuole zurücklegen, ist die karyoplasmatische Literatur zu befragen. (Vgl. z. B. Němec 1910, 177; Tischler 1943, 2, 198 ff.)

Vermutlich werden sich analoge Vorgänge auch bei Plastiden nachweisen lassen, insbesondere den vakuolig degenerierten (Küster 1937; 1956). Die in ihnen liegenden abnormen Saftblasen zeigen in hyper- und hypotonischen Medien osmotische Entschwellung und Schwellung; Vorgänge des Platzens scheinen noch nicht wahrgenommen oder beschrieben worden zu sein (vgl. auch Plass 1943. Aufquellen der Diatomeenplastiden durch Ammoniak).

Veränderungen, welche den durch Plasmoptyse bewirkten äußerlich ähnlich werden können, kommen an Pflanzenzellen mancherlei Art nach Quellung ihrer Membranen zustande: indem die inneren Schichten der letzteren stark quellen, entstehen Gallert- oder Schleimstifte oder anders geformte Massen, die unter gewaltiger Größenzunahme Bilder zustande bringen, die den durch Plasmoptyse hervorgerufenen ähnlich werden

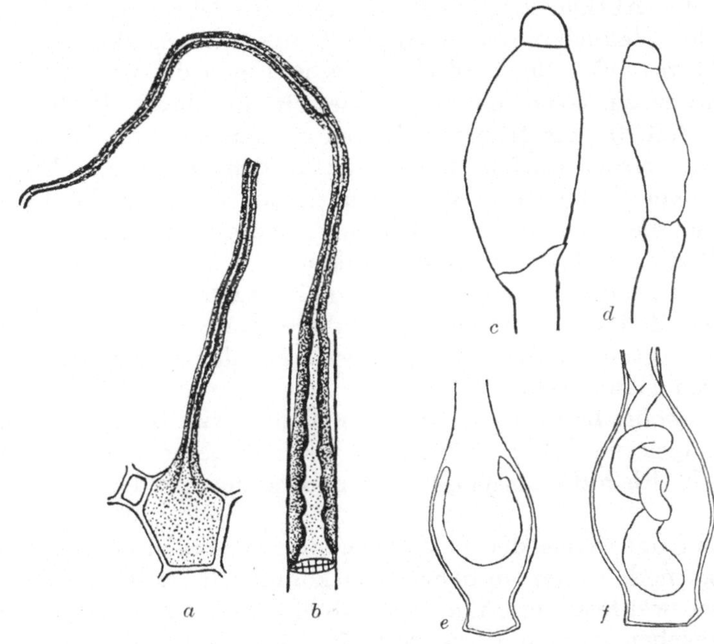

Abb. 9. Plasmoptyseähnliche Erscheinungen, die durch Quellung der Membran hervorgerufen werden. — *a* und *b* Quellungserscheinungen an den Längswänden der Siebröhren von *Gerradanthus grandiflorus*; nach A. Zimmermann. — *c, d, e* und *f* Spitzen und Bauchanteile der Flaschenhaare von *Delphinium*; nach Küster.

können. Die Siebröhren von *Gerradanthus grandiflorus* und anderen Kürbisgewächsen sind durch eine innere Membranschicht gekennzeichnet, die nach Wasserzusatz zu gewaltigen Schläuchen wird (Abb. 9 — vgl. Zimmermann 1922, 1, 43). Ähnliche Bilder können die Flaschenhaare von *Delphinium* liefern (Küster 1944). Die Membran ihres flaschenhalsartigen Teiles quillt gewaltig heran, trägt die Spitze des Haares wie ein Zellulosehütchen vor sich her oder dringt in Form eines rundlichen Zystolithen oder eines vielfach gewundenen Gallertschlauches in das Lumen des Haarbauches hervor; in Abb. 9 sind einige Formen dieser Quellungserscheinungen zur Darstellung gebracht.

Als weitere Beispiele ließen sich die für die Achaenen der Compositen längst bekannten Gallertstifte anführen, die oft diskutierten Schräubchen von *Cuphea* u. a. m. (vgl. Literatur bei Küster 1956, 658). —

Eine Erscheinung, die wir mit der der Plasmoptyse in mancher Beziehung vergleichen dürfen, ist für einige marine Rotalgen beschrieben worden. Überträgt man solche in Süßwasser, so gehen ihre Zellen unter verschiedenartigen Symptomen zugrunde: entweder die Protoplasten sterben ab, ohne daß ihre Teile wesentliche Lageveränderungen erführen (Höflers Hypotonietod) — oder es kommt zur Plasmoptyse, wie es oben S. 6 zu beschreiben war — oder es erfolgt Sprengung der Vakuolenwand. Man sieht die roten Plastiden der wandständigen Plasmaschicht durcheinanderwirbeln und in den Zellsaft gelangen (Höfler 1931, 1933/34 — *Nitophyllum;* vgl. auch Biebl 1937 a, 412). Die Mechanik des Vorganges bedarf noch der Aufklärung. Ob durch ihn auch lebendige Protoplasmatropfen in den Vakuolenraum gelangen können (intravakuoläres Protoplasma — Küster 1957, 10), muß ebenfalls noch geprüft werden.

Es ist schwer zu sagen, ob und inwieweit mit diesen Beobachtungen der neuesten Zeit die aus früheren Jahren stammenden von Klemm (1895, 652) verglichen werden dürfen. Klemm sah an den Zellen der *Momordica-*Haare unter dem Einfluß von Induktionsströmen zuweilen die Vakuolenwand platzen, die inneren Umrisse des Protoplasmas unscharf werden; vereinzelte Portionen desselben bilden vakuolige Kugeln und etliche, beim Platzen ausgestoßene Körnchen wimmeln im Zellsaftraum umher. Lebendig bleibt von dem Zellenleib nur noch die äußere Hautschicht — Klemm sieht in diesen Beobachtungen einen neuen Beweis für das Vorhandensein einer existenzfähigen Hautschicht.

Für *Basidiobolus* beschreiben Ulehla und Morávek (1922, 14) das Verhalten plasmolysierter Zellen nach Zusatz von schwacher Säure: das Protoplasma ergießt sich nicht plasmoptytisch nach außen, sondern in den Zellsaftraum.

Wollte man den Kreis der mit Plasmoptysen vergleichbaren Verlagerungsvorgänge noch weiter ausdehnen, so könnte man aller Prozesse hier gedenken, bei welchen geformte Bestandteile vom Protoplasma an die Vakuole abgegeben werden (Pfeffer 1890; Küster 1956, 571 ff.); die Mechanik dieser Verlagerungsvorgänge geht freilich weniger auf Schwellung und Quellung als auf Oberflächenspannung und Benetzbarkeit zurück. —

Schon bei Besprechung der physiologischen Plasmoptysen (s. o. S. 12) kam die Erscheinung zur Sprache, daß der von einer lebendigen Zelle abgegebene Anteil ihres lebendigen Inhalts in eine benachbarte lebendige Zelle gerät: die Pollenschläuche schütten ihren Inhalt in den Embryosack; die Antheridien von *Saprolegnia* u. a. in das Lumen des Oogoniums usw.; auch bei den experimentell erzeugten Plasmoptysen sahen wir (*Spirogyra, Cladophora* usw. — s. o. S. 17), daß ein Teil des Inhalts gesprengter Zellen in die Nachbarzelle abgeschoben wird. Aus der pathologischen Zytogenese wollen wir hier einige weitere Erscheinungen behandeln, bei welchen unter abnormen Bedingungen, vor allem unter dem Einfluß mechanischen Druckes, die Zellen genötigt werden, einen Teil ihres Inhalts an die Nachbarzellen abzugeben — ich meine die Erscheinungen des Plasma- und Kernübertrittes, der D i a p e d e s e und Z y t o m i x i s.

Bei vielen Pflanzenorganen ist die Verbindung, die zwischen Epidermis und Grundgewebe besteht, keineswegs sehr fest: man kann die erstere leicht von ihrer Unterlage als zusammenhängendes Häutchen abziehen.

Für die lebenden Zellen bedeutet diese Prozedur in vielen Fällen eine ernsthafte Störung und Gefährdung; die mikroskopische Prüfung der abgezogenen Epidermen zeigt, daß der Inhalt der Zellen, Protoplasma und Zellenkern, infolge der mechanischen Angriffe durch irgendwelche kleine

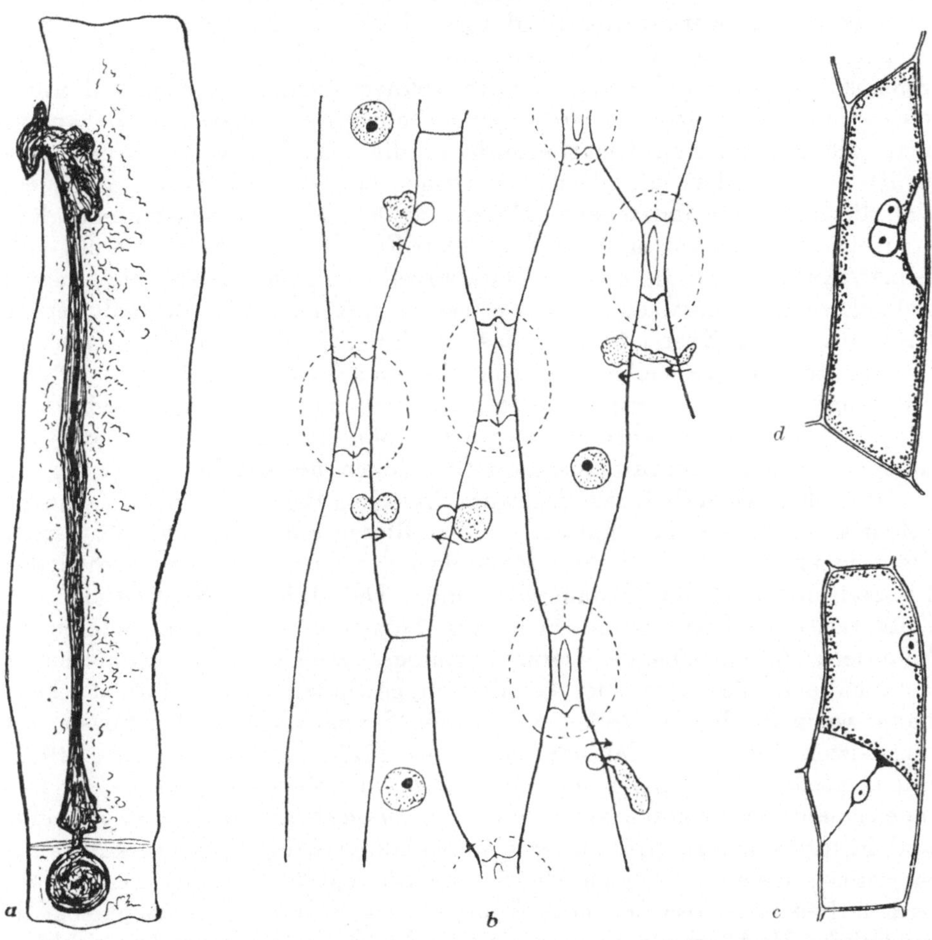

Abb. 10. Kerndurchtritte: abgezogene Epidermen. — *a Allium cepa*; der Zellkern der untersten Zelle ist durch die Pressung in die Form eines langen Stranges gebracht und nach Durchbrechung einer zweiten Wand in eine dritte Zelle gedrängt worden; die zum Strang ausgezogene Kernmasse läßt die Wanderung derselben erkennen; diese ist parallel zur Zellenlängsachse erfolgt; — *b Iris germanica*; mehrere unvollkommene Kerndurchtritte; rechts oben Übergang des Kerns in eine dritte Epidermzelle; seine Wanderung erfolgt senkrecht zur Zellängsachse; — *c* und *d: Zea mays*; zwei zweikernige Zellen nach Plasmolyse. — *a* nach LINSBAUER (1930); *b* nach SCHÜRHOFF (1906); *c* und *d* nach KÜSTER (1939a).

Risse der Membran in die Nachbarzelle gedrängt worden ist; ja sogar in die nächstfolgende Zelle kann der Inhalt noch weiterbefördert werden, und gar nicht selten sehen wir den transplantierten Zellenkern in seinem neuen Behälter als einzigen Zellenkern das Feld behaupten, da der in derselben Zelle bisher ansässige seinerseits in die nächste Zelle abgepreßt worden ist (GAVAUDAN 1936); MIEHE hat hierüber die ersten aufschlußreichen Versuche angestellt (1901).

Abb. 10 bringt als Beispiele einige Zellen der Epidermen von *Allium,*
Iris und *Zea*; bei *a* ist ein durch mechanische Gewalt zu einem langen
Strange ausgezogener Kern dargestellt; er stammt aus der untersten der
abgebildeten Zellen, ist in die lange benachbarte gedrängt worden und
von dieser in eine dritte Zelle gelangt (LINSBAUER 1930); bei *b* sind mehrere
unvollkommene Kerndurchtritte dargestellt (SCHÜRHOFF 1906).

Die Verlagerung der Zellenbestandteile ist leicht festzustellen; schwieriger ist die Frage zu beantworten, in welchem Zustande die transplantierten Protoplastenstücke in dem neuen Zellenraum eintreffen. Behandelt
man die abgezogenen Gewebeschichten, die auf Kernverlagerungen geprüft werden sollen, mit plasmolysierenden Mitteln, so läßt sich erkennen,
daß die Zellen der abgezogenen Häute noch lebende Protoplasten enthalten
— trotz den heftigen mechanischen Angriffen, die das Abziehen mit sich
bringt. Auch Zellen, die aus der Nachbarzelle zu dem eigenen einen neuen
Zellenkern aufgenommen haben, erweisen sich noch als plasmolysierbar
(Abb. 10 *c* und *d*; KÜSTER 1939 a). Plasmolysierbar sind auch die Protoplasten
kernlos gewordener Zellen. Näherer Prüfung bedarf die Frage, ob und
wie lange auch der transplantierte Zellenkern noch am Leben bleibt, was
für ein Schicksal den kernlos gewordenen oder mit Kernpaaren oder mit
noch höherem Kerngehalt ausgestatteten Zellen bevorsteht.

Im großen wiederholt sich das, was wir soeben für die Zellen der höheren
Pflanzen zu beschreiben hatten, an den Riesenzellen der Phycomyceten;
die Widerstandsfähigkeit ihres Protoplasmas macht sie zu Versuchen der
Plasmatransplantation besonders geeignet. Den Inhalt, Protoplasma und
Zellkerne, eines Sporangiumträgers von *Phycomyces* in einen anderen zu
befördern und ein lebendes wachstumsfähiges, zwei ursprünglich getrennte
Zellinhalte in sich bergendes Gebilde zu gewinnen, gelang BURGEFF auch
dann, wenn die beiden Zellen den beiden Sexualpartnern der Pilzspezies
angehörten (BURGEFFS „Mixochimären" — 1915). GÖTZES Versuche (1918)
mit demselben Pilz gingen über jene insofern noch hinaus, als es ihr mit
ihnen gelang, das Protoplasma unreifer *Phycomyces*-Sporangien in Columella
und Fruchthyphe zu pressen; das transplantierte Protoplasma kam auch
an seinem neuen abnormen Platze zur Sporenbildung. Bei diesen Versuchen ließ sich also lebendes Protoplasma in eine zytomorphologisch
unähnliche Nachbarzelle pressen und in dieser zur weiteren Entwicklung
bringen.

Die Mechanik der bisher geschilderten Plasmaverlagerung ist insofern
leicht verständlich, als die vom Experimentator angewandte mechanische
Kraft jene zustande bringt. Ähnliche Wirkungen lassen sich für Zentri-
fugenversuche erwarten; ANDREWS nimmt an, daß bei *Tradescantia*-Haaren
die Zellenkerne durch Schleuderung in die Nachbarzellen sich jagen
lassen — so wie es für Rhaphiden bereits gelungen war (1915, 251). Es darf
angenommen werden, daß neue, mit hohen Fliehkräften angestellte Versuche zu guten Ergebnissen führen werden.

Nun scheint es wichtig, daß ganz ähnliche Kernverlagerungen auch durch
andere Eingriffe sich erzielen lassen als durch grob mechanische — z. B.
durch Verwundung.

Anregungen zur Beurteilung der Wundwirkungen geben uns einige Mitteilungen von Němec (1910) — er nimmt an, daß bei der Verwundung von Wurzeln (*Pisum* u. a.) große und kleine Risse in der Membran entstehen, durch welche die Kerne in die Nachbarzelle gelangen können; die Kerne können sogar mit den eingesessenen fusionieren, so daß wir auf ihr Leben schließen dürfen.

Auf Verwundung gehen die von Schweidler (1905, 276) an *Moricandia arvensis (Cruciferae)* beobachteten Verlagerungen zurück; Kern und Protoplasma und ein Teil des eiweißreichen Vakuolensaftes treten aus den subepidermalen Sekret- in die Epidermiszellen über. Nähere Angaben über das Schicksal der dabei beteiligten, histiogenetisch verschiedenartigen Zellen hat Schweidler nicht gemacht.

Ähnliche Verlagerungen können weiterhin durch Anwendung von Fixiermitteln, durch Erhöhung der Temperatur usw. bewirkt werden, und spielen sich sogar in der normalen Zytogenese ab, wie von dem Kernverhalten apogamer Farne bekannt ist (Farmer, Moore and Digby 1903).

Bei hohen Temperaturen konnte Hottes z. B. an *Vicia faba* Kernübertritte beobachten (erwähnt bei Strasburger 1901, 552, siehe auch Tischler, 1934, 328).

Die Wirkung der Fixiermittel ist namentlich bei der als Zytomixis bezeichneten, besonders an Pollenmutterzellen studierten Erscheinung der Kernwanderung diskutiert worden (vgl. z. B. Körnicke 1901; Tischler 1934, 1, 331; Kattermann 1933). Wir hörten früher, daß auch an freiliegenden Zellen Fixiermittel echte Plasmoptyse hervorrufen können (s. o. S. 22).

Literatur

Addicott, F. T., 1943: Pollen germination and pollen tube growth as influenced by pure growth substances. Plant physiol. **18**, 270.

Andreesen, A., 1909: Beiträge zur Kenntnis der Physiologie der Desmidiazeen. Flora **99**, 373—413.

Andrews, F. M., 1915: Die Wirkung der Zentrifugalkraft auf Pflanzen. J. wiss. Bot. **56**, 221—253.

Balbach, H., 1936: Über die Wirkung von Harnstoff auf Gymnoplasten. Protoplasma **26**, 192—204.

Barnes, B., 1934: Spore discharge in *Basidiobolus ranarum* Eidam. Ann. Bot. **48**, 453—457.

Barrett, J. T., 1912: Development and sexuality in some species of *Olpidiopsis*. Ann. Bot. **26**, 209—238.

Bauer, L., 1938: Über das Verhalten der Diatomeen in hyper- und hypotonischen Medien. Arch. Protistenk. **91**, 267—291.

Benecke, W., 1898: Mechanismus und Biologie des Zerfalls der Konjugatenfäden in die einzelnen Zellen. J. wiss. Bot. **32**, 453—476.

Berg, H. v., 1930: Beiträge zur Kenntnis der Pollenphysiologie. Planta **9**, 105—143.

Biebl, R., 1937 a: Ökologische und zellphysiologische Studien an Rotalgen der englischen Südküste. Beihefte Bot. Zbl. A **57**, 381—424.

— 1937 b: Zur protoplasmatischen Anatomie der Rotalgen. Protoplasma **28**, 562—581.

— 1939 a: Zellphysiologische Studien an *Antithamnion plumula* (Ellis) Thuret. Protoplasma **32**, 443—463.

— 1939 b: Protoplasmatische Ökologie der Meeresalgen. Ber. Dtsch. Bot. Ges. **57**, [78—90].

Bobilioff-Preisser, W., 1917: Zur Physiologie des Pollens. Beih. Bot. Zbl. I, **34**, 459—492.

Brand, F., 1903: Über das osmotische Verhalten der Zyanophyzeen. Ber. Dtsch. Bot. Ges. **21**, 302—309.
— 1908: Über Membran, Scheidewände und Gelenke der Algengattung *Cladophora*. Ber. Dtsch. Bot. Ges. **26**, 114—143.
Breckheimer-Beyrich, H., 1944: Über Protoplasma- und Protoplasten-Verlagerungen bei Algen. Planta **34**, 184—192.
— 1949: Experimentelle Beiträge zur Kenntnis der Zyanophyzeenzelle. S. Ber. Oberh. Ges. Natur- u. Heilk. Naturw. Abt. **24**, 73—115.
Brink, R. A., 1924 a: Preliminary study of the role of salts in pollen tube growth. Bot. gaz. **78**, 366—377.
— 1924 b: The physiology of pollen I, II, III, IV. Amer. J. Bot. **11**, 218, 283, 351, 417.
Brinley, F. J., 1928: Penetration of hydrogen cyanids into living cells. Protoplasma **2**, 385—391.
Brockmann, Ch., 1908: Über das Verhalten der Plankton-Diatomeen bei Herabsetzung der Konzentration des Meereswassers und über das Vorkommen von Nordsee-Diatomeen im Brackwasser der Wesermündung. Wiss. Meeresunters. Abt. Helgoland, N. F. **8**.
Buchholz, J. T., and A. F. Blakeslee, 1927: Abnormalities in pollen-tube growth in *Datura* due to the gene Tricarpel. Proc. Nat. Acad. Sci. **13**, 242—249.
Burgeff, H., 1915: Über Sexualität, Variabilität und Vererbung bei *Phycomyces nitens*. Ber. Dtsch. Bot. Ges. **30**, 679—685.
— 1932: Saprophytismus und Symbiose. Studien an tropischen Orchideen. Jena.
Chambers, R., and R. B. Howland, 1930: Micrurgical studies in cell physiology VII. The action of the chlorides of Na, K, Ca and Mg on vacuolated protoplasm. Protoplasma **11**, 1—18.
Cholnoky, B. v., 1928: Über die Wirkung von hyper- und hypotonischen Lösungen auf einige Diatomeen. Internat. Rev. Hydrobiol. **19**, 452—500.
— und K. Höfler, 1944: Plasmolyse und Bewegungsvermögen der Diatomee *Amphiprora paludosa*. Protoplasma **38**, 155—164.
Cormack, R. G. H., 1949: The development of root hairs in Angiosperms. Bot. Rev. **15**, 583—612.
Correns, C., 1889: Kulturversuche mit den Pollen von *Primula acaulis*. Ber. Dtsch. Bot. Ges. **7**, 265—272.
Coupin, H., 1909: Sur la cytologie et la tératologie des poils absorbants. Rev. gén. bot. **21**, 63—67.
Demeter, K., 1923: Über „Plasmoptysen"-mykorrhiza. Flora **116**, 405—456.
Dostál, R., 1928: Zur Frage der Fortpflanzungsorgane der Caulerpaceen. Planta **5**, 622—634.
Eidam, E., 1887: *Basidiobolus*, eine neue Gattung der Entomophthorazeen. Cohn's Beitr. Biol. Pflanzen **4**, 181—251.
Eschenhagen, Fr., 1889: Über den Einfluß von Lösungen verschiedener Konzentration auf das Wachstum von Schimmelpilzen. Diss. Leipzig.
Farmer, J. B., J. E. S. Moore and L. Digby, 1903: On the cytology of apogamy and apospory I. Preliminary Note on apogamy. Proc. roy. Soc. Lond., Ser. B *71*, 453—457.
Farr, Cl. H., 1928: Growth of root hairs in solutions IV. Amer. J. Bot. **15**; vgl. auch Quart. Rev. Biol (Am.) **3**, 343 u. Bull. Torrey Bot. Club **55**, 529.
Fischer, A., 1900: Die Empfindlichkeit der Bakterienzelle und das bakterizide Serum. Ztschr. Hyg. **35**, 1—58.
— 1906: Über Plasmoptyse der Bakterien. Ber. Dtsch. Bot. Ges. **24**, 55—63.
Förster, K., 1933: Quellung und Permeabilität der Zellwand von *Rhizoclonium*. Planta **20**, 476—505.
Francke, H.-L., 1934: Beiträge zur Kenntnis der Mykorrhiza von *Monotropa hypopitys*. Flora **129**, 1—52.
Fritz, Fr., 1937: Über die Pseudorhizoide der Fucuseier. Arch. exper. Zellforsch. **20**, 362—375.
Gallaud, J., 1905: Études sur les mycorrhizes endotrophes. Rev. gén. Bot. **17**, 5—48, 66—85, 123—136, 223—239, 313—325, 423—433, 479—500.
Garbowsky, L., 1906: Plasmoptyse und Abrundung bei *Vibrio proteus*. Ber. Dtsch. Bot. Ges. **24**, 477—485.
— 1907: Gestaltsveränderung und Plasmoptyse. Arch. Protistenk. **9**, 53—83.
Gavaudan, P., 1936: Sur les phénomènes de diapédèse nucléaire dans les cellules végétales. C. r. Soc. Biol. Paris **123**, 889—891.

GEITLER, L., 1941: Über eine neue Struktureigentümlichkeit der Rhaphe und über das Plasmoptyseverhalten der Diatomeen. Ber. Dtsch. Bot. Ges. **59**, 10—17.
— 1944: Furchungsteilung, simultane Mehrfachteilung, Locomotion, Plasmoptyse und Ökologie der Bangiacee *Porphyridium cruentum*. Flora **137**, 300—333.
GIBBS, R. D., 1926: The action of ultraviolet light on *Spirogyra*. Trans. R. Soc. Canada, Sect. V, Cl. II, **20**, 419—426.
GOEBEL, K. v., 1923: Organographie der Pflanzen, 2. Aufl., Bd. 3, Jena.
GÖTZE, H., 1918: Hemmung und Richtungsänderung begonnener Differenzierungsprozesse bei Phycomyceten. Jahrb. wiss. Bot. **58**, Heft 3, 337—405.
GUTTENBERG, H. v., 1915: Zur Kenntnis des Spritzmechanismus von *Ecballium elaterium* RICH. Ber. Dtsch. Bot. Ges. **33**, 20—37.
HABERLANDT, G., 1927: Zur Zytologie und Physiologie des weiblichen Gametophyten von *Oenothera*. Ber. Akad. Wiss. Berlin, physikal.-math. Kl. **7/9**, 33—47.
HANSTEIN, J. v., 1872, Vorläufige Mittheilungen über die Bewegungserscheinungen des Zellkerns in ihren Beziehungen zum Protoplasma. Bot. Ztg. **30**, 22—28, 41—46.
HÖFLER, K., 1931: Hypotonietod und osmotische Resistenz einiger Rotalgen. Öst. Bot. Z. **80**, 51—71.
— 1933/34: Regenerationsvorgänge bei *Griffithsia Schousboei*. Flora **127**, 331—344.
— 1934: Kappenplasmolyse und Salzpermeabilität. Ztschr. wiss. Mikro. **51**, 70—87.
— 1938/39: Nekrose in Sulfoharnstoff. Flora **133**, 131—142.
HOFMEISTER, L., 1950: Eine einfache Apparatur für quantitative Mikroinjektion nebst Bemerkungen über plasmatische Injektion. Protoplasma **39**. 323—332.
HOLDHEIDE, W., 1930: Über einen eigenartigen Fall von Plasmoptyse. Biol. Zbl. **50**, 705—712.
— 1932: Über Plasmoptyse bei *Hydrodictyon utriculatum*. Planta **15**, 244—298. Diss. Heidelberg.
HORN, L., 1904: Experimentelle Entwicklungsänderungen bei *Achlya polyandra* DE BARY. Ann. Mycol. **2**, 207. Diss. Halle.
HOVASSE, R., 1948: Le discobolocyste, organite lanceur de projectile chez la Chrysomonadine *Cyclonexis annularis* STOCKES 1886. C. r. Acad. Sc. Paris **226**, 1038—1039; vgl. Ber. wiss. Biol. **66**, 1949, 458.
INGOLD, C. T., 1934: The spore discharge mechanism in *Basidiobolus ranarum*. New Phytol. **33**, 274.
JANSE, J. M., 1890: Die Bewegungen des Protoplasmas von *Caulerpa prolifera*. Jahrb. wiss. Bot. **21**, 163—284.
— 1897: Les endophytes radicaux de quelques plantes javanaises. Ann. Jard. Bot. Buitenzorg **14**, 53—212.
IYENGAR. N. K., 1938: Pollen tube studies in *Gossypium*. J. Genet. **37**, 69—106.
JONES, F. R., and CH. DRECHSLER, 1920: Crown-wart of Alfalfa, caused by *Urophlyctis alfalfae*. J. Agricult. Res. **20**, 295—323; vgl. Bot. Abstr. **18**, 1921, 186, 1296.
JOST, L., 1905: Zur Physiologie des Pollens. Ber. Dtsch. Bot. Ges. **23**, 504—515.
— 1929: Einige physikalische Eigenschaften des Protoplasmas von *Valonia* und *Chara*. Protoplasma **7**, 1—22.
JUNGERS, V., 1934: Die Verlagerungsfähigkeit des Zellinhaltes der Zwiebelschuppen von *Allium cepa* durch Zentrifugierung. Protoplasma **21**, 351—361.
KAMIYA, N., 1938: Über Doppelschalen bei *Melosira*. Arch. Protistenk. **91**, 324—342.
KARSTEN, G., 1899: Die Diatomeen der Kieler Bucht. Wiss. Meeresunters. Abt. Kiel **4**, 17—205.
KATTERMANN, G., 1933: Ein Beitrag zur Frage der Dualität der Bestandteile des Bastardkernes. Planta **18**, 751—785.
KERR, TH., 1933: The injection of certain salts into the protoplasm and vacuoles of the root hairs of *Limnobium spongia*. Protoplasma **18**, 420—440.
KIENITZ-GERLOFF, F., 1902: Neue Studien über Plasmodesmen. Ber. Dtsch. Bot. Ges. **20**, 93—117.
KLEBS, G., 1888: Beiträge zur Physiologie der Pflanzenzelle. Unters. Bot. Inst. Tübingen **2**, 489—568.
KLEIN, J., 1872: Zur Kenntnis des *Pilobolus*. Jb. wiss. Bot. **8**, 305—381.
KLEMM, E., 1895: Desorganisationserscheinungen der Zelle. Jb. wiss. Bot. **28**, 627—700.
KNAPP, E., 1933: Über *Geosiphon pyriformae* WETTSTEIN, eine intrazellulare Pilz-Algen-Symbiose. Ber. Dtsch. Bot. Ges. **51**, 210—216.
KNIEP, H., 1907: Beiträge zur Keimungsphysiologie und -biologie von *Fucus*. Jb. wiss. Bot. **44**, 635—724.
KOLKWITZ, R., 1897: Über die Krümmungen und den Membranbau bei einigen Spaltalgen. Ber. Dtsch. Bot. Ges. **15**, 25, 460—467.

KOPP, M., 1948: Über Sauerstoffbedürfnis wachsender Pflanzenzellen. Ber. Schweizer Bot. Ges. **58**, 288; Diss. Zürich.

KÖRNICKE, M., 1901: Über Ortsveränderung von Zellkernen. S.ber. Niederrhein. Ges. Natur- u. Heilk., Bonn, A, **14**, 25.

KOTTE, H., 1914: Turgor und Membranquellung bei Meeresalgen. Wiss. Meeresunters. Abt. Kiel, N. F. **17**, 117.

KÜSTER, E., 1910: Über Veränderungen der Plasmaoberfläche bei Plasmolyse. Z. Bot. **2**, 689—717.

— 1921: Über Schwellungsdeformationen bei pflanzlichen Zellkernen. Z. wiss. Mikrosk. **38**, 350—357.

— 1924: Experimentelle Physiologie. Die Pflanzenzelle. Abderhaldens Handb. d. biol. Arbeitsmethoden Abt. XI, Teil 1, Heft 7, 961—1056.

— 1925: Pathologische Pflanzenanatomie. 3. Aufl. Jena.

— 1928: Beiträge zur zellenphysiologischen Methodik I, II. Protoplasma **5**, 191—200.

— 1929: Pathologie der Pflanzenzelle I. Pathologie des Protoplasmas. Protoplasma-Monogr. **3**. Berlin.

— 1932 a: Über die Bildung semipermeabler Kernmembranen. Ber. Dtsch. Bot. Ges. **50**, 350—358.

— 1932 b: Die Protoplasmablasen der *Caulerpa*. Protoplasma **10**, 215—236.

— 1937: Pathologie der Pflanzenzelle, Bd. II, Pathologie der Plastiden. Protoplasma-Monogr. **13**. Berlin.

— 1939 a: Über Plasmapfropfungen. Beitr. entwicklungsmechan. Anatomie d. Pflanzen **2**. Jena.

— 1939 b: Beobachtungen an Plasmaexplantaten von *Bryopsis*. Z. wiss. Mikrosk. **56**, 113—147.

— 1944: Die Drüsenhaare von *Delphinium*. Flora **138**, 11—20.

— 1952: Beobachtungen über die Wirkungen des Ultraschalls auf lebende Pflanzenzellen. S.ber. Akad. Wiss. Wien, Abt. I, math.-nat. Kl. **161**, 79—92.

— 1956: Die Pflanzenzelle. 3. Aufl. Jena.

— 1957: Intravakuoläres Protoplasma. Protoplasmatologia II A 1 b.

LAIBACH, F., 1932: Interferometrische Untersuchungen II. Die Verwendbarkeit des Interferometers in der Pflanzenphysiologie. Jb. wiss. Bot. **76**, 218—282.

LANZ, I., 1938: Intravaginale Protoplasmaeinschlüsse bei Oscillatoriaceen. Arch. Protistenk. **91**, 319—323.

LAPICQUE, L., 1921: Influence des acides et des bases sur une algue d'eau douce. C. r. Soc. Biol. Paris **84**, 493.

LAVIALLE, P., 1912: Recherches sur le développement de l'ovaire en fruits chez les Composées. Ann. sc. nat. botan. IX, **15**, 39—151.

LEIB, E., 1935: Zur Physiologie und Pathologie der *Cladophora*-Zelle. Wiss. Meeresunters. Abt. Helgoland, N. F. **10**. Diss. Gießen.

LEPESCHKIN, W. W., 1928: The effects of aethyl-alcohol on the turgor-pressure of *Spirogyra*. Amer. J. Bot. **15**, 422—424.

LIDFORSS, B., 1896: Zur Biologie des Pollens. Jb. wiss. Bot. **29**, 1—38.

— 1899: Weitere Beiträge zur Biologie des Pollens. Jb. wiss. Bot. **33**, 232—312.

LIHNELL, D., 1939: Untersuchungen über die Mykorrhiza und die Wurzelpilze von *Juniperus communis*. Symbolae botan. Upsalienses **3**, 3.

LINSBAUER, K., 1929: Untersuchungen über Plasma und Plasmaströmung an *Chara*-Zellen. Protoplasma **5**, 563—621.

— 1930: Die Epidermis. LINSBAUERS Handb. d. Pflanzen-Anatomie, Lfg. 27. Berlin.

LLOYD, F. E., 1918: The effect of acids and alkalies on the growth of the protoplasm in pollen tubes. Mem. Torrey botan. club **17**, 84.

— and G. W. SCARTH, 1926: The origin of vacuoles. Science **63**, 459.

— and V. ÚLEHLA, 1926: The role of the wall in the living cells as studied by the auxographic method. I. Trans. R. Soc. Canada III, **20**, 45—73.

LOPRIORE, G., 1895: Über die Einwirkung der Kohlensäure auf das Protoplasma der lebenden Pflanzenzelle. Jb. wiss. Bot. **28**, 531—626.

— 1905: Über die Vielkernigkeit der Pollenkörner und Pollenschläuche von *Araucaria Bidwillii* HOOK. Ber. Dtsch. Bot. Ges. **23**, 335—346.

LOZA, J., 1950: Recherches physiologiques et histologiques sur les effets provoquées par les ultrasons sur les végétaux. Rev. gén. bot. **57**, 594—618.

MAHESHWARI, P., 1949: The male gametophyte of angiosperms. Bot. Rev. **15**, 1—76.

MARTENS, P., et R. CHAMBERS, 1932: Études de microdissection V. Les poils staminaux de *Tradescantia*. Cellule **41**, 131—144.

MEYER, A., 1905: Über Kugelbildung und Plasmoptyse der Bakterien. Ber. Dtsch. Bot. Ges. 23, 349—357.
— 1906: Über Alfred Fischers Plasmoptyse der Bakterien. Ber. Dtsch. Bot. Ges. 24, 208—213.
MIEHE, H., 1901: Über Wanderungen des pflanzlichen Zellkernes. Flora 88, 105—142.
MINDEN, M. v., 1916: Beiträge zur Biologie und Systematik einheimischer submerser Phycomyzeten. Falcks mykolog. Unters. u. Ber. 2, 146.
MOLISCH, H., 1893: Zur Physiologie des Pollens mit besonderer Rücksicht auf die chemotropischen Bewegungen der Pollenschläuche. S.ber. Akad. Wiss. Wien, math.-nat. Kl., Abt. I, 102, 423—448.
MOORE, A. R., 1935: On the significance of cytoplasmic structure in plasmodium. J. cellul. a. comp. Physiol. (Am.) 7, 113—129.
NÄGELI, C. v., 1864: Über den inneren Bau der vegetabilischen Zellmembranen. S.ber. Bayer, Akad. Wiss. I 282; II 114.
— und H. CRAMER, 1855: Pflanzenphysiologische Untersuchungen. Heft 1. Zürich.
NĚMEC, B., 1910: Das Problem der Befruchtungsvorgänge und andere zytologische Fragen. Berlin.
NESTLER, A., 1900: Die Blasenzellen von *Antithamnion plumula* (ELLIS) THUR. und *Antithamnion cruciatum* (HG.) NÄG. Wiss. Meeresunters. Abt. Helgoland, N. F. 3.
NOLL, F., 1888: Beitrag zur Kenntnis der physikalischen Vorgänge, welche den Reizkrümmungen zugrunde liegen. Arb. Bot. Inst. Würzburg 3, 496—533.
— 1897: Pfropf- und Verwachsungsversuche mit Siphoneen. S.ber. Niederrhein. Ges. Natur- u. Heilk., Bonn 124.
OLTMANNS, F., 1891: Über die Bedeutung der Konzentrationsänderungen des Meerwassers für das Leben der Algen. S.ber. Akad. Wiss. Berlin, physik.-math. Kl., 139—203.
PALLA, E., 1890: Beobachtungen über Zellhautbildung an des Zellkernes beraubten Protoplasten. Flora 73, 314—331.
PANTANELLI, E., 1905: Contribuzioni alla meccanica dell'accrescimento II. L'esplosione delle cellule vegetali. Ann. Botan. 2, 297.
PFEFFER, W., 1890: Über Aufnahme und Ausgabe ungelöster Körper. Abh. Sächs. Ges. d. Wiss., mathem.-physische Kl. 16, 147—184.
— 1904: Pflanzenphysiologie, 2. Aufl., 2. Leipzig.
PLASS, H., 1943: Zur Pathologie der Diatomeenplastiden II. Aufquellung durch Ammoniak. Protoplasma 37, 189—212.
POPHAM, R. A., 1938: A contribution to the life history of *Galinsoga ciliata*. Bot. Gaz. 99, 543—555.
PRINGSHEIM, E. G., und V. CZURDA, 1927: Phototropische und ballistische Probleme bei *Pilobolus*. Jb. wiss. Bot. 66, 863—901.
RAICHEL, B., 1928: Über den Einfluß osmotisch wirksamer Mittel auf die Bakterienzelle. Arch. Protistenk. 63, 333—361.
REINHARDT, M. O., 1892: Das Wachstum der Pilzhyphen. Ein Beitrag zur Kenntnis des Flächenwachstums vegetabilischer Zellmembranen. Jb. wiss. Bot. 23, 479—566.
— 1899: Plasmolytische Studien zur Kenntnis des Wachstums der Zellmembran. Festschr. Schwendener 425.
RISS, M. M., 1918: Die Antherenhaare von *Cyclanthera pedata* (SCHRAD.) und einiger anderer Cucurbitaceen. Flora 111/112, 541—559.
RITTINGHAUS, P., 1887: Über die Widerstandsfähigkeit des Pollens gegen äußere Einflüsse. Diss. 44 pp.
ROTHERT, W., 1896: Über die Gallen der Rotatorie *Notommata Werneckii* auf *Vaucheria Walzi* n. sp. Jb. wiss. Bot. 29, 525—594.
SANDSTEN, E. P., 1909: Some conditions which influence the germination and fertility of pollen. Univers. Wisconsin Agr. exper. Stat., Res. Bull. Nr. 4, 149.
SAUVAGEAU, C., 1926: Sur quelques algues floridées renfermant du brome à l'état libre. Bull. stat. biol. Arcachon 22.
SCHAEDE, R., 1923 a: Über das Verhalten von Pflanzenzellen gegenüber Anilinfarbstoffen. Jb. wiss. Bot. 62, 65—91.
— 1923 b: Über das Verhalten von Pflanzenzellen gegenüber Anilinfarbstoffen II. Ber. Dtsch. Bot. Ges. 41, 345—351.
SCHIFFNER, V., und R. BIEBL, 1944: Die Blasenzellen der Gattung *Antithamnion*. Hedwigia 82, 100—126.
SCHINDLER, A., 1944: Protoplasmatod und Schwermetallverbindungen I. Protoplasma 38, 225—244.

Schlitt, L., 1951: Über Kurzzellen bei *Spirogyra*. — Diss. Gießen.

Schmid, G., 1923: Das Reizverhalten künstlicher Teilstücke, die Kontraktilität und das osmotische Verhalten der *Oscillatoria jenensis*. Jb. wiss. Bot. **62**, 328—419.

Schmucker, Th., 1935: Über den Einfluß von Borsäure auf Pflanzen, insbesondere keimende Pollenkörner. Planta **23**, 264—283.

Schorr, L., 1937: Über die Wirkung von Chromaten auf den Zellenkern der Pflanzen. Z. wiss. Mikrosk. **54**, 288—317.

Schröter, A., 1905: Über Protoplasmaströmung bei Mucorineen. Flora **95**, 1—30.

Schürhoff, P. N., 1906: Über das Verhalten des Kerns im Wundgewebe. Beih. Bot. Zbl. **19**, Abt. I, 359—382.

Schussnig, B., 1927: Über die Entwicklung und die Funktion der Blasenzellen bei den Florideen. Arch. Protistenk. **58**, 201—219.

Schuster, J., 1910: Über einen Fall von Bakterien-Plasmoptyse. Ber. Dtsch. Bot. Ges. **28**, 488—496.

Schwartz, W., und H. Schwartz, 1930: Algenstudien am Golf von Neapel. Flora **124**, 215—239.

Schweidler, J. H., 1905: Die systematische Bedeutung der Eiweiß- oder Myrosinzellen der Cruciferen, nebst Beiträgen zu ihrer anatomisch-physiologischen Kenntnis. Ber. Dtsch. Bot. Ges. **23**, 274—285.

Seidel, K., 1924: Untersuchungen über das Wachstum und die Reizbarkeit der Wurzelhaare. Jb. wiss. Bot. **63**, 501—552.

Semmens, E. S., 1934: Bursting of cell by polarized sunlight. Nature II, 813.

Shattuck, C. H., 1905: Morphological study of *Ulmus americana*. Bot. Gaz. **40**, 209—223.

Smith, P. F., 1942: Studies of the growth of pollen with respect to temperature, auxines, colchicine and vitamine B. Amer. J. Bot. **29**, 56—66.

Sokolowa, C., 1898: Über das Wachstum der Wurzelhaare und Rhizoiden. Bull. Soc. Imp. Naturalistes Moscou.

Stiehr, G., 1903: Über das Verhalten der Wurzelhärchen gegen Lösungen. Diss. Kiel.

Stiles, W., and J. Jørgensen, 1917: Studies of permeability IV. The action of various organic substances on the permeability of the plasma membrane. Ann. of Bot. **31**, 47—76.

Strasburger, E., 1901: Über Plasmaverbindungen pflanzlicher Zellen. Pringsheims Jahrb. f. wiss. Bot. **36**, 493—610.

Stroh, L., 1938: Über promortale Maceration bei Oscillatorien. Arch. Protistenk. **91**, 187—201.

Strugger, S., 1928: Untersuchungen über den Einfluß der Wasserstoffionen auf das Protoplasma der Wurzelhaare von *Hordeum vulgare* L. II. S.ber. Akad. Wiss. Wien, math.-nat. Kl., Abt. I, **137**, 143—169.

— 1949: Praktikum der Zell- und Gewebephysiologie der Pflanzen. 2. Aufl. Berlin-Göttingen-Heidelberg.

Suita, N., 1938: Studies on the male gametophyte in Angiosperms IV. Behaviour of the „droplets sheath" in the pollen tube. Cytol. **8**, 532—541.

Thren, R., 1940: Saponinwirkungen auf Pflanzenzellen. Ber. Dtsch. Bot. Ges. **58**, 471—483.

Tieghem, P. van, 1869: Recherches physiologiques sur la végétation libre du pollen et de l'ovule et sur la fécondation directe des plantes. Ann. sc. nat. botan. V, **12**, 312.

Tischler, G., 1917: Pollenbiologische Studien. Z. Bot. **9**, 417—488.

— 1934: Allgemeine Pflanzenkaryologie. 2. Aufl. **1**.

— 1943: Allgemeine Pflanzenkaryologie. 2. Aufl. **2**. Berlin.

Tischutkin, 1894: Zit. nach Kienitz-Gerloff, 1902.

Tobler, F., 1919: Ein neues tropisches *Phyllosiphon,* seine Lebensweise und Entwicklung. Jb. wiss. Bot. **58**, 1—27.

Trankowski, D. A., 1931: Zytologische Beobachtungen über die Entwicklung der Pollenschläuche einiger Angiospermen. Planta **12**, 1—18.

Ulehla, Vl., 1926: Die Quellungsgeschwindigkeit der Zellkolloide als gemeinschaftlicher Faktor in Plasmolyse, Plasmoptyse und ähnlichen Veränderungen des Zellvolumens. Planta **2**, 618—639.

— und Vl. Morávek, 1922: Über die Wirkung von Säuren und Salzen auf *Basidiobolus ranarum* Eid. Ber. Dtsch. Bot. Ges. **40**, 8—20.

Ullrich, H., 1934: Über den Anionendurchtritt bei *Valonia* sowie dessen Beziehungen zum Zellbau. Planta **23**, 146—176.

Vries, H. de, 1885: Plasmolytische Studien über die Wand der Vakuolen. Jb. wiss. Bot. 16, 465—598.

Walderdorff, Gräfin M., 1924: Über Kultur von Pollenschläuchen und Pilzmyzelien auf festem Substrat bei verschiedener Luftfeuchtigkeit. Bot. Arch. 6, 84—110. Diss. Jena.

Walter, H., 1923: Protoplasma- und Membranquellung bei Plasmolyse. Jb. wiss. Bot. 62, 145—213.

Weide, A., 1939: Beobachtungen an Plasmaexplantaten von Phycomyces. Arch. exper. Zellforsch. 23, 299—337.

Wettstein, F. v., 1915: *Geosiphon Fr.* Wettst., eine neue interessante Siphonee. Öst. Bot. Z. 65, 145—156.

Wortmann, J., 1889: Beiträge zur Physiologie des Wachstums. Bot. Z. 47, 223—239, 245—253, 261—272, 277—288, 293—304.

Wulff, H. D., und T. S. Raghavan, 1938: Beobachtungen an Pollenschlauchkulturen von der Hydrophyllacee *Nemophila insignis.* Planta 27, 466—473.

Zacharias, E., 1891: Über das Wachstum der Zellhaut bei Wurzelhaaren. Flora 74, 466—491.

Zehetner, H., 1934: Untersuchungen über die Alkohol-Permeabilität des Protoplasmas. Jb. wiss. Bot. 80, 505—566.

Zimmermann, A., 1922: Die Cucurbitaceen. Jena.

Protoplasmatologia
  II. Cytoplasma
    C. Physik, Physikalische Chemie, Kolloidchemie
      7. Osmotische Zustandsgrößen
        c) Plasmorrhyse

Plasmorrhyse*

Von

HANS H. PFEIFFER

Aus dem Laboratorium für Polarisations-Mikroskopie, Bremen

Mit 8 Textabbildungen

Inhaltsübersicht

Begriffliche Umgrenzung

Unter dem von BALBIANI (1888; 1899, S. 537) geprägten Begriff der
Plasmorrhyse[1] ist die durch hypertonische Medien hervorgerufene Kontraktion des Protoplasmaleibes wandgehäuseloser Zellen[2] zu

---

* Den nachfolgenden Beitrag widme ich meinem am 13. Juli 1955 beim Sam-
meln im Atlantik verunglückten, unvergeßlichen Freunde und angesehenen Proto-
plasmaforscher WILLIAM SEIFRIZ (Philadelphia, Pa., USA.) in dankbarem Gedenken seiner stets tatbereiten Hilfe, welche sich auch bei dieser Arbeit wieder
gezeigt und als unentbehrlich erwiesen hat.

[1] Von griech. ῥυσός = zusammengeschrumpft, runzelig, gerunzelt.

[2] Zur Untersuchung eignen sich die beim Anschneiden eines sich
verflüssigenden Pericarps saftiger Beeren freigelegten Gymnoplasten und nach
einem Verfahren von SCHADE (1928) isolierte Speichelzellen von Warmblütlern
ebenso wie nach experimenteller Zertrümmerung der Zellwand aus ihrem Ge-
häuse befreite Pflanzenzellen verschiedenster Art, sei es nach Anschneiden aus dem
Lumen entschlüpfende Protoplasten von Siphoneen-Zellen oder durch Öffnen plasmolysierter Zellen höherer Pflanzen in hypotonische Medien ohne erhebliche Läsion
austretende Protoplasten (AF KLERKER 1892). Letzteres Verfahren hat KÜSTER (1910;
1928) durch experimentelle Fusion benachbarter nackter Protoplasten zu einer
Technik ausgebaut, nach welcher durch Fusionieren (nicht nur Verkleben) doppel-
kernige, abnorm große Protoplasten zu erhalten sind, während SEIFRIZ (1936, S. 15,
61) durch Anwenden mikrurgischer Eingriffe die nackten, plasmolysierten Proto-

verstehen, bei denen wegen der Nacktheit ihres Protoplasmas dieses nicht wie bei einer Plasmolyse von der Zellwand zurückweichen kann (Höber 1924, S. 396; 1926, S. 418; Pfeiffer 1931 a, S. 27; 1931 b; 1940, S. 78; Ursprung 1938, S. 1123; Küster 1951, S. 25; 1956, S. 24, 407; Seifriz 1952, S. 35). Zum Unterschied von plasmolytischen Formänderungen erfahren für Plasmorrhyseversuche geeignete sogenannte G y m n o p l a s t e n durch die Hypertonie des Mediums nur eine Lumenschrumpfung und manchmal eine Kräuselung oder Knitterung ihrer Oberfläche. Der reversible Vorgang, herbeigeführt durch Einwirkung h y p o tonischer Lösungen, heißt D e p l a s- m o r r h y s e.

Mehr noch als bei der Plasmolyse greifen bei der Plasmorrhyse neben o s m o t i s c h e n Vorgängen auch Q u e l l u n g s erscheinungen in das Geschehen ein. Dementsprechend braucht die aus Plasmolyseversuchen bekannte Regel, daß sich das Volumen des Zellinhalts umgekehrt proportional ihrer Außenlösung ändert in all jenen Fällen, in welchen die Vakuole nur einen relativ kleinen Anteil der gesamten Zelle einnimmt, für die Plasmorrhyse nicht zuzutreffen. Beispielsweise ist bei Speichelzellen (Mensch) bei einer Konzentrationserhöhung der Außenlösung um das Neunfache nur eine Volumverminderung um das 2,6fache eingetreten (Pfeiffer, unveröff.). Offenbar quellen gewisse Schichten der Gymnoplasten so, daß sich das Zellvolumen nicht proportional ändert, d. h. es dürfte solchen Gymnoplasten ein kompliziertes Gleichgewicht zwischen dem osmotischen Druck der Außenlösung und dem Quellungsdruck oberflächlicher Protoplasmalagen (des Plasmalemmas?) und dem Quellungsdruck des Innenplasmas (und eventuell dem osmotischen Druck des vakuolären Zellsaftes, wenn solcher noch vorhanden ist) eigen sein. Durch den osmotischen Wasserentzug bei der Plasmorrhyse wird das gesamte hydrostatische Gleichgewicht des nackten Protoplasmas alsbald gestört, und erst durch Volumverschiebungen i n n e r h a l b des Systems kommt ein sekundäres Gleichgewicht zustande. Durch experimentelle und umfangreiche mathematische Untersuchungen haben T. Kamada und Toki-o-Yamamoto für Anneliden-Eier gezeigt, wie unerwartete Volumänderungen in hyper- und hypotonischen Medien einerseits mit elastischen Spannungen, andererseits mit Variationen des nichtlösenden Raumes je nach der Konzentration und mit der bei Konzentrationsänderungen sich ebenfalls verschiebenden freien Lösungsmenge in Beziehung zu bringen sind. Dabei bleibt allerdings der Einfluß der Elastizitätskonstante des Plasmalemmas auf die Hemmung osmotischer Volumzunahme vernachlässigbar klein, hingegen wächst der nichtlösende Raum mit der Konzentrationsabnahme des Mediums, und die Menge freien Lösungsmittels innerhalb der Zelle nimmt gleichsinnig ab.

---

plasten aus ihren Zellwandgehäusen herauszuziehen gelehrt hat (vgl. Pfeiffer 1932; 1939; 1940, S. 11).

Weit weniger ist über die Plasmorrhysen pflanzlicher C h l o r o p l a s t e n (Küster 1951, S. 362) bekannt, deren polarisationsoptische Analyse der Formdoppelbrechung eine Modifikation der Temperaturabhängigkeit erkennen läßt (Pfeiffer 1949, S. 71).

Trotz solch wesentlicher Differenz gegenüber plasmolytischen Vorgängen zeigt die Plasmorrhyse in ihren Einflüssen auf das Protoplasma doch z a h l r e i c h e P a r a l l e l e n. Beiden Phänomenen gemeinsam sind z. B. durch sie hervorgerufene abnorme Fällungen im Protoplasma, welche nur teilweise als Lipoidentmischungen zu deuten sind, vermehrte Vakuolisation durch Ausbildung zahlreicher zusätzlicher Entmischungstropfen, Erhöhungen der Farbtiefe bei Vitalfärbungen der Objekte und an Systrophen erinnernde Verdichtungen des Cytoplasmas, Veränderungen seiner Strömungsgeschwindigkeit, bei pflanzlichen Gymnoplasten ferner Vermehrung der die Vakuole durchziehenden Cytoplasmastränge und Kontraktion der Hauptvakuole des isolierten Gymnoplasten u. dgl. mehr. Aber auch zahlreiche andere physikalische und Kolloidmerkmale werden durch den plasmorrhytischen Versuchseingriff in gesetzmäßiger Weise alteriert, wie weiter unten behandelt werden mag (S. 7).

An Zellen mit dicht unter der Oberfläche verlaufenden Stützfasern als formgebenden Elementen, wie beim Spermatozoon von *Helix nemoralis,* hat KOLTZOFF (1903; 1908) mittels h y p o tonischer Lösungen eine gewissermaßen s p i e g e l - b i l d l i c h e R e v e r s i o n d e r P l a s m o r r h y s e herbeigeführt, indem er hier das Plasmalemma durch osmotische Wasseraufnahme aus dem Medium nach außen zu von den darunterliegenden Stützfasern zur Abhebung gebracht hat (HÖBER 1926, S. 418, 425 PFEIFFER 1940, S. 78). Wegen ihrer sicher abweichenden Mechanik sei dieses bis soweit ziemlich unbeachtet gebliebene Phänomen, das Plasmolyse und Plasmorrhyse weiterhin ergänzt, fortan als P l a s m o t o n o s e[3] bezeichnet.

Quantitative Analyse

Die messende Erfassung des Plasmorrhysephänomens wird sich, soweit möglich, an entsprechende Arbeitsweisen bei der Analyse des Plasmolysevorganges anlehnen. Wie bei diesem können quantitative Bestimmungen auf die Untersuchung der Kontraktion (Plasmorrhyse s. str.) oder der Schwellung der Gymnoplasten (Deplasmorrhyse) gerichtet sein.

a) Den Ausgang messender Untersuchung der p l a s m o r r h y t i s c h e n K o n t r a k t i o n bilden Versuche, die prozentuale Volumabnahme mit dem Grade der Hypertonie des Mediums in Beziehung zu setzen. Besonders wenn die Volumverminderung mit der Ausbildung irregulärer Außenkonturen der Protoplasten einhergeht, muß allerdings ein anderer Indikator des Plasmorrhysegrades, wie etwa die BROWNsche Teilchenbewegung, die nephelometrisch bestimmte Trübungsrate od. dgl. (s. auch S. 8 und S. 10 f) eingeführt werden. Die BROWNsche M o l e k u l a r b e w e g u n g wird dabei zweckmäßig nach der Bestimmungsmethode der doppelseitigen Erstpassagezeiten (PEKAREK 1930) gemessen, während für n e p h e l o m e t r i s c h e Ermittlungen, welche am besten an dem monatelang unverändert haltbaren BECHHOLD-HEBLERschen Trübungsstandard geeicht werden, eines der gebräuchlichen Tyndallmeter zur Analyse des Tyndalleffekts zu verwenden ist. Zwischen der Intensität des (gebeugten) Tyndall-Lichtes *I* und den es bedingenden Faktoren (Intensität der Primär-

---

[3] Von griech. τονός = Spannung, Kraft.

strahlung I_0, Winkel zwischen Beleuchtungsrichtung und Primärstrahlen α, Anzahl der streuenden Teilchen im durchstrahlten Gebiet z, Volumen dieser Teilchen v, Wellenlänge des Lichtes λ) besteht bei Voraussetzung nicht zu großer Teilchen ($d < 30\,m\mu$) die von Rayleigh abgeleitete Beziehung:

$$I = \text{const} \cdot I_0 \frac{z\,v^2}{\lambda^4} \sin^2 \alpha \qquad (1)$$

(Mohler 1951, S. 151). Indem I_0, λ und α konstant gewählt werden und bei einem bestimmten Protoplasma übereinstimmende Teilchengröße angestrebt wird, erhält man I *direkt proportional der Teilchenzahl z* bzw. deren Konzentration c, d. h.:

$$c_1 : c_2 = I_1 : I_2. \qquad (2)$$

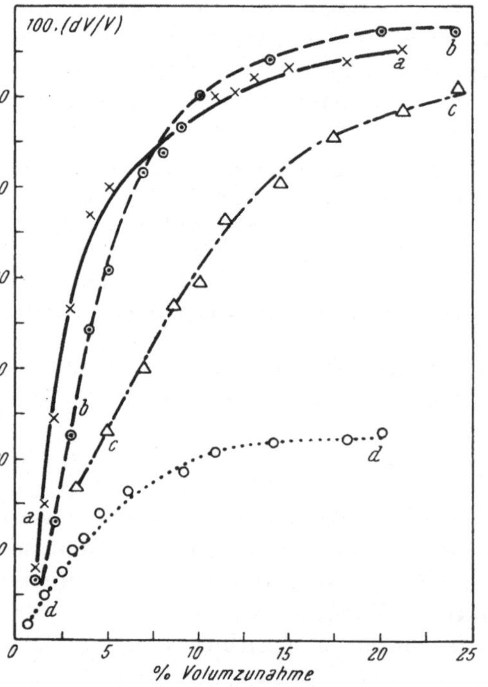

Zur Messung wird mit einem Standard mittels Abblendung auf gleiche Helligkeit eingestellt, d. h. es werden je nach der Apparatur Schichtdicken oder Blendenöffnungen gemessen. Um zu Werten der a b s o l u t e n T r ü b u n g T_{abs} zu kommen, kann die r e l a t i v e Trübung T_{rel} mit einer unter gleichen Bedingungen am geeichten Trübungsprisma erhaltenen Trübung durch die Gl.

$$T_{abs} = \frac{T_{rel}}{H} \cdot d\,t$$

in Beziehung gebracht werden, wenn H die Helligkeit des Trübglasprismas vom Trübungswert t (bezogen auf Normalprisma in Jena) und d ein Faktor zur Berücksichtigung der Dicke der gemessenen Schicht (< 1) bedeuten.

Abb. 1. Volumzunahme $100 \cdot (d\,V/V)$ mit der Deplasmorrhysezeit von *Allium*-Protoplasten: *a)* x———x Vorbehandlung 2 Std. 0,3 GM, Übertragung in 0,5 GM NaCl; *b)* ⊙————⊙ Vorbehandlung 5 Std. 0,8 GM, Übertragung in 0,5 GM KCl + $CaCl_2$; *c)* △—·—△ Vorbehandlung 8 Std. 0,8 GM, Übertragung in 0,4 GM Na_2SO_4; *d)* ○····○ Vorbehandlung $1^1/_2$ GM, Übertragung in 0,95 GM Saccharose.

b) Einfacher durchzuführen ist der Versuch, die d e p l a s m o r r h y - t i s c h e V o l u m z u n a h m e in Anlehnung an Fr. Webers (1929) Methode der Plasmolysezeit als Bestimmung der D e p l a s m o r r h y s e z e i t bis zur Erreichung eines bestimmten Schwellungsgrades zu beobachten. Als solcher kann etwa die Hälfte oder das Ganze oder jeder angenommene Anteil des Initialvolumens der Gymnoplasten angesetzt werden (Pfeiffer 1932, S. 59). Ob in solchen Versuchen auch aus raschem oder perfektem Rückgang der Plasmorrhyse auf geringe Festigkeit und hohes Ausdehnungsvermögen des Plasmalemmas geschlossen werden darf, ist ebenso unsicher wie umgekehrt das Bemühen, aus entsprechend langsameren Volumänderungen, wobei vielfach (zumal in angesäuertem Medium) innere Teile des Gymnoplasten bruchsackartig hervorbrechen können, auf eine größere Starrheit der Außenschicht zu folgern. Sicher würden die so erschlossenen Differenzen oberflächlicher Protoplasmalagen auch kaum Rückschlüsse auf das physikalische Verhalten der Gesamtprotoplasten berechtigt erscheinen lassen. Durch Übernahme der plasmometrischen Technik HÖFLERS kann aber die Ermittlung der „H a l b w e r t s z e i t" oder eines anderen fixen Diminutionsgrades in dem von HUBER und HÖFLER (1930) dargelegten Sinne zur Bestimmung der Deplasmorrhysegrad-Zeitwerte benutzt werden (Abb. 1). Welche Maßnahmen zur Vermeidung von Fehlmessungen über die Konstanthaltung von Temperatur, chemischen, osmotischen, Aciditätsbedingungen usw. hinaus durchzuführen sind, lehrt die Plasmometrie, die auch eine mustergültige mathematische Behandlung des Zahlenmaterials bereit hält. Eine theoretisch mögliche Störung durch Fehlmessungen infolge Veränderung des osmotisch wirksamen Materials des Protoplasmas oder infolge Hemmung oder Beschleunigung der Volumänderungen durch Ana- oder Katatonose liegt erfahrungsgemäß unterhalb der erreichbaren Fehlergrenze.

c) Durch größenmäßiges Zurücktreten oder Fehlen der Vakuolen kann die Q u e l l b a r k e i t der Kolloide plasmorrhysierter Protoplasten beeinflußt werden (PFEIFFER 1940, S. 82). Dabei wird der Quellungsgrad nicht zum wenigsten vom Elektrolytgehalt bestimmt. Im einzelnen sind bei der K i n e t i k d e r W a s s e r b e w e g u n g zwischen Protoplast und Medium Geschwindigkeit und Menge des Wasserdurchtritts außer vom Reibungswiderstand der Molekeln beim Passieren des Plasmalemmas und von deren Areal auch von der osmotischen Kraft aus der Differenz zwischen osmotischen Drücken des Mediums und des Protoplasmas ebenso wie von elastischen Kräften, wie der kohärenten Oberflächenspannung, abhängig. Es stellt also eine Vereinfachung dar, wenn wir folgende Deduktionen in e r s t e r N ä h e r u n g annehmen. Sei V_0 das initiale, V_t das in der Versuchszeit gefundene, V_z das Volumen bei Erreichen des osmotischen Gleichgewichts, k eine Konstante, so steht das Volumen deplasmorrhysierender Protoplasten in hypotonischem Medium nach LILLIE (1916) in guter Übereinstimmung mit der empirischen Beziehung $\frac{1}{t} \cdot l_n \frac{1 - V_o}{V_z - V_t}$. Unter Vernachlässigung der elastischen und Kohäsionskräfte und der Veränderung des Oberflächenareals setzt er die Volumänderung proportional den osmotischen Kräften des Mediums und der Zellen:

$$\frac{d V_0}{d t} = k \, (P_p - P_m) \tag{3}$$

(P_p, P_m osmotische Drücke des Protoplasmas bzw. des Mediums). Substituiert man wie für ein vollkommen osmotisches System $P_p V_t = P_m V_z = k_1$, so wird Gl. (3) zu:

$$\frac{dV_0}{dt} = k\left(\frac{k_1}{V_t} - \frac{k_1}{V_z}\right) = K\left(\frac{V_z - V_t}{V_z\,V_t}\right), \tag{4}$$

also:

$$t = \frac{V_z}{k}\int_0^t \frac{V_t}{V_z - V_t}\cdot d\,V_o \tag{5 a}$$

und

$$K = \frac{V_z}{t}\left(V_o - V_t - V_z\,log\,e\,\frac{V_z - V_o}{V_z - V_t}\right). \tag{5 b}$$

Sei O die Protoplasmaoberfläche, P_0 die osmotische Konstante des Mediums und δ die Dicke des Plasmalemmas, so resultiert nach Northrop durch Umrechnen von K in absolute Einheiten die Menge C des durch die Oberfläche diffundierenden Wassers, gemessen in cm^3/cm^2 . h unter 1 mm Hg-Druck:

$$C = \frac{\delta\,V_z}{O\,P_o\,t}\left(V_o - V_t - V_z\,log\,e\,\frac{V_z - V_o}{V_z - V_t}\right). \tag{6}$$

Mit Daten Lillies nach Gl. (6) berechnete Werte für C/δ ergeben eine erfreuliche Konstanz (Tab. 1). Setzt man die permeierende Wassermenge proportional der Oberfläche des Protoplasten und umgekehrt proportional der Dicke des Plasmalemmas, so resultiert bei Konstanz der letzteren aus Gl. (3) und (4) die Beziehung:

$$\frac{d\,V_o}{dt} = 25\,C_2\,V_o{}^{4/3}\left(\frac{P_o}{V_o} - \frac{P_o}{V_z}\right). \tag{7}$$

Aus Experimentalwerten von Lucké und McCutcheon findet Northrop

Tab. 1. *Konstanz des Quotienten C/δ in kinetisch-osmotischen Versuchen*

$$V = 4{,}0 \cdot 10^{-7}\,cm^3 \quad V_0 = 2{,}1 \cdot 10^{-7}\,cm^3$$
$$O = 1{,}7 \cdot 10^{-5}\,cm^2 \quad P_0 = 4{,}6 \cdot 10^{-3}\,mm\;Hg$$

$V \cdot 10^{-7}$ cm^3	Befruchtete *Arbacia*-Eier		Parthenogenetische Eier	
	t Stunden	$C/\delta \cdot 10^5$	t Stunden	$C/\delta \cdot 10^5$
2,5	0,008	3,52	0,0095	2,98
2,7	0,013	3,62	0,016	2,97
2,9	0,020	3,67	0,024	2,97
3,1	0,029	3,52	0,035	2,91
3,5	0,055	3,66	0,070	2,92
	Mittel:	3,58		2,95

bei Berechnung der Konstanten C_2 zwischen 11 und 20,5° eine Zunahme von 1,43 auf 2,60. Diese beträchtliche Variation der Permeationskonstanten mit den entsprechend wechselndem Volumen herrschenden osmotischen Drücken kann nur so gedeutet werden, daß bei den Plasmorrhysen neben den osmotischen Kräften solche der Imbibition einhergehen. (Für zusätzliche mathematische Diskussionen s. auch HEILBRUNN 1952, S. 147.)

Wegen des Einflusses der Salzionen auf den Quellungsgrad des Protoplasmas müssen daher Plasmorrhysen je nach den die Hypertonie bewirkenden Anionen oder Kationen einen verschiedenen Kurvenverlauf ergeben (Abb. 2). Die betreffenden Anionen folgen dabei mehr oder minder regelmäßig der Reihe: $CO_3 < SO_4 <$ Tartrat, Citrat $<$ Acetat $<$ Cl, Br $<$ $NO_3 <$ I $<$ SNC, die Kationen der Folge: Ca, Ba, Sr $<$ Mg $<$ Li $\lessgtr$ K $\lessgtr$ Na $<$ NH_4 (PFEIFFER 1932, S. 62, ergänzt durch unveröff. Vers.), d. h. die Versuche ergeben eine Ionenordnung nach den lyotropen oder Hydrationsreihen, wie sie nach H. FREUNDLICH oder F. HOFMEISTER genannt werden und eine Reihe von

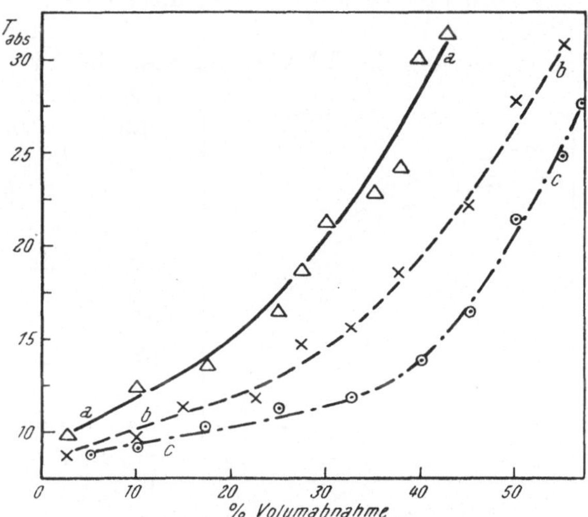

Abb. 2. Einfluß der Anionen auf die nephelometrisch (T_{abs}) bestimmte Plasmorrhyse von Protoplasten des *Tulipa*-Mesophylls in Lösungen von 0,8 GM: *a)* △ ——— △ K_2SO_4; *b)* x — — — x KCl; *c)* ⊙ — . — ⊙ KCSN.

Deutungsmöglichkeiten erfahren haben (PFEIFFER 1929, S. 26 f.), wobei auch die Vielgestaltigkeit von Übergangs- und inversen Reihen unter ihnen ebenso wie der Antagonismus zwischen verschiedenwertigen Ionen zu erfassen versucht worden ist (REICHEL und SPIRO 1927; RUBINSTEIN 1928; PFEIFFER 1940, S. 125). Im übrigen aber gibt es nicht nur quellungsfördernde oder -hemmende Salze, sondern bei jedem von ihnen ebenso zu bewertende Konzentrationsbereiche.

Einflüsse der Plasmorrhyse auf das Protoplasma

Außer Quellungszustand und Permeabilität werden noch viele andere kolloidphysikalische Eigenschaften des Protoplasmas durch die Plasmorrhyse alteriert (s. S. 3), von denen hier einige experimentell nachgewiesene Faktoren kurz besprochen werden mögen.

a) Die schnellere Zunahme der Dichtewerte (spez. Gewicht, Wichte) bei der Plasmorrhyse und die verzögerte Abnahme bei der Deplasmorrhyse in Versuchen mit Chloriden im Vergleich zu Salzen anderer Anionen und mit Ca ·· gegenüber Alkalikationen (PFEIFFER, meist unveröff.) scheint zu bestätigen, daß bei den Versuchen eine Beeinflussung des Quellungsgrades durch die einwirkenden Ionen beteiligt ist (PFEIFFER 1940, S. 53; SEIFRIZ 1952, S. 37).

Zusammen mit der Massendichte wird beim Plasmorrhysieren auch die optische Dichte (die Refraktion) des Protoplasmas beeinflußt. Bei diesen Versuchen kann als Folge verschieden gerichteter Prozesse des Wasseraustausches zwischen nebeneinander vorkommenden Komponenten das Verhältnis ihrer Brechungskoeffizienten gegeneinander verschoben bis umgekehrt werden (Pfeiffer, unveröff.), so daß eine direkte Proportionalität zum Plasmorrhysegrade nicht immer erwartet werden kann. Bei Herabsetzung des Elektrolytgehalts im System um 1% kann durchschnittlich mit einer Verschiebung des Brechungsindex um bis zu einer Einheit der dritten Dezimale gerechnet werden (Wulff 1936).

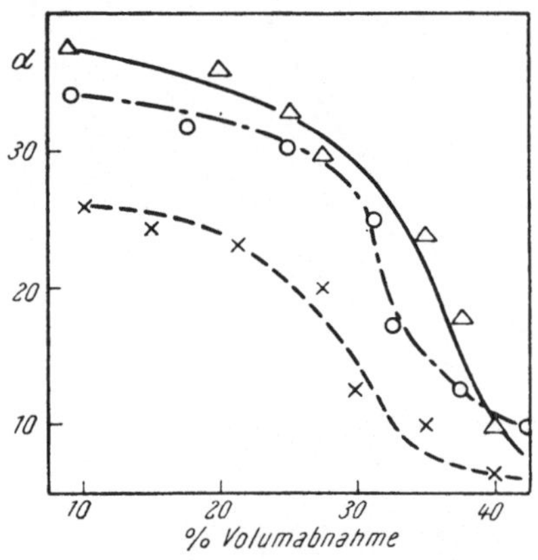

Abb. 3. Beziehung der Exzentrizität α von Protoplasmatropfen zu ihrem Plasmorrhysegrade beim Plasmorrhysieren mit: *a)* △ ——— △ Ca (CSN)₂: *b)* ◯ — . — ◯ CaCl₂; *c)* x — — — x KCl.

Der Einfluß der Plasmorrhyse auf die Viskosität des Protoplasmas folgt aus ihrer allgemein beobachteten Symbasie mit der Hemmung bis Sistierung der Brownschen Teilchenbewegung (Pfeiffer 1932), doch findet sich solche ebenso bei Hypotonie (Schade und Weiler 1928, S. 46). Am bequemsten meßbar ist der Effekt durch die Zeit bis zur Einstellung der Teilchenbewegung bei abgestuften Konzentrationen des hypertonischen Mediums.

Schwierigkeiten exakter Messung der Oberflächenspannung (s. S. 12 f.) hat Vlès (1926, S. 268) so vermieden, daß er statt der Randwinkelmessungen an halbflüssigen Protoplasmatropfen (meist Seeigeleier) Bestimmungen der aus dem Zusammenwirken der Oberflächenspannung mit Konsistenzkräften resultierende Exzentrizität anstellte. Sei a der horizontale, b der vertikale Durchmesser des Objekts, d_0 bzw. d_m die Dichte von diesem und dem Medium, $(\Sigma\varphi)$ die Summe der Oberflächenkräfte, so kann deren Funktion zu

$$f\,(\Sigma\varphi) = \frac{b}{a-b}\,(d_o - d_m) \tag{8}$$

gesetzt und die Oberflächenspannnung in dyn/cm empirisch gefunden werden zu
$$\alpha = 10\,\sqrt{E}, \tag{9}$$

worin $E = \dfrac{(a-b)}{b}$ das Maß der Exzentrizität darstellt (Vlès, l. c.). Trotz der Bedenken, nackte Protoplasmatropfen schematisch als halbfeste, gleichartig strukturierte Gallertkugeln zu betrachten, läßt sich zwar nicht gut die mit der Oberflächenspannung in Beziehung stehende Adhäsion (s. S. 10 f.) ermitteln, wohl aber der Einfluß der Plasmorrhyse auf die Oberflächenkräfte einigermaßen sichern (Abb. 3). Durch Vlès (1926, S. 270) kennen wir auch die Abhängigkeit letzterer von der cH des Mediums; außerdem verdanken wir ihm (1926, S. 280) an Seeigeleiern den Nachweis einer verwickelten Veränderung im Laufe der Mitose.

Im Zusammenhang mit dem Einfluß der Plasmorrhyse auf die Viskosität des Protoplasmas steht ferner jener auf meinen c a p i l l a r y b i r e - f r i n g e n t e f f e c t (PFEIFFER 1937 a; 1937 b; 1939; 1951; SCHMIDT 1941, S. 74; s. auch FREY-WYSSLING 1948, S. 46), d. h. das Auftreten negativer Doppelbrechung an Protoplasmatropfen, welche unter Druck durch eine Kapillare getrieben werden. Zwischen gekreuzten Nicols erscheinen dann Streifen von Polarisationsfarben parallel zur Fließrichtung; förderlich auf das Phänomen erweist sich die Behandlung des Protoplasmas mit schwach

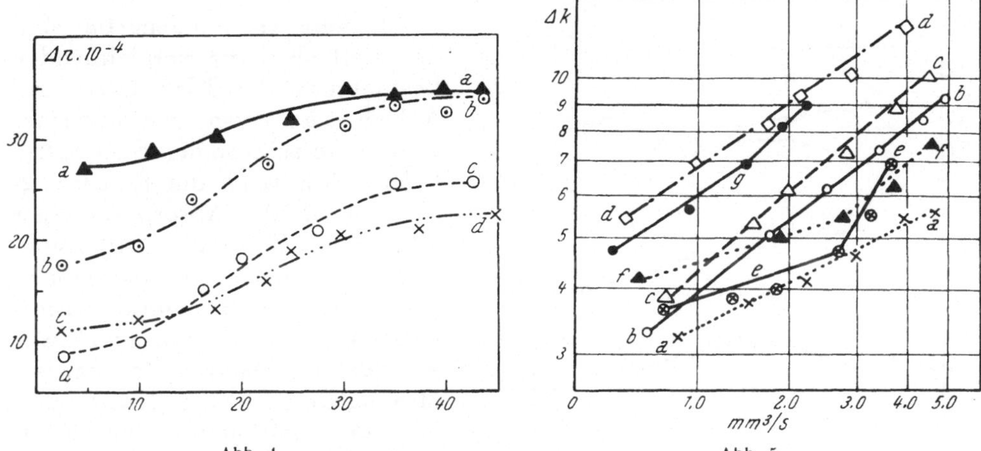

Abb. 4   Abb. 5

Abb. 4. Ioneneinfluß auf die Abhängigkeit zwischen dem capillary birefringent effect (Doppelbrechung $\Delta n . 10^{-4}$, bei Fließgeschwindigkeit von ± 3 mm³/s) und fortschreitender Plasmorrhyse beim Plasmorrhysieren mit: a) ▲ ——— ▲ Na₂SO₄; b) ☉ — . — ☉ NaCl; c) × — . . . — × NaNO₃; d) ○ ———— ○ NaCSN.

Abb. 5. Logarithmische Darstellung der Abhängigkeit des Rheodichroismus Δk von der Fließgeschwindigkeit durch Kapillaren (Ausflußvolumen in mm³/s) bei Verwendung von frisch isolierten Protoplasmatropfen (*Physalis Alkekengi*) und Kapillaren zunehmenden Durchmessers (a bis d) und von solchen Tropfen, welche plasmorrhysiert wurden mittels 0,6 mol. Lösungen von: e) Urethan, f) Acetamid, g) Propionamid.

hypertonischer Glyzerinlösung oder die Plasmorrhyse mit Salzen des Ca oder mit Rhodaniden, hemmend wirken K˙ und SO_4'' (Abb. 3). Auch durch Messungen der D o p p e l b e u g u n g (Beugungspolarisation) nach einem J. KOENIGSBERGER nachgebildeten Verfahren läßt sich die optische Anisotropie zum Fließen gebrachten Protoplasmas und die Beeinflussung des Effekts durch Plasmorrhyse erkennen (PFEIFFER 1949, S. 74).

Durch Plasmorrhyse weiter kompliziert wird ferner die Abhängigkeit des R h e o - D i c h r o i s m u s frisch isolierter, vitalgefärbter Protoplasmatropfen von der Fließgeschwindigkeit, mit welcher sie durch Versuchskapillaren gepreßt werden (PFEIFFER 1950; 1952; 1953 a; 1953 b; SEIFRIZ 1956, S. 372). Die in dem Phänomen sich äußernde ungleiche Absorption parallel und senkrecht zur Achse des Fließgefälles und damit der protoplasmatischen Leptonen [4] ist eine Funktion des Orientierungsgrades letzterer,

---

[4] L e p t o n e n (von griech. λεπτός, klein) sind jenseits der Auflösung des Lichtmikroskops angenommene Strukturelemente (PFEIFFER, Kolloid.-Z. **100**, 254 [1942]; FREY-WYSSLING [1948, S. 56]; SEIFRIZ [1952, S. 74]; L. H. BRETSCHNEIDER, Survey of Biological Progress 2, 223, 231 [1952]).

wenn dieser auch außer von Größe und Gestalt der Leptonen, von Fließgeschwindigkeit, Beschaffenheit des interleptonischen Mediums usw. auch noch
von einem vom inneren Feld bestimmten optischen Faktor abhängen dürfte.
Der Einfluß der Plasmorrhyse auf die Erscheinung zeigt sich in Sättigungsphänomenen (Abb. 4), welche als Folge der relativen Größe der Leptonen
und damit der Kleinheit der Rotationsdiffusionskonstanten deutlich hervortreten. Außerdem wird bei logarithmischer Darstellung der Aufhängigkeit
(Abb. 5) die zuvor lineare Beziehung des optischen Effekts zur Fließgeschwindigkeit in zwei lineare Teilabschnitte zerlegt (PFEIFFER 1953 a; 1953 b).

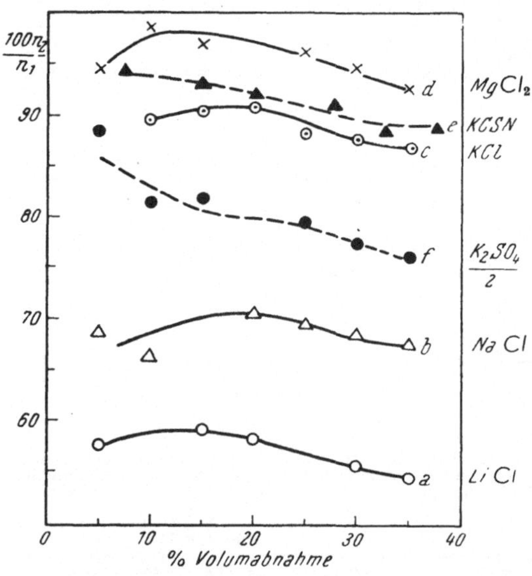

Abb. 6. Beeinflussung der Haftzahl 100 . (n_2/n_1) von
Protoplasmatropfen aus *Solanum*-Beeren durch die
Plasmorrhyse mittels: a) ○———○ LiCl, b) △———△
NaCl, c) ⊙———⊙ KCl, d) ×———× MgCl₂.
e) ▲———▲ KCSN, f) ●———● K₂SO₄.

b) Sehr verschiedenartig sind die Methoden zur vergleichenden Bestimmung der Klebrigkeit und A d h ä s i o n von Protoplasmatropfen an zellfremden Substraten. Bekanntlich wird die K l e b r i gk e i t durch die Adsorption einer klebenden Substanz (Adhäsion) und ihren molekularen Zusammenhang (Kohäsion) charakterisiert (PFEIFFER 1940, S. 47), und zwar ist der Klebeeffekt an gewisse Minimalwerte beider Kräfte und an ein bestimmtes Verhältnis beider gebunden. In der Kolloidik wird der Klebprozeß als geloide Umwandlung eines Sols gedeutet (E. STERN, O. RAMMSTEDT), wobei die Klebkräfte eine Funktion des Dispersitätsgrades sind und das Optimum im Gebiete kolloider Dimension haben (H. MOSER). Für Vergleiche unter konstanten Versuchsbedingungen kann man sich eines der Schätzungsverfahren bedienen, wie der A b w a s c h methode (BARIKINE 1910) oder des Strömungs- und des Schwerkraftverfahrens (FENN 1922 a, b). Bei der Arbeitsweise nach BARIKINE bringt man in einen mit Glasstift gezogenen Kreis auf dem Objektträger entweder einen Tropfen einer Protoplasmasuspension mit zwei Tropfen etwa einer isotonischen Elektrolytlösung und einen Tropfen eines bestimmt zusammengesetzten Serums oder aber setzt der Suspension drei Tropfen des Elektrolyten ohne Serum zu; nachdem man bei bestimmter Thermostatentemperatur in feuchter Kammer eine gewisse Zeit hat adhärieren lassen, wird versucht, durch Auftropfen eines abgemessenen Strahles Spülflüssigkeit einen Teil der Objekte abzuwaschen und die ausgezählten haftend gebliebenen Protoplasten mit der Zahl der vorher anhaftenden in Beziehung zu setzen. Weitere Abänderungen nach E. P. WOLF s. bei FENN (1922 a), der das Verfahren auch zur Verwendung opaker Substrate modifiziert hat. Das Abspülen wird von

Fenn (1922 a, S. 145) entweder durch Zentrifugieren oder dadurch hervorgerufen, daß die Mikrokammer mit der eingeflossenen Suspension der Protoplasten nach zeitlich begrenztem Abstehen umgedreht und nach wiederum festgelegter Zeit die Vergleichszählung der abgeschwemmten Protoplasten vorgenommen wird (Fenn 1922 b, S. 172). In allen Fällen bestimmt man den Adhäsionskoeffizienten (die Haftzahl) A der Protoplasma

tropfen zu
$$A = \frac{100\,m_2}{m_1},$$

wenn m_1 bzw. m_2 die ermittelten Zahlen der anfänglich vorhandenen bzw. nach Ablösen verbliebenen Objekte bezeichnen.

Bei diesen vergleichenden Versuchen werden am besten Protoplasten der gleichen Größenklasse (vielleicht aus dem Pericarp angeschnittener Beeren) benutzt und sind alle Versuchsbedingungen peinlich konstant zu halten. Auch ist die außerordentliche Empfindlichkeit der Netzungserscheinungen gegen kapillaraktive Stoffe selbst minimaler Konzentration zu berücksichtigen und bei der Abspülmethode auf gleiche Menge und Zusammensetzung der Spülflüssigkeit und übereinstimmende Strömungsenergie (gleiche Entfernung des Spülstrahles vom Präparat) zu achten. Die Zählungen (Pfeiffer, 1957, S. 553) erfolgen nach dem Prinzip von Thoma-Zeiss unter Verdünnung mittels Thomascher Pipette für Erythrocytenzählung und unter Verwendung der Schillingschen Zählkammer (Kreuznetz B mit 9 großen, 25 mittleren und 16 kleinen Quadraten). Die mikroskopische Vergrößerung wird so gewählt, daß ein mittleres Quadrat der Zählkammer gut übersehen werden kann. Zählungen in opaken Substraten sind auflichtmikroskopisch auszuführen.

Bei den Versuchen haben sich die Abnahme des Adhärierens mit wachsendem Plasmorrhysegrade und lyotrope Beziehungen zur Natur des Anions und Kations der gebrauchten Salze ergeben (Abb. 6). Danach geht bei den Versuchsreihen auf Glas eine Zunahme des Adhäsionskoeffizienten im allgemeinen mit einer gewissen Quellungsförderung einher oder mindestens entquellender Beeinflussung antibath.

Um zu absoluten Werten des Haftens der Protoplasten zu kommen, kann man ein von Abramson (1928) auf Leukocyten im Blutstrom angewandtes Messungsprinzip heranziehen. Beim Adhärieren der Pseudopodien an den Gefäßwandungen ist die wirksame Kraft die Resultante aus der lebendigen Wucht des Blutstromes und der Gravitation: letztere wird durch Beobachten nur in genau horizontaler Ebene ausgeschaltet. Bei dieser Vereinfachung resultiert der Abgleitwiderstand W der Zellen[5] nach der G. G. Stokesschen Widerstandsformel zu

$$W = \sigma\,\pi\,\eta\,r\,v \qquad\qquad (10)$$

(mathematische Ableitung s. Lamb 1924, S. 567; Page 1928, S. 245), wenn r

---

[5] Wahrscheinlich stellt die abstoßende Wucht des Flüssigkeitsstromes nicht, wie anfangs angenommen wurde (Pfeiffer 1933 a), die gesamte Adhäsion, sondern nur deren tangentiale Komponente dar, erfaßt also nicht die transversale Attraktion zwischen den Molekeln des Protoplasmas und seines Substrats (Pfeiffer 1933 b). Doch hat sich der so definierte Abgleitwiderstand W als ausgezeichnet brauchbares Vergleichsmaß bei Untersuchungen der Adhäsion erwiesen.

der Radius des Objekts (nicht des Blutgefäßes), η die Viskosität des strömenden Blutes und v die Strömungsgeschwindigkeit darstellen. Die anfängliche Arbeitsweise nach dem Strömungsverfahren mit Glaskapillaren (Pfeiffer 1933 a) ist wegen begrenzter Anwendbarkeit und schwieriger Vermeidbarkeit von Fehlmessungen später durch den Gebrauch von Strömungskammern (Pfeiffer 1933 b; 1934 a, S. 314) ersetzt worden. Sei η bekannt, so benötigt man nur die Kenntnis von v und r. Die resultierenden Werte W werden zweckmäßig in 10^{-5} dyn/cm gemessen.

Auch der in absolutem Maß ausgedrückte Abgleitwiderstand an gläsernen Deckplättchen ist größer als jener an vielen anderen Materialien

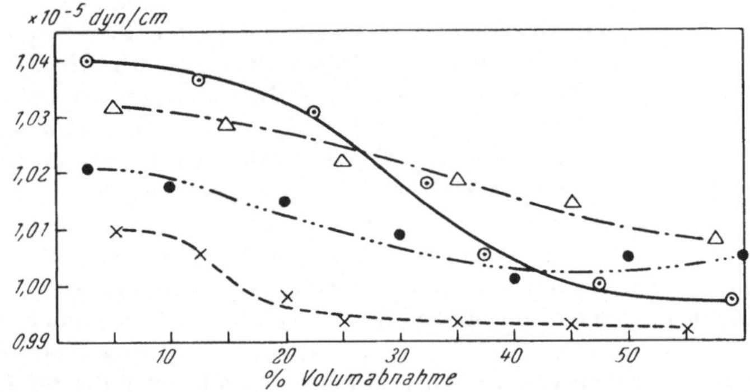

Abb. 7. Abhängigkeit des Abgleitwiderstandes (in 10^{-5} dyn/cm) vom Plasmorrhysegrade von Protoplasmatropfen aus *Vitis*-Beerenfleischzellen, variierend mit der Netzbarkeit des Substrats: *a)* ⊙ ———— ⊙ Glas, *b)* △ — . — △ Cellon, *c)* ● — ... — ● Glyzerinseife, *d)* x — — — x berußtes Paraffin (vgl. Pfeiffer 1935).

(Abb. 7). Nur mit höheren Plasmorrhysengraden und durch erhöhte Salz- und Nichtleiterkonzentrationen der Abspülmedien läßt sich die Variation der Abgleitwerte genügend gut reproduzieren. Wie bei Bestimmungen der Adhäsionskoeffizienten hat sich auch bei diesen Versuchen eine Quellungsbeeinflussung entsprechend der Anionenfolge gezeigt; beide Größen dürften einander symbath gehen.

c) Der Plasmorrhysegrad wird weiterhin vom N e t z v e r m ö g e n der Protoplasmatropfen an ihrem Substrat und damit vom R a n d w i n k e l beeinflußt, welcher nach der Beziehung

$$\cos \vartheta = \beta \cdot \sigma_{fl,\,l} \tag{11}$$

(worin ϑ den Randwinkel, β die Benetzungsspannung und $\sigma_{fl,\,l}$ die Oberflächenspannung des Tropfens zwischen flüssiger und luftförmiger Phase darstellen) von der Oberflächenspannung abhängt. Erschwert werden diese Untersuchungen durch die exquisit hohe E m p f i n d l i c h k e i t des Faktors gegen geringste Veränderungen an der Substratoberfläche, am netzenden Protoplasma und sogar in der wechselnden Dauer der Berührung; auch variiert ϑ je nach vor- oder rückwärts gerichteter Flüssigkeitsverschiebung (H y s t e r e s i s) und wird durch geringste Beimengungen besonders oberflächenaktiver Substanzen in stärkster Weise beeinflußt. Durchführbar werden die Versuche mittels der von Talmud und Lubman (1930) eingeführten Mikrobestimmungsmethode mittels zweier Dimensionsmessungen, auch wenn bis soweit das zu fordernde indifferente Medium noch nicht voll zufriedenstellt. Man bringt einen Objektträger mit dem nach oben oder unten gekehrten (sitzenden oder hängenden) Protoplasten in eine schmale Beobachtungsküvette vor dem Horizontalmikroskop und bestimmt mikrometrisch nach Eintritt des Gleichgewichts an dem kugelsegmentförmigen Tropfenprofil die beiden Hauptausdehnungen $2a$ und b, aus denen sich der R a n d w i n k e l für

$$\text{1) Winkel} \leqq 90^0 \text{ zu: } \operatorname{tg}\vartheta = 2\,a\,b/(a^2 - b^2)$$
$$\text{2) Winkel} \geqq 90^0 \text{ zu: } \operatorname{tg}\vartheta = \sqrt{(2\,a\,b - b^2)\,(a - b)} \qquad (12)$$

errechnet, wenn a der halbe Durchmesser des am Substrat teilweise zerfließenden Tropfens und b dessen Höhe darstellt. Form und Beschaffenheit der Beobachtungsküvette müssen der Brennweite des benutzten Objektivsystems angepaßt sein. Die gegebenen Dimensionen können in willkürlichen Einheiten bestimmt werden. Eine Verfeinerung der Arbeitsweise stellt die Projektion des Tropfenprofils und die Vermessung des vergrößerten Bildes unter Berücksichtigung dabei eingetretener Verzeichnungsfehler dar. Als brauchbares Vergleichsmaß der s e l e k t i v e n B e n e t z u n g setzen Talmud und Lubman (1930) $B = \cos \delta$. Die Benetzungsspannung β ergibt sich aus Gl. (1), und Absolutwerte der Adhäsion (s. S. 10) können als Summe aus Benetzungs- und Oberflächenspannung erhalten werden. Den Einfluß der Plasmorrhyse auf alle diese Größen ersieht man aber schon aus dem Randwinkel oder seinem cos.

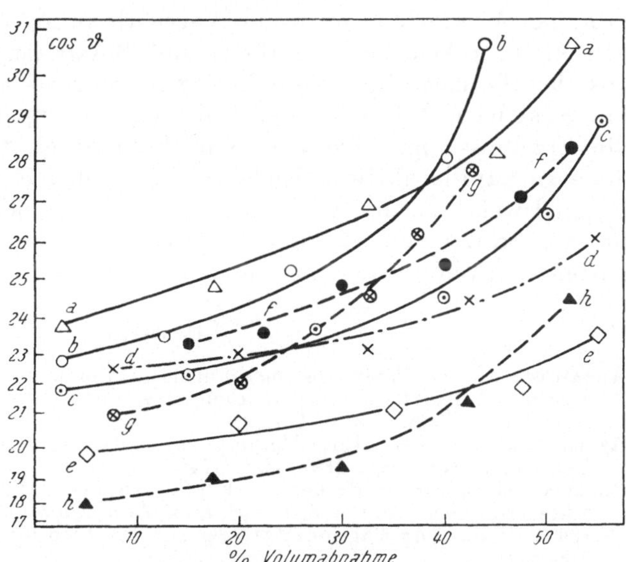

Abb. 8. Beeinflussung des Randwinkels (ϑ) von Protoplasmatropfen (menschl. Speichelzellen) beim Plasmorrhysieren mit untereinander isosmotischen Lösungen von: a) △ ———— △ KCSN, b) ○ ———— ○ KNO₃, c) ⊙ ———— ⊙ KClO₃, d) x —·— x KCl, e) ◇ ———— ◇ K₂SO₄, f) ● —·—· ● NH₄Cl, g) ⊗ ———— ⊗ NaCl, h) ▲ ———— ▲ CaCl₂.

Nach dem vorliegenden Untersuchungsmaterial (Pfeiffer 1934) ist, fast unabhängig von Objekt und jeweiliger Größe der Protoplasmatropfen, eine Z u n a h m e d e r R a n d w i n k e l m i t w a c h s e n d e r H y p e r t o n i e der Medien zu beobachten. Bisweilen findet sich allerdings bei den größeren Tropfen oder bei bestimmten Konzentrationsstufen der hypertonischen Medien ein anfänglicher Rückgang der Randwinkelwerte, der nicht ganz einfach zu deuten ist. Im einzelnen stehen die Befunde wiederum mit dem q u e l l u n g s fördernden oder -hemmenden Einfluß der benutzten Elektrolyte oder Anelektrolyte und ihrer jeweiligen Kon-

zentrationen auf die Protoplasten verschiedener Größe (also der Quotienten Oberfläche/Volumen) in Beziehung, wie sich an dem Einfluß der
Anionen beispielsweise des K oder Na in der Reihe: $CSN > NO_3 > ClO_3 >$
$Cl > SO_4$ oder der Kationen in der Folge: $NH_4 > Na \gg K \gg Li > Ca$ auf
die Zunahme der Randwinkel (Abb. 8), also Abnahme der Adhäsion,
zeigen läßt (Pfeiffer 1934). Damit wird verständlich, daß Amoebocyten
von Seeigeln, niederen Würmern und Mollusken für Salze des Mg ein
vermindertes, für solche des Li, Na und besonders K verstärktes Haften [6]
und erhöhte Fluidität ergeben haben (Fauré-Fremiet 1929), und vermutlich sind Wirkungen von K- im Vergleich zu Mg-Salzen auf die Migration
von *Limulus*-Amoebocyten (Loeb und Blanchard 1922) auch nicht allein
aus den Permeabilitätsveränderungen, sondern auch aus dem s t e r e o -
t r o p i s c h e n   E f f e k t   der Kulturen zu verstehen. Weiter ordnen sich
die Ergebnisse mit Trauben- und Rohrzucker, Glyzerin, Harnstoff und
diversen kapillaraktiven Anelektrolyten jenen Gesetzmäßigkeiten gut ein.
Beispielsweise verursachen schon vorhandene oder experimentell beige-
brachte Schrammen auf den Deckplättchen die bevorzugte Lokalisation
haftender Protoplasten an diesen Stellen.

Literatur

Abramson, H. A., 1928: The mechanism of the acute inflammatory process. In:
Jerome Alexander, Colloid chemistry, theoretical and applied 2, 701—722.
New York, Chem. Catal. Co.

Af Klercker, J., 1892: Eine Methode zur Isolierung lebender Protoplasten. Öfvers.
Vet.-Akad. Förhandl. **1892**, 463—474.

Balbiani, E. G., 1888: Recherches expérimentales sur la mérotomie des Infusoirs
ciliés. Rev. Zool. Suisse 5, 1 (vgl. auch Ann. Micrographie 4, 1892).

— 1899: Études sur l'action des sels sur les Infusoires. Arch. Anat. microsc. 2,
518—600.

Barikine, W., 1910: Sur le mécanisme de la phagocytose in vitro. Z. Immunitforsch.
(I) 8, 72—86.

Boas, Fr., 1931: L'anion-phénomène phylétique ou la séparation chimique des
Bactéries et des Mycoses. Paris, Vigot Frères.

Fauré-Fremiet, E., 1929: Caractères physico-chimiques des choanoleucocytes de
quelques Invertébrés. Protoplasma 6, 521—609.

Fenn, W. O., 1922 a: The adhesiveness of leucocytes to solid surfaces. J. gen.
Physiol. (Am.) 5, 143—167.

— 1922 b: Effect of the hydrogen ion concentration on the phagocytosis and the
adhesiveness of leucocytes. J. gen. Physiol. (Am.) 5, 169—174.

Fodor, A., 1929: Das Fermentproblem. 2. Aufl. Dresden u. Leipzig, Th. Steinkopff.

Frey-Wyssling, A., 1948: Submicroscopic morphology of protoplasm and its
derivatives. New York a. Amsterdam, Elsevier.

— 1952: Deformation and flow in biological systems. Amsterdam, North Holl.
Publ. Co.

Häbler, C., 1930: Physikalisch-chemische Probleme in der Chirurgie. Berlin,
J. Springer.

---

[6] Die adhäsionssteigernde Wirkung gerade der K-Salze wird bemerkenswert
beleuchtet bei Betrachten des Verhaltens von Leukocyten bei E n t z ü n d u n g e n
(Häbler 1930, S. 56). Aus der durch M. Schmidtmann und K. Matthes dabei
nachgewiesenen Durchlässigkeitszunahme des Plasmalemmas und einer im ent-
zündlichen Exsudat entsprechend dem Entzündungsgrad gefundenen Erhöhung
des K-Gehaltes (l. c. 70) wird wegen der Quellungsbegünstigung durch K· die
„K l e b r i g k e i t s z u n a h m e" der Leukocyten an den Kapillarendothelien wohl
verständlich.

HEILBRUNN, L. V., 1952: An outline of general physiology, 3rd ed. Philadelphia a. London, W. B. Saunders Co.

HÖBER, R., 1924: Physikalische Chemie der Zelle und der Gewebe. 5. Aufl. Leipzig, W. Engelmann.

— 1926: Physikalische Chemie der Zelle und der Gewebe. 6. Aufl. Ibid.

HUBER, BR., und K. HÖFLER, 1930: Die Wasserpermeabilität des Protoplasmas. Jb. wiss. Bot. **73**, 351—511.

KOLTZOFF, N. K., 1908: Über formbestimmende elastische Gebilde in Zellen. Arch. Zellforsch. **2**, 1—65 (s. auch 1903, Biol. Zbl. **23**, 680—696).

KÜSTER, E., 1910: Eine Methode zur Gewinnung abnorm großer Protoplasten. Arch. Entw.mechan. **30**, 351—355.

— 1928: Über die Gewinnung nackter Protoplasten. Protoplasma **3**, 223—233.

— 1951: Die Pflanzenzelle. 2. Aufl. Jena, G. Fischer.

— 1956: Die Pflanzenzelle. 3. Aufl. (unter Mitwirkung von K. HÖFLER und G. REESE). Jena, G. Fischer.

LAMB, H., 1924: Hydrodynamics. S. 567. Cambridge, Univ. Press.

LAMPERT, H., 1931: Die physikalische Seite des Blutgerinnungsproblems. Leipzig, G. Thieme.

LILLIE, R. S., 1916: Increase of permeability to water following normal and artificial activation in sea urchin eggs. Amer. J. Physiol. **40**, 249—266.

LOEB, L., and K. C. BLANCHARD, 1922: The effect of various salts on the outgrowth from experimental amoebocyte tissue near the isoelectric point and with the addition of acid or alkali. Amer. J. Physiol. **60**, 277—307.

LUCKÉ, B., and M. McCUTCHEON, 1932: The living cell as an osmotic system and its permeability to water. Phys. Rev. **12**, 68—139.

MOHLER, H., 1951: Chemische Optik. Aarau, Sauerländer & Co.

NORTHROP, J. H., 1927: The kinetics of osmosis. J. gen. Physiol. (Am.) **10**, 883—892.

PAGE, L., 1928: Introduction to theoretical physics, S. 245. New York, Van Nostrand.

PEKAREK, J., 1930: Absolute Viskositätsmessung mit Hilfe der Brownschen Molekularbewegung. Protoplasma **10**, 510—532.

PFEIFFER, H. H., 1929: Elektrizität und Eiweiße. Dresden u. Leipzig, Th. Steinkopff.

— 1931 a: Über die Plasmorrhyse nackter Protoplasten I. Cytologia **3**, 26—35.

— 1931 b: Beobachtungen an Kulturen nackter Zellen aus pflanzlichen Beerenperikarpien. Arch. exper. Zellforsch. **11**, 424—434.

— 1932: Über die Plasmorrhyse nackter Protoplasten II. Cytologia **4**, 52—67.

— 1933 a: Beiträge zur quantitativen Bestimmung von Molekularkräften des Protoplasmas I. Protoplasma **19**, 177—193.

— 1933 b: Beiträge zur quantitativen Bestimmung von Molekularkräften des Protoplasmas II. Protoplasma **20**, 73—78.

— 1934 a: Über die Plasmorrhyse nackter Protoplasten III. Cytologia **5**, 308—316.

— 1934 b: Über die Plasmorrhyse nackter Protoplasten IV. Cytologia **5**, 507—516.

— 1934 c: Versuche über die Beeinflussung von Form und Adhäsion nackter Protoplasten. Verh. III. intern. Kongr. Zellforsch. Cambridge 1, 203—212.

— 1935: Versuche an Myelintropfen von unserer *Impatiens parviflora*. Abh. Nat. Ver. Bremen **29**, 185—192.

— 1936: Evidence for linear units within protoplasm. Nature (London). **138**, 1054.

— 1937 a: Experimental researches on the non-Newtonian nature of protoplasm. Fujii Jubil. Volume, 701—710.

— 1937 b: Polarisationsoptische Untersuchungen an Plasmatropfen und Eiern unter Scherdruck. Verh. dtsch. Zool. Ges. **39**, 106—119.

— 1939: Vervollkommnung der rheologischen Versuchseinrichtung für Protoplasmatropfen. Protoplasma **33**, 311—318.

— 1940 a: Rheologische, polarisationsoptische und beugungspolarisatorische Untersuchungen an Protoplasmatropfen und einigen Modellsubstanzen. Protoplasma **34**, 347—352.

— 1940 b: Experimentelle Cytologie. Leiden, Chron. Bot. Co.

— 1949: Das Polarisationsmikroskop als Meßinstrument in Biologie und Medizin. Braunschweig, Fr. Vieweg & Sohn.

— 1950: Quantitative Untersuchungen des Rheodichroismus an Protoplasma. Kolloid-Z. **117**, 52—53.

— 1952: Rheo-Dichroism in protoplasm. Report 1st intern. colloquium on rheological problems in biology, Lund 1950. S. 488—489.

— 1953: Recent advances in rheo-dichroism of protoplasm. Proc. 2nd internat. congr. on rheology, Oxford, p. 373—381. London, Butterworths Publ.

Pfeiffer, H. H., 1954: Neue Versuche zum Rheo-Dichroismus des Protoplasmas. Kolloid-Z. **136**, 156—158.
— 1957: Mikroskopisches Messen und Auszählen. In: H. Freund, Handbuch der Mikroskopie in der Technik 1/1, 523—561. Frankfurt a. M., Umschau Verlag.
Reichel, H., und K. Spiro 1927: Ionenwirkungen und Antagonismus der Ionen. In: A. Bethe, G. Embden und A. Ellinger, Handb. norm. u. path. Physiol. 1. Berlin, J. Springer.
Rubinstein, D. L., 1928: Das Problem des physiologischen Ionenantagonismus. Protoplasma **4**, 259—314.
Scarth, G. W., 1924: Colloidal changes accociated with protoplasmic contraction. Quart. J. exper. Physiol. **14**, 99—113.
Schade, H., und L. Weiler, 1928: Beiträge zur Kenntnis des Protoplasmaverhaltens menschlicher Zellen bei physiko-chemischer Beeinflussung. Protoplasma **3**, 43—67.
Schmidt, W. J., 1941: Die Doppelbrechung des Protoplasmas und ihre Bedeutung für die Erforschung seines submikroskopischen Baues. Erg. Physiol. **44**, 27—95.
Seifriz, W., 1936: Protoplasm. New York and London, McGraw-Hill Co.
— 1952: The rheological properties of protoplasm. In: Frey-Wyssling, Deformation and flow, p. 3—156.
— 1956: The physical chemistry of cytoplasm. In: W. Ruhland, Handbuch der Pflanzenphysiologie 1. 340—382. Berlin-Göttingen-Heidelberg, Springer Verlag.
Talmud, D., und N. M. Lubman, 1930: Neue (Mikro-) Methode zur Messung der Randwinkel. Z. physik. Chem. (A) **148**, 227—230.
Ursprung, A., 1938: Die Messung der osmotischen Zustandsgrößen pflanzlicher Zellen und Gewebe. Handb. biol. Arbeitsmeth. (XI) **4**, 1109—1572.
Vlès, F., 1926: Les tensions de surface et les déformations de l'œuf d'Oursin. Arch. Phys. biol. **4**, 263—284.
Weber, Fr., 1929: Plasmolyse-Zeit-Methode. Protoplasma **5**, 622—624.
Wulff, P., 1936: Anwendung physikalischer Analysenverfahren in der Chemie. München.

Sachverzeichnis

Plasmoschisen[1]

Von

HANS H. PFEIFFER

Laboratorium für Polarisations-Mikroskopie, Bremen

Mit 1 Textabbildung

Inhaltsübersicht

Begriff des Phänomens

Die Plasmoschise (von griech. σχίζειν = spalten) gehört zu den abnormalen, meist bei grenzplasmolytischen Untersuchungen an Pflanzenzellen beobachteten Erscheinungen. Im engeren Sinne ist darunter eine Spaltung des Cytoplasmas pflanzlicher Zellen in zwei (wohl sehr selten mehr) Anteile zu verstehen, und zwar meist in einen inneren, die Vakuole umgebenden Anteil und einen äußeren, welcher der Zellwand anliegen kann oder selber von ihr einen bestimmten Abstand einhält (KÜSTER 1929, S. 29). SCHINDLER (1938 a, b, 1944 a, b) spricht in solchen Fällen von Z e r r - p l a s m o d i e n. Von der P l a s m o s c h i s e im eigentlichen Sinne (Abb. 1) ist also wesensverschieden die seit HOFMEISTER (1867, S. 71) und BERTHOLD (1886, S. 89) immer wieder beschriebene, plasmolytisch bedingte F r a g m e n - t a t i o n des Cytoplasmas durch dessen tropfigen Zerfall (PFEIFFER 1936; RASHEVSKY 1938). Doch bedarf es noch der Nachprüfung, ob auch die Plasmo-

---

[1] Dieser Artikel des Handbuches ist in Erinnerung an den am 6. Juli 1953 zu Gießen verstorbenen E. KÜSTER geschrieben — den unermüdlichen Förderer der Protoplasmatik und begeisterten Freund des Handbuches „Protoplasmatologia", den rührigen Entdecker und Erforscher so vieler hypertonisch induzierter Protoplasmaphänomene und den unvergeßlichen Freund und stets uneigennützigen Berater in so mancher cytologischen Frage.

schise wie die tropfige Fragmentation einerseits durch starke Längsstreckung der Zelle bei geringer Breitenausdehnung des Cytoplasmaschlauches, andererseits durch starkes Adhärieren gewisser Plasmaanteile oder Wirkung spezifisch lokalisierter Kapillarkräfte im Cytoplasma gefördert wird (Pfeiffer 1940, S. 198). Im übrigen ist die als Plasmoschise bezeichnete Abspaltung labil gewordener viskoser Cytoplasmaballen nach Ursachen und phänomenologischem Verhalten durch eine schier unübersehbare Fülle von Übergängen mit anderen, vornehmlich plasmolytisch bedingten Prozessen am Cytoplasma verbunden, bei denen ebenfalls die Kontinuität

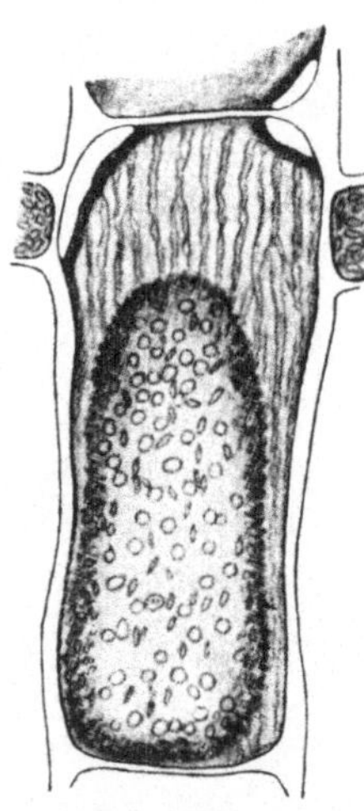

Abb. 1. Plasmoschise
bei *Antithamnion*.
(Nach R. Weber, 1933.)

aufgehoben wird, so etwa mit der Fenster- und Lochbildung harnstoffplasmolysierter mariner *Cladophora utriculosa* (Höfler 1932, S. 207), mit der an anderer Stelle des Handbuches bearbeiteten Vakuolenkontraktion und Tentakelbildung des Cytoplasmas, wie mit Tonoplasten-Plasmolysen, Spontan- und Reizplasmolysen usw. In allen Fällen des Kontinuitätsverlustes ist offenbar die Adhäsion des Cytoplasmas an der Zellwand so stark, daß sie nicht ohne gewaltsame Ruptur überwunden werden kann, während die Kohäsion des kontrahierten Zellinhalts lokal herabgesetzt ist (Küster 1951, S. 26 f.; 1956, S. 24, 434). Erschwert wird eine plasmoschitisch aufgehobene Spannung im Cytoplasma bei dessen zu hoher Viskosität oder beim Vorkommen fester oder sehr zäher Inhaltskörper der Zelle, wie Carotinkristalle, langgestreckte Chloroplasten u. dgl. In anderen Fällen, wie bei Behandlung der *Spirogyra*-Plastiden mit $n/4$ Kaliumbichromat, wenn mit ihrer Entquellung eine starke Kontraktion der Schraubenband-Chromatophoren verbunden ist, kann die Plasmoschise unter Einschnüren des Tonoplasten durch Ablösen der Plastiden von der Zellwand und dem wandständigen Cytoplasma zustande kommen (Pfeiffer 1940, S. 26, 199; Küster 1951, S. 387 f.), wobei das Rinnen-Cytoplasma der Zelle der Beobachtung zugänglich wird. Bei Fortsetzung der plasmolytischen Kontraktion des Tonoplasten kann auch dieser aufspalten und manchmal eine größere Zahl vakuolärer Blasen im wandständig verbleibenden Cytoplasma zurücklassen (Pfeiffer 1940, S. 199). Zwischen den auf irgendeine Weise durch einen Spalt sich voneinander trennenden Anteilen des Cytoplasmas (oder der Plastiden) spannen sich gewöhnlich während des Prozesses ausgezogene Fäden aus (Abb. 1), so daß die Plasmoschise auch für eine Analyse des F a d e n z i e h v e r m ö g e n s (der Spinnbarkeit) des Cytoplasmas Bedeutung bekommt.

Wenn solche „Spinnfäden" zur Ausbildung kommen, ist die Abtrennung der Plasmoschise von der für die Vermehrung der Zelle typischen C y t o k i n e s e („cleavage") leicht gegeben (Pfeiffer 1940, S. 178 f.). Weit schwieriger, ja in manchen Fällen gar nicht sicher möglich, ist die saubere begriffliche Trennung von plasmolytisch bedingter t r o p f i g e r F r a g m e n t a t i o n (s. oben). Solche und die entsprechenden Erscheinungen an den Plastiden vieler Algen ohne oder mit

Zusammenhang mit Vorgängen der normalen Cytokinese (BERTHOLD 1886, S. 173), scheut sich KÜSTER (1951, S. 363) voneinander zu scheiden. Eher mag das am Cytoplasma (LANZ 1939) oder am Zellkern (LUYET and ERNST 1934) für die Zerschnürung im Zentrifugierversuch gelingen. Nur ganz entfernt verwandt mag der Vorgang sein, bei welchem die Störung der Kontinuität des Cytoplasmas zu dessen partiellem Verlust an den Zellsaftraum führt („intravakuoläres Protoplasma" nach CHOLODNY 1923; vgl. auch Küster 1956, S. 40). Auch in Verbindung mit Kappenplasmolyse (HÖFLER 1928, 1932; KÜSTER 1929, 1956, S. 97, 108; SEIFRIZ 1956, S. 386) kann eine Separation cytoplasmatischer Anteile vorkommen, über deren Zuordnung zu einem plasmoschitischen Vorgang die Beschreibung durch KAISERLEHNER (1939) aber keinen Aufschluß gibt.

Causa efficiens

Die Mechanik der Plasmoschise ist nicht nur wegen der Unmöglichkeit ihrer sauberen Abtrennung von allerhand verwandten Phänomenen heute erst höchst unzureichend bekannt, sicher aber auch nicht in allen Fällen ganz übereinstimmend.

1. Häufig beschriebene Vorkommen der Plasmoschisen sind aber fraglos mit den am pflanzlichen Cytoplasma mittels hypertonischer Medien induzierten Erscheinungen in Beziehung zu bringen. Dennoch ist die alleinige Zurückführung der wirksamen Prozesse auf solche des Osmometers nicht immer berechtigt, auch wenn anomale Osmosen dabei hinzugezogen werden (PFEIFFER 1940, S. 65). Vor allem aber sind die speziellen Bedingungen für das Auftreten von Plasmoschisen zum Unterschied von anderen plasmolytisch hervorgerufenen morphologischen Zellveränderungen, wie Vakuolenkontraktion, Vakuolisation, Systrophe, Kapillar- und Reizplasmolyse des Cytoplasmas (PFEIFFER 1940, S. 80), durchaus unbekannt. Es scheint allerdings, als ob der Vorgang bei Plasmoschisen ähnlich wie bei der oft damit verbundenen Vakuolenkontraktion verliefe (PFEIFFER, unveröff. Vers.), indem vakuolär abgestoßenes Wasser vom Cytoplasma nicht aufgenommen wird, sondern zwischen Vakuolenhülle und wandständig gebliebener Cytoplasmaschicht liegen bleibt (vgl. KÜSTER 1951, S 483).

2. Experimentell sind Plasmoschisen außer mittels hypertonischer Medien oft auch durch Vitalfärbung (oder Supravitalfärbung), meistens unter Anwendung von Neutralrot in vitalfärberisch gängigen Konzentrationen, induziert worden. Trotz ernster Anstrengungen von KÜSTER (1929) und Forschern, wie GICKLHORN und MÖSCHL (1930), FR. WEBER (1930), STRUGGER (1931), LANZ (1942) u. a., ist der Mechanismus hierbei weiterhin in Dunkel gehüllt. Ob man etwa an eine durch das Färben hervorgerufene anderweitige Bindung von Wassermolekeln denken soll, welche zu analogen Wirkungen wie beim Wasserentzug durch Hypertonicis führt (PFEIFFER, unveröff. Vers.), bleibe vorerst dahingestellt. Alle experimentellen Befunde verdichten sich aber zu der Folgerung, daß Plasmoschisen

dieser Art durch eine Störung, in manchen Fällen vielleicht gar Aufhebung der normalen Semipermeabilität der Zelle unter gleichzeitig ungestörter oder wenig inhibierter Vitalität des Tonoplasten (H. de Vries) herbeigeführt oder mindestens begünstigt werden (Küster 1929, S. 29; vgl. auch Eichberger 1934).

3. In vielen Fällen wird deswegen die Plasmoschise durch Färbung oder durch Hypertonicis als Begleitphänomen der Vakuolenkontraktion auftreten müssen. Die Schädigung der Semipermeabilität des Cytoplasmas kann dabei einen sehr geringen Grad zeigen, genügt doch bei der Plasmoschise der Floridee *Antithamnion plumula* mittels Seewassers bereits die Vorbehandlung mit Süßwasser oder die vorausgegangene Einwirkung schwach giftiger Lösungen (R. Weber 1933). In diesem Sinne würde die Plasmoschise als Phänomen zu der großen Zahl Nekrose oder Desorganisation verratender Anzeichen der Pflanzenzelle (Küster 1925, S. 378) gehören.

Wegen der gleichen Ursache verwandt ist eine am besten unter dem neuen Begriff der Plastidoschise zu behandelnde Erscheinung, bei welcher als Symptom zellulärer Desorganisation die Chromatophoren (Chloroplasten) der Pflanzenzelle in charakteristischer Weise gespalten werden (Küster 1925, S. 378). Vermutlich daneben wirksam sind aber wie bei Plasmoschisen auch kapillare Formänderungen, welche hier bis zu kapillarem Zerfall führen können (Berthold 1886; Küster 1904, 1924; Senn 1908; Liebaldt 1913 u. a.). Offenbar geringere Gleichgewichtsstörungen unter den Kapillarkräften mögen vorliegen, wenn Plastiden sich vom Cytoplasma separieren (vgl. dazu Küster 1956, S. 434).

4. Ein bestimmtes Zusammenspiel beider Grundprozesse, also der Störung der Semipermeabilität und der Wirksamkeit gewisser kapillaraktiver Formeinflüsse, muß wohl auch für die als spontane Plasmoschisen angesprochenen Erscheinungen angenommen werden, auch wenn sich die Ursachen exaktem Nachweise noch entziehen. Zum Unterschiede von hypertonisch und vitalfärberisch induzierten Plasmoschisen fehlt hier die experimentelle Beeinflussung durch wasserentziehende Medien. Die Objekte befinden sich vielmehr in destilliertem oder Leitungswasser oder möglichst schwach konzentrierten Traubenzuckerlösungen. Über die Häufigkeit der Spontanplasmoschisen ist nur wenig bekannt. Ebenso ist der Mechanismus völlig ungeklärt. Bei Kronblattzellen von Scrophulariaceen und Solanaceen (Pfeiffer, unveröff. Vers.) mag ein traumatischer Reiz mitgewirkt haben, bei Pericarpzellen aus reifen Beeren von *Ligustrum* (Henner 1934) kann auch das nicht mehr der Fall sein. Hier ist die Spontanplasmoschise gewöhnlich verbunden mit starker Vakuolenkontraktion, wobei sich die Vakuolen zu kleinen Kugeln zusammenziehen und die Erscheinung vielleicht auf cytoplasmatischer Aufquellung unter Wasserentziehung aus der Vakuole beruht. Ob gelegentlich auch Zerrungen durch spezifisch gerichtete Plasmaströme (Berthold 1886, S. 176) mitwirken, bleibe unentschieden.

5. Von einer Reizplasmoschise ist gesprochen worden (SCHÖNLEBER 1935), wenn die Spaltung des Cytoplasmas nachweisbar den Charakter einer Auslösung zeigt; oft ist sie in diesen Fällen auch reversibel. Das Phänomen kann dabei durch die verschiedensten Reize oder Reizketten hervorgerufen werden, am häufigsten wohl durch solche m e c h a n i s c h e r Natur, sei es ein besonders auf Zellen in der Nähe des Wundrandes sich auswirkendes T r a u m a (PRÁT 1934) oder ein K l o p f r e i z (KEIL 1930; GICKLHORN 1933; R. WEBER 1933). Aber auch t h e r m i s c h e Beeinflussung, wie Erwärmen von *Rhoeo*-Zellen auf 60⁰ (KEMMER 1928) oder Gefrieren von *Helodea*-Sprossen (MEINDL 1934), ein p h o t i s c h e r Reiz (plötzlich ausgelöste starke Belichtung kann nach unveröff. Vers. eine Plastidoschise herbeiführen) oder mannigfache c h e m i s c h e Reize, welche in der Folge quellende oder schrumpfende Wirkungen herbeiführen (Staubfadenhaarzellen von *Tradescantia* nach BRENNER 1920; Cl-Vergiftung vieler Versuchspflanzen in der „action plasmolysante" nach GUÉRIN et LORMAND 1920; Alkalien und Säuren nach SCHINDLER 1938 a, b, bzw. Schwermetallsalze, wie Cu oder Co und Ni nach SCHINDLER 1944 a, b), können neben Plasmolysen durch Schrumpfungen des absterbenden Cytoplasmas und verschiedenerlei Vakuolenkontraktionen zu Plasmoschisen führen. Wohl in den meisten dieser Fälle wird das Cytoplasma teils zum Aufquellen, teils zum Schrumpfen gebracht, wobei von außen endosmierende oder aus der Vakuole exosmierende Quellungsmittel, durch die mechanischen, thermischen, photischen oder chemischen Eingriffe gefördert, das Phänomen auslösen (URSPRUNG 1938, S. 1214). Nicht selten dürfte dabei die Mitwirkung einer Synärese des Zellsaftes zu finden sein.

Zukünftige Arbeitsziele

Vorstehende Ausführungen lassen erkennen, daß das Plasmoschise-Phänomen noch keineswegs die ihm gebührende Beachtung gefunden hat. Auch wenn hier nur seine wesentlichen Grundzüge kurz angedeutet werden sollten, mag die Mitteilung gewisser Forderungen als R i c h t l i n i e n f ü r w e i t e r e E r f o r s c h u n g berechtigt sein.

Wesentlich scheinen zuerst die Sicherung experimenteller Darstellung überhaupt und die Umgrenzung s ä m t l i c h e r Darstellungsmöglichkeiten. Engstens damit verbunden ist die ebenfalls noch zu vervollkommnende Analyse der Entstehungsbedingungen. Hierbei müßte auch ein Einblick in die energetischen Beziehungen des Phänomens, also die quantitative Durchdringung des plasmoschitischen Experiments, erstrebt werden. Als späteres Ziel mag sich dann die bessere Kenntnis der Erscheinung im Zusammenhang mit jener verwandter oder ähnlich scheinender Prozesse der Formbildung am Cytoplasma und seinen Organellen anschließen und endlich einen Einblick in die physiologischen Konstellationen der Zelle ermöglichen. Zu einem solchen Fernziele bleibt aber, wie dargetan, eigentlich noch alles zu tun.

Literatur

Bank, O., 1935: Über den Mechanismus der Vakuolenkontraktion. Protoplasma 23, 447.

Berthold, G., 1886: Studien über Protoplasmamechanik. Leipzig.

Brenner, W., 1920: Über die Wirkung von Neutralsalzen auf die Säureresistenz, Permeabilität und Lebensdauer der Protoplasten. Ber. dtsch. bot. Ges. 38, 227.

Cholodny, N., 1923: Zur Frage der Beeinflussung des Protoplasmas durch mono- und bivalente Metallionen. Beih. bot. Ctrbl. (I) 39, 221.

Eichberger, R., 1934: Über die „Lebensdauer" isolierter Tonoplasten. Protoplasma 20, 606.

Gicklhorn, J., 1933: Über aktive Chloroplasten-Kontraktion bei Spirogyra und den Aggregatzustand der Spiralbänder. Protoplasma 17, 571.

— und L. Möschl, 1930: Vitalfärbung und Vakuolenkontraktion in Zellen mit stabilem Protoplasmaschaum. Protoplasma 9, 521.

Guérin, P., et Ch. Lormand, 1920: Action du chlore et des diverses vapeurs sur les végétaux. C. r. Acad. Paris 170, 401.

Henner, J., 1934: Untersuchungen über Spontankontraktion der Vakuole. Protoplasma 21, 81.

Höfler, K., 1928: Über Kappenplasmolyse. Ber. dtsch bot. Ges. 45, 73.

— 1932: Plasmolyseform bei Chaetomorpha und Cladophora. Protoplasma 16, 189.

Hofmeister, W., 1867: Die Lehre von der Pflanzenzelle. Leipzig.

Kaiserlehner, E., 1939: Über Kappenplasmolyse und Entmischungsvorgänge im Kappenplasma. Protoplasma 33, 579.

Keil, R., 1930: Über systolische und diastolische Veränderungen der Vakuole in den Zellen höherer Pflanzen. Protoplasma 10, 568.

Kemmer, E., 1928: Beobachtungen über die Lebensdauer isolierter Epidermen. Arch. exper. Zellforsch. 7, 31.

Küster, E., 1904: Beiträge zur Physiologie und Pathologie der Pflanzenzelle. Z. allg. Physiol. 4, 221.

— 1918: Über Vakuolenteilung und grobschaumige Protoplasten. Ber. dtsch. bot. Ges. 36, 283.

— 1924: Experimentelle Physiologie der Pflanzenzelle. Handb. biol. Arbeitsmeth. (XI) 1, 961.

— 1925: Pathologische Pflanzenanatomie, 3. Aufl. Jena.

— 1927: Beiträge zur Kenntnis der Plasmolyse. Protoplasma 1, 73.

— 1929: Pathologie der Pflanzenzelle, 1. Berlin.

— 1937: Pathologie der Pflanzenzelle, 2. Berlin.

— 1951: Die Pflanzenzelle. 2. Aufl. Jena.

— 1956: Die Pflanzenzelle, 3. Aufl. (unter Mitwirkung von K. Höfler und G. Reese). Jena.

Lanz, I., 1939: Über die Wirkung der Zentrifugierbehandlung auf den lebendigen Zellinhalt. Arch. exper. Zellforsch. 23, 220.

— 1942: Über Protoplasma und Vakuolen der Cladophora-Zelle. Ber. dtsch. bot. Ges. 60, 37.

Liebaldt, E., 1913: Über die Wirkung wässeriger Lösungen oberflächenaktiver Substanzen auf die Chlorophyllkörner. Z. Bot. 5, 65.

Luyet, B. J., and R. A. Ernst, 1934: On the comparative specific gravity of some cell components. Biodyn. 1.

Meindl, T., 1934: Weitere Beiträge zur protoplasmatischen Anatomie des Helodea-Blattes. Protoplasma 21, 362.

Nägeli, C., 1885: Diosmose (Endosmose und Exosmose) der Pflanzenzelle. Pflanzenphysiol. Unters. Tübingen 1, 21.

Pfeiffer, H. H., 1936: Beiträge zur physikalischen Analyse der plasmolytischen Zerschnürung langgestreckter Protoplasten. Protoplasma 25, 528.

— 1940: Experimentelle Cytologie. Leiden and Waltham, Mass.

Prát, S., 1934: Stimulation plasmolysis on marine algae. Acta Adriat. Split Nr. 4.

Rashevsky, N., 1938: Mathematical biophysics. Chicago.

Schindler, H., 1938 a: Tötungsart und Absterbebild, I. Der Alkalitod der Pflanzenzelle. Protoplasma 30, 186.

— 1938 b: Ebenso, II. Der Säuretod der Pflanzenzelle. Protoplasma 30, 547.

— 1944 a: Protoplasmatod durch Schwermetallsalze, I. Kupfersalze. Protoplasma 38, 225.

— 1944 b: Ebenso, II. Kobalt- und Nickelsalze. Protoplasma 38, 245.

SCHÖNLEBER, KL., 1935: Reizplasmoschise bei *Spirogyra*. Planta 24, 387.
SEIFRIZ, W., 1956: Pathology. In: W. RUHLAND, Handbuch der Pflanzenphysiologie 1, 383—400. Berlin-Göttingen-Heidelberg.
SENN, G., 1908: Die Gestalts- und Lageveränderungen der Pflanzen-Chromatophoren. Leipzig.
STRUGGER, S., 1931: Zur Analyse der Vitalfärbung pflanzlicher Zellen mit Erythrosin. Ber. dtsch. bot. Ges. 49, 453.
URSPRUNG, A., 1938: Die Messung der osmotischen Zustandsgrößen pflanzlicher Zellen und Gewebe. Handb. biol. Arbeitsmeth. (XI) 4, 1109.
WEBER, Fr., 1930: Vakuolenkontraktion, Tropfenbildung und Aggregation der Stomatazellen. Protoplasma 9, 128.
WEBER, R., 1933: Plasmolyse und Vakuolenkontraktion bei *Antithamnion plumula*. Protoplasma 19, 242.

Sachverzeichnis